Structural Design
&
Analysis Method

타워 팰리스 Ⅱ

구조계획

진언식, 곽평두 공저

태림문화사

머 리 말

제3세대 주거문화 형식으로 일컬어지고 있는 초고층 주거시설은 최근 시대적으로 큰 관심의 대상이 되고 있는 미래형 주거공간으로서 우리 건설 산업이 개척해야 할 분야이면서 동시에 건설 수요의 발굴에도 크게 기여할 수 있다. 90년대 말부터 도곡동부지에 46층 규모의 대림아크로빌 건설에 이어 목동의 하이페리온(69층), 2001년부터 2004년에 걸쳐 도곡동에 55층~69층에 이르는 타워팰리스가 3단계에 걸쳐 건설되면서 초고층 주거건축은 정점에 다다르게 된다. 이는 새로운 주거환경과 높은 삶의 질을 희구하는 변화된 수요층의 확산과 더불어 최고층을 선점하려는 업체들 간의 경쟁심리가 동시 작용된 결과이며 이러한 초고층화는 거스르기 힘든 추세로 자리 잡아가고 있다고 할 수 있다. 그러나 일반적인 주거시설인 아파트나 건축물과 판이하게 구분되는 초고층 주거 건축물은 우리 건설 산업에서 기술적으로 커다란 도전의 대상이기도 하다. 현재 일부 민간 기업들에 의해 주상복합을 중심으로 진행되고 있는 초고층 주거건축물의 설계 및 건설과정에서 기술적인 문제점과 해결해야할 과제들이 아직도 산재해 있으며 초고층 주거건축물의 설계에 필요한 연구나 개발은 지극히 초기단계에 머물러 있다. 이러한 문제점들에 대한 해결책 및 개선안을 찾기 위해서 많은 설계자나 엔지니어들의 정보의 공유가 더욱 더 필요하고, 더 나아가 선진기술의 습득 및 개발이 어느 때보다 절실히 요구되어진다.

본 자료는 참고용 자료로서 타워팰리스Ⅱ의 구조계획에서부터 해석 및 실시설계를 포함하는 모든 과정을 총괄하는 동안에 Rosenwasser Grossman사 및 (주) 삼우구조 컨설턴트사와 협력 하에 Grossman을 비롯하여 구조 설계자들과 직간접적으로 협의된 내용을 수집하고 정리하여 골조 해석 방법, 전체적인 구조시스템 및 상세와 기둥 축소량(column shortening) 보정과 같은 시공 시 주의하여 고려되어져야할 사항 등을 상세한 데이터를 기반으로 작성하였으며, 본 자료를 통하여 국내 설계자와 엔지니어들의 초고층 주거건축물의 구조계획을 함에 있어서 하나의 참고서 역할을 할 수 있으리라 생각되어지며, 더 나아가 초고층 주거건축의 기술력이 한 단계 진보할 수 있는 계기가 되었으면 하는 게 본인의 바램이다.

아울러 프로젝트에 참여하면서 많은 정보와 도움을 주신 Grossman과 (주)삼우구조컨설턴트의 금동성 소장에게 감사를 드리며, 또한 여러 가지로 자문을 해주신 CS구조, CH엔지니어링, 3D구조, 건양구조, 바른구조 및 Thornton-Tomasetti Engineering의 관계자분들, 자료 정리에 도움을 준 좌동훈씨에게 감사를 드린다.

진 언 식, 곽 평 두

참여 기술진

진 언 식

前 삼성중공업(타워팰리스II 기술팀장)
現 벽산건설 기술연구소 및 기술팀장
주요 설계 프로젝트 : 광양 문화회관
포스코 포항, 광양 축구전용구장
엑스포 포스코 소재관
포스코 경영정보센터 : 규모 31층
타워팰리스II : 규모 55층
분당 미켈란 쉐르빌 : 규모 39층
벽산 ASTAR : 규모 53층

곽 평 두

前 Tower Pallace II 현장소장
現 삼성중공업(청평 라폴리움 신축공사 현장소장)
주요 공사 프로젝트 : 충남대 병원 신축공사
포항공과대학 신축공사
듀폰 포터마스크 반도체
타워팰리스 II 신축공사
국가정보원 연구소 신축공사
부산 체육관 신축공사

Rosenwasser Grossman Consulting Engineers

주요 설계 프로젝트 : 780 Third Avenue, New York : 높이 약174m
Carnegie Hall Tower, New York : 높이 약230m
CitySpire, New York : 높이 약247m

(주)삼우구조컨설턴트

주요 설계 프로젝트 : 종로타워

기술 자문

(주)CS구조 엔지니어링 주요 설계 프로젝트 : 용산 시티파크
서초도 아크로비스타 등
(주)CH엔지니어링 주요 설계 프로젝트 : 동양화재 신사옥 신축공사
(주)3D구조 주요 설계 프로젝트 : 3MOS CINEWAZ MULTIPLEX
더 숍 서초
(주)건양구조 주요 설계 프로젝트 : SK HUB SKY
부산 ASTAR 아파트
(주)바른구조 엔지니어링
Thornton-Tomasetti Engineering
주요 설계 프로젝트 : Taipei 101, 타이페이
Petronas Tower, 말레이시아

목 차

A. 건축 계획

1. 건물 개요

도곡동 주상복합빌딩(Tower Palace 2)은 두 개의 정방형 평면(가로 28.2m, 세로 28.2m)이 아령형으로 서로 맞물린 형태로 52층 규모(옥탑 포함)의 주거용 건물로서 지상층부와 6개 층 규모의 지하층부로 구성되어 있으며 지하층의 모듈은 8.0m×10.0m 및 8.0m×8.0m로 구성되어 지하 주차장 및 부속실로 구성되어 있다.

건물의 지상 최고 높이는 196.5m, 지하층 깊이는 22.2m이다.

공기의 단축을 위하여 여러 가지의 공법을 도입하였고 특히 Core 선행 공법을 이용하여 골조공사를 층당 3-day Cycle로 계획하였으나, 주변 여건 및 기상 조건을 반영한 결과 최종 3.5-day Cycle로 시공하였다.

그림 A-1-1 Tower Palace Ⅱ 전경

2. 건축 계획

2.1 계획 개념

1) 환경, 세대 라이프스타일의 차별화를 통한 쾌적하고 이상적인 집합주택 건립
2) 입주민의 다양하고 품위 있는 생활이 영위될 수 있는 최고 명품 건물에 목표를 둠
3) 거대한 Tower 2동의 입체적인 마을을 형성한다는 상징적 개념 도입
4) 입주민의 정서와 쾌적한 생활을 위한 외부 공간과 녹지 공간 형성
5) 실질적인 건폐율 39.32%로 도심지 아파트 탈피
6) 각종 기능을 갖출 수 있는 복합, 다기능 커뮤니티 구성

2.2 입지 여건

1) 주변 여건
- 서울의 대표적 고급아파트 밀집지역
- 도로: 남부순환 도로로(8차선), 선릉 도로(4 차선)

- 지하철: 도곡역에서 2개 노선 교차(3호선, 분당선)

2) 인접부지 건물 규모

- 남측: 타워팰리스 I (66층, 233.9m)
- 서측: 군인공제회2(31층, 135.7m), 대림아크로빌(46층, 162.8m)

2.3 건축 개요

- 대지 면적 : 20,636.000㎡(6,242.3902평)
- 건 폐 율 : 39.32%
- 공개 공지 : 2,235.150㎡(대지면적의 10.83%)
- 층 수 : 지상 55층, 지하 6층
- 용 도 : 공동주택(8132세대), 업무시설(148실), 판매시설
- 지역 지구 : 일반 상업지역/지구 단위계획 구역, 지역중심

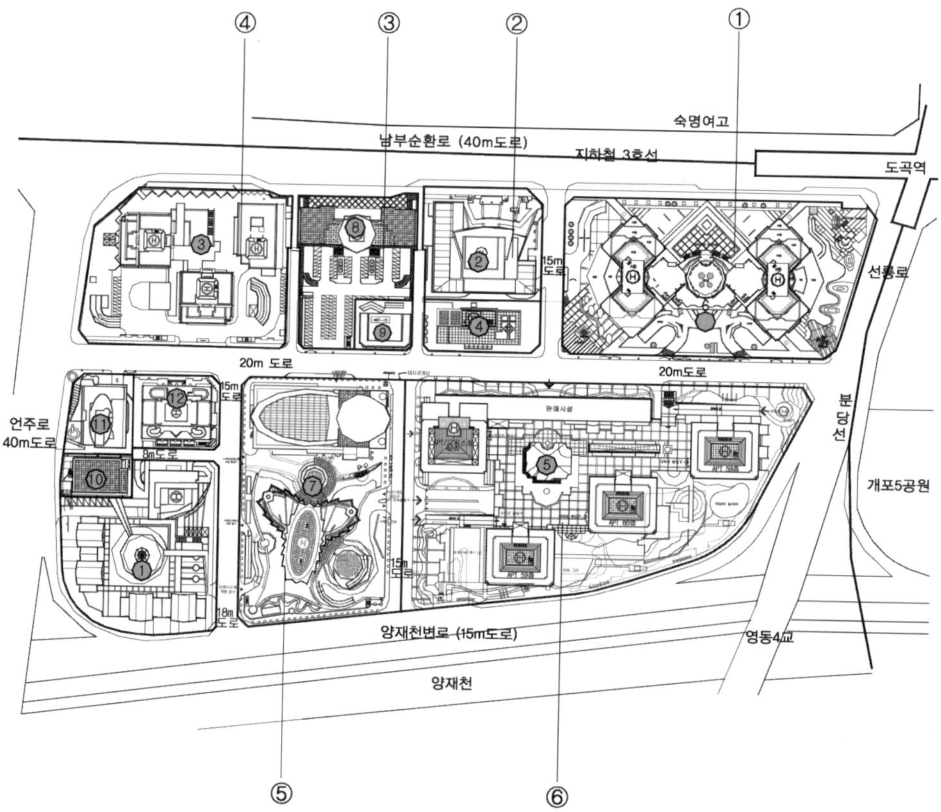

그림 A-2-1 Tower Palace Series 관련 건물단지 배치도
(① 타워팰리스II, ② 군인공제회관, ③ 아카데미스위트, ④ 대림아크로빌, ⑤ 타워팰리스 III, ⑥ 타워팰리스 I)

- 연 면 적 : 296,650.320㎡(89,736.7222평)
- 조경 면적 : 5,605.330㎡(대지면적의 27.16%)
- 구 조 : 철골철근 콘크리트 조 + 철골조
- 외장 마감 : 3㎜ AL 쉬트, 두께 24㎜ 복층 반강화 유리
- 건축 면적 : 8,113.261㎡(2,454.2612평)
- 용 적 율 : 923.11%
- 최고 높이 : 184.65m(옥탑층 제외)

2.4 단지 배치 계획

1) 초고층 Twin-Tower형 아파트 배치
   - 지상에 녹지, Open Space 최대 조성(전체 부지의 74%)
   - 동간 이동거리(최소 54m, 최대 81m)
   - 경관요소로서의 기능을 고려한 시각적 개방감과 형태미 발휘
2) 향, View, 일조를 감안한 건물배치
   - 박스형 Mass에 대해 개방 면이 20% 더 많은 Mass 형태
   - 1차 부지와 상호 간섭현상 최대한 배제
   - 대모산, 구룡산, 한강, 남산 조망 가능
3) Deck을 이용한 보·차 분리로 안정성 확보
   - 지상 1층 : 차량 동선/ 보행자 동선(차량 동선과 구분)
   - 지상 2층 : 보행자 동선
4) 판매시설은 지하에 고급 Market 유치

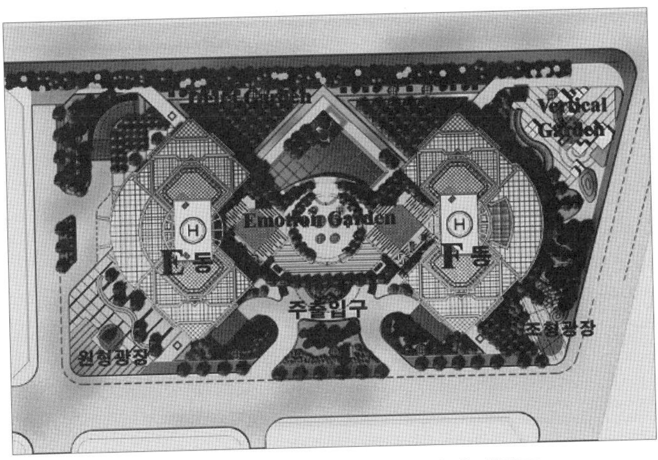

그림 A-2-2 Tower PalaceⅡ 단지 배치도

2.5 용도별 Zoning 계획

1) 용 도

층 수	E동	F동	비 고
지하2층~지하6층	아파트용 주차장		약 2.54대/세대
지하 1층	주거용 오피스텔 및 판매시설주차장 판매 시설		약 1.39대/세대
지상 1층	오피스텔 로비 ,아파트 로비		
지상2층	관리사무소 연회장 게스트룸 노인, 아동 시설	헬스클럽 골프연습장 수영장 연회장	주민편의 시설(APT, 오피스텔 겸용)
지상3층~10층	주거형 오피스텔	아파트	
지상11층~55층	아파트	아파트	

2) 용도별 층별 구분

- 지하층 2~지하 6층 : 아파트 주차장
- 지하 1층 : 판매시설, 오피스텔 + 판매주차장
- 지상 1, 2층 : 주민편의시설
- 지상 3층~55층 : 아파트(E동은 3~10층 오피스텔)

그림 A-2-3 시공 완료 후 현장 전경

2.6 Mass 및 입면 계획

1) 초고층 건물 군이 형성되어 있는 도곡 지역의 새로운 Landmark가 될 수 있도록 수직적인 매스와 수평적인 외관 디자인 요소를 조화롭게 계획
2) 남부 순환로를 기준으로 45° 회전시켜 원거리에서도 강한 Identity 부여
3) 1차 부지와의 간섭현상을 최소화한 Mass 계획(향, 전망, 개방감 확보)
4) 아파트의 발코니는 격자 선을 강조하고 상층부는 Set-back 처리하여 전체적으로 단순하고 안정된 Mass감 부여
5) 다양한 형태의 음영효과로 건물의 입체감을 표현
6) 주변단지(Tower Palace I, Tower Palace II 등)와 도시 문맥 일치
7) 스카이라인 형성으로 도시미관 및 건물 인지도 개선
8) Pearl-White2 와 Green 계통 색채의 조화로 볼륨감 있는 Mass를 밝고 경쾌하게 처리
9) 기단부 : 전체 Mass를 안정감 있게 지지(화강석)
   중층부 : 정사각형 타워의 상승감과 중앙부의 접합으로 인한 안정성 강조
   저층부 : Round의 포디움 개념 도입
   상층부 : 절삭, 회전되는 다채로운 입면의 변화

2.7 평면 계획

1) 기본 개념
   - 세대별 View 및 개방감 최대 확보(양면 개방 세대 87%)
   - 소비자 요구를 반영한 다양한 평형 및 평면구성(총 27개 평형)
   - 100평형대의 초대형 세대(28세대)는 최상부 배치(48~552층), 3-2면 개방형
   - 각 평형별 특성을 맞는 고 품격 Interior(4 Type)
   - 최소 4-Bay System(먹방계획 배제)
   - 세대 내 기둥이 없는 평면계획(기둥 외곽배치)
   - 중대형 평형은 향 및 전망을 고려하여 F2동 저층부, E, F2동 고층부 위주 혼합배치

2) 주부의 Privacy를 고려한 공간계획
   - 현관에서 주방으로 직접 진입동선 확보
   - 주방 내 합리적인 기구배치 및 거실과의 분리계획(시선차단)
   - 주방, 식당 분리

3) 부부 Zone과 자녀 Zone 분리

- 거실 ,식당을 중심으로 부부와 자녀 Zone 분리(각 실의 Privacy 확보)

4) 가족실 개념 도입(60평 대 이상)

- 2개의 거실(외부손님용, 가족 공동 취미실)

5) 거실 공간 특화

- 2면 개방 면에 배치 개방, 조망, 일조 최대 확보
- 동일 평형 대비 최대 거실 폭 확보 및 거실, 식당 인접배치로 개방감 최대 확보

6) 전용면적 극대화

- 세대 내 기둥이 없는 평면계획(발코니, Core Wall에 배치)

3. 주동. 주호의 계획

3.1 압박감 및 폐쇄감 경감 계획

1) 주호 주동의 적합한 개방성 확보와 개방감 연출

- 개방적인 시설계획
- 발코니의 확충 및 다면적 공간구성
- 주동 내 공간 창출(중앙 개방공간을 충분히 확보)

2) 자연성의 부여 강화

- 자연을 활용한 계획이나 설비 시스템 채용
- 자연과 공생하는 생활로의 유도(양재천과의 연계)
- 자연을 느끼도록 Deck를 이용한 2층 옥상정원 설치

3.2 외출에 대한 저항감의 경감 반영

1) 주동 내 접근의 쾌적성 확보 및 엘리베이터 성능 강화

- 진입 공간 내에서의 범죄불안감 해소 및 자유로운 공간 창출
- 엘리베이터 로비를 밝고, 개방적인 공간으로 하고 휴식할 수 있는 벤치 설치
- 엘리베이터의 운행성능 향상 및 방범성능 향상(시간 단축)

- 옥외외출을 유도하는 공간 설치로서 주호 부분과 공용복도 부분과의 시각적 공간적 연속성을 확보하여 여유 있는 공용 공간 창출

2) 주동 출입구의 차단성과 개방성의 조화
- 자동 잠금장치 등 기계에 의한 관리와 인간에 의한 자연감시를 원활히 할 수 있는 방식 도입

3) 적절한 접촉 교류 공간, 기회의 제공
- 집주 생활에서 양호한 어메니티(amenity) 공간 등 공동생활을 할 수 있는 시설확보
- 거주자의 창조적인 생활을 위한 공용시설의 계획

4) 적절한 거주단위와 관련된 영역의 구성

3.3 도시적 공동생활의 적절한 계획 및 방재시스템

1) 적절한 생활관련 서비스의 제공
- 주택의 미래가치로서 초고층아파트의 제약에 대한 대체서비스의 부가와 운영(주택관리 서비스, 커뮤니티 서비스, 정보 서비스…)

2) 재해 확대방지, 피난시스템의 확보, 방재체제 확립
- 내장을 불연화하고, 방화구획은 근린관계의 넓이를 배려한 규모로 함.
- 특별피난계단은 승강 로비와 분리 계획
- 출화방지, 확산방지, 피난, 방연, 소화 활동의 관점에서 방재대책 고려
- 종합적인 방재시스템의 확립으로 입주자의 불안감 해소

B. 구조설계

1. 구조시스템 요약(Structural System)

1.1 구조 개념(Structural Concepts)

본 건물은 두 개의 분리된 Tower Structure(E2동 및 F동)가 1층 바닥에서 기초까지 RC FLAT-Slab(1FL RAHMEN)로 강하게 연결되어 있으며 2층 바닥의 Deck 중앙부에는 Expansion Joint를 두어 건조수축에 의한 균열 완화 및 두 건물의 횡하중에 의한 수평변위를 흡수할 수 있도록 하였으며, Tower의 횡력에 대한 저항은 RC Core Wall + Outrigger & Belt Truss + Frame(Girder & Column) System에 의한 복합 저항 구조시스템을 도입하였다

1.2 구조 계획의 방향

- 효율적인 횡저항 시스템 선정
- 상세해석을 통한 주요부재의 안전성검토
- 역학적으로 명쾌한 구조 계획
- 지진, 바람 등 외력에 대한 성능 확보
- 최적의 기초 시스템선정
- 예측 가능한 모든 경우의 구조성능 확보
- 작업공정의 간소화
- 공사비 절감요소 반영
- 구조 계획의 단순화 및 모듈화
- 지형에 따른 기초 구조 형식결정
- 최적설계를 통한 물량절감
- 시공sequence를 고려한 구조시스템

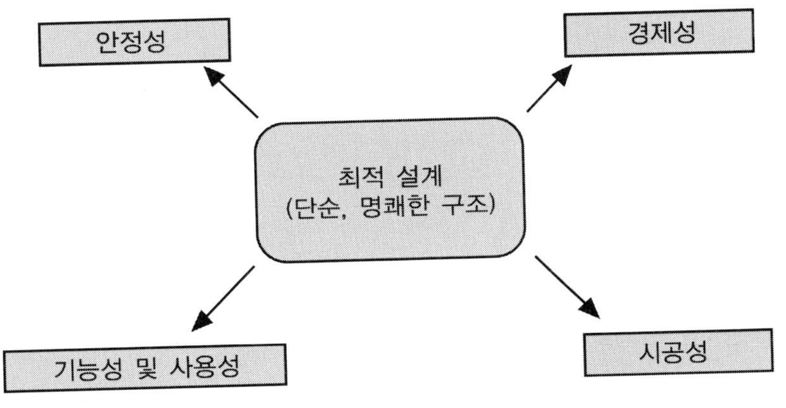

- 유해한 진동, 소음의 최소화
- 횡력에 대한 거주성 검토
- 중력하중에 대한 과도한 처짐 방지
- 온도변화에 따른 구조부재의 변형고려
- 가변 공간 활용을 고려한 시스템적용
- 현장 작업의 최소화 도모
- 시공성을 고려한 구조 형식 채택
- 공기단축 극대화
- 구조부재의 단순화 및 모듈화
- 가시설을 최소화할 수 있는 설계

1.3 구조시스템(Frame System)

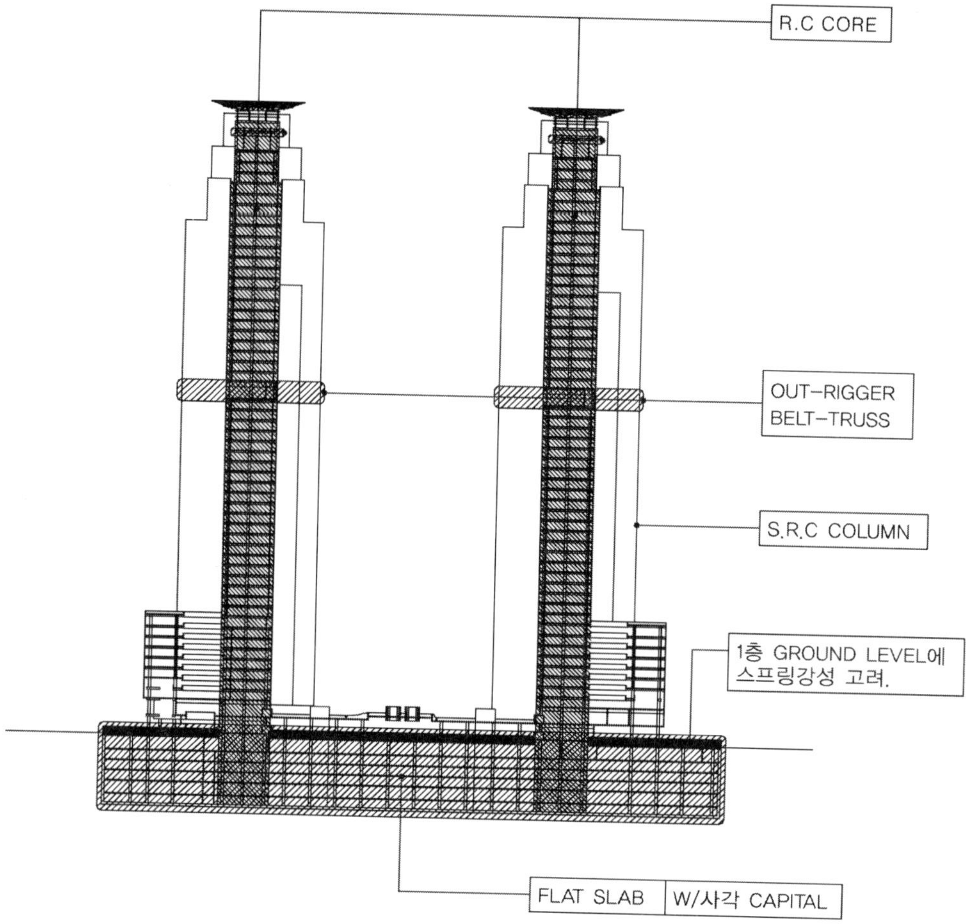

그림 B-1-1 구조시스템

1.3.1 타워부

a) Outrigger Truss : 횡력저항 SYSTEM으로 32층 층고 5.4m 중 Outrigger 및 Belt Truss를 효율적으로 사용하였고, 높이는 2.5m을 둠으로서 RC-CORE WALL의 횡변형을 억제하고 건물의 변형형상이 캔틸레버 거동이 아닌 변곡점을 가진 형상으로 작용함으로서 코아의 변위와 휨모멘트를 감소시키고, 코아와 외곽기둥 사이의 불균등한 축하중과 온도 차이로 발생하는 외곽기둥의 부등 변위를 억제하는 효과기대.

b) Belt Truss : 32층의 Outrigger 높이와 동일하게 건물 주위 전체에 허리띠처럼 보강

c) RC Core Wall : 기초부터 옥탑까지 두께 1,100㎜부터 500㎜까지 층별로 구분하여 계산하였으며, 후면부 Core는 32층까지만 고려하였다. 또한 CORE WALL과 CORE WALL과의 사이에 LINK BEAM을 설치함으로서 횡력 저항에 극대화시킴.

E동

MEMBER LIST

부호	규격	재질	비고
SG2	H-390X300X10X16	SM490	(2-φ19@250)
SG3	H-400X400X13X21	SM490	(2-φ19@200)
SG3A	H-388X402X15X15	SM490	(2-φ19@200)
SG4	H-396X199X7X11	SM490	(2-φ19@200)
SG5	H-400X200X8X13	SM490	(2-φ19@250)
SG8	H-390X300X10X16	SM490	(2-φ19@200)
CSG1	H-390X300X10X16	SM490	(2-φ19@250)
CSG2	H-692X300X13X20	SM490	(2-φ19@250)
CSG1B	H-250X250X9X14	SM490	(2-φ19@150)
SB1	H-388X402X15X15	SS400	(2-φ19@200)
SB2	H-390X300X10X16	SS400	(2-φ19@250)
SB3	H-346X174X6X9	SS400	(1-φ19@200)
SB4	H-350X175X7X11	SS400	(1-φ19@250)
SB4A	H-340X250X9X14	SS400	(1-φ19@250)
SB4B	BE-400X150X10X15	SS400	(1-φ19@200)
SB4D	C-380X100X13X20	SS400	(1-φ19@300)
SB4E	C-380X100X10.5X16	SS400	(1-φ19@300)
SB5	H-150X75X5X7	SS400	(1-φ19@250)
SB5A	H-148X100X6X9	SS400	(1-φ19@200)
SB6	H-400X200X8X13	SS400	(2-φ19@250)
SB7	H-692X300X13X20	SS400	(2-φ19@250)
SB8	H-298X149X5.5X8	SS400	(1-φ19@250)
SB11	H-386X199X7X11	SS400	(2-φ19@250)
SB14	C-100X50X5X7.5	SS400	(1-φ19@300)
SB16,CSB1	H-400X200X8X13	SM400	(2-φ19@250)
CSB2	H-244X175X7X11	SM400	(1-φ19@250)
Sb1	H-194X150X6X9	SS400	
P1	H-200X200X8X12	SS400	
ST1	PL-14X300	SS400	

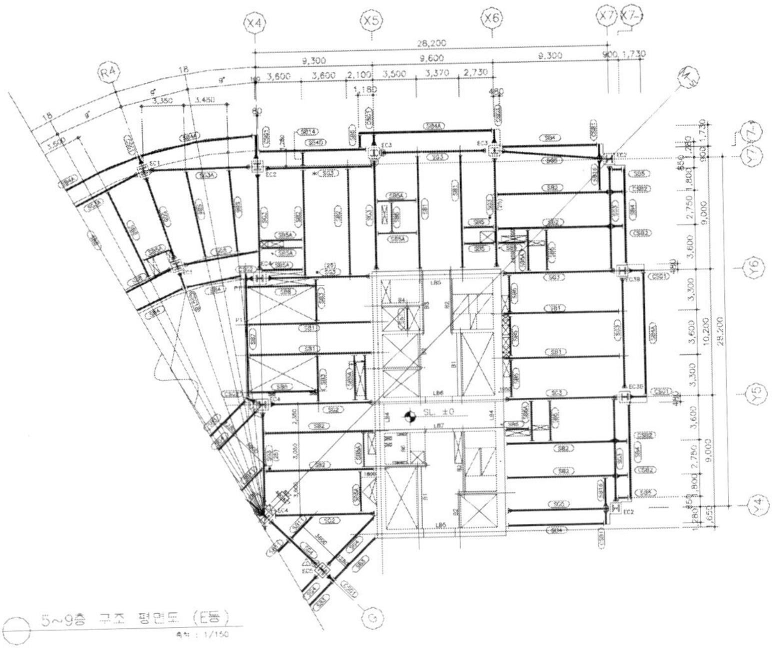

그림 B-1-2 기준층 평면도 및 단면

d) SRC 기둥 : 타워부의 모든 기둥(전층)에 적용 : 합성기둥의 콘크리트 강도는 500-240kg/㎠까지 사용하였으며, 철골의 두께 40㎜ 초과 시 SM520B TMCP강($F_y = 3,600$kg/㎠)을 사용하여 중력하중 및 횡하중에 저항할 수 있도록 계획함.

e) Composite Beam 및 Steel Girder 설계 : 모든 내부 단순보(Shear Connection)는 합성보(Composite Beam)로 설계하여 물량절감 및 층고를 최소화 하였다.

f) Girder와 Column의 접합 – Full Moment Connection(B5층 ~ 1층, 33층 ~ Roof)
(편심 코아 등으로 야기되는 불규칙 변형을 효과적으로 제어하고, 건물의 전체강성 향상)
– Partial Moment Connection(2층 ~ 31층)

g) 지하 6층 바닥을 Base Line으로 보고, 1층과 지하 각층 Floor Level측면(토압면)에 스프링강성을 고려하여 검토함.

1.3.2 지하부(사각 Capital을 가진 RC Flat Slab 단, 외곽부는 RC Beam & Girder)

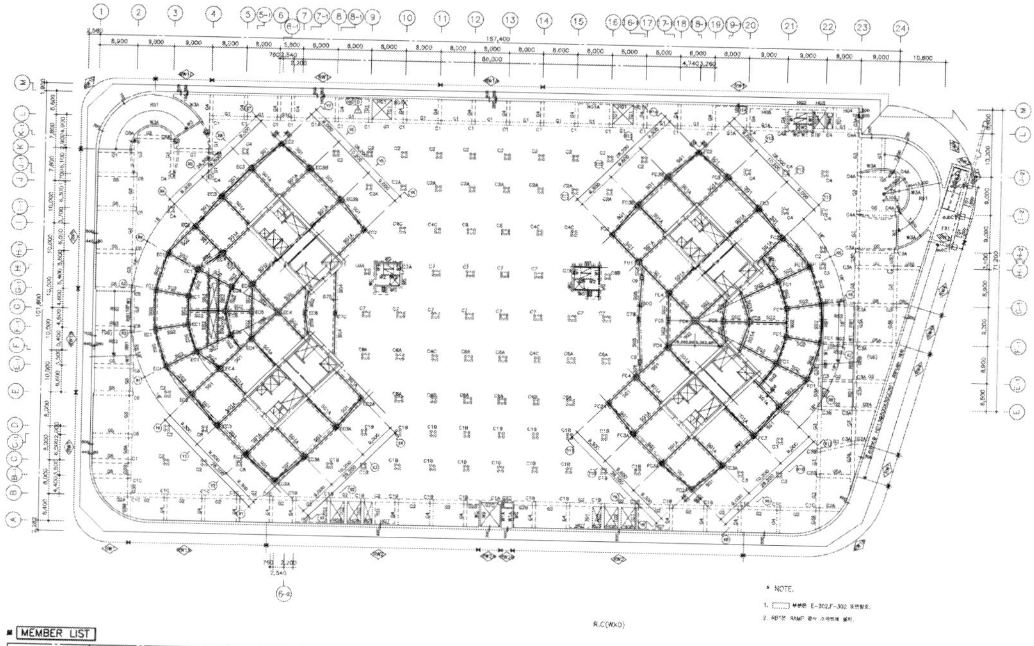

■ MEMBER LIST

MARKS	MEMBER SIZE	R.C(WXD)	재 질	MARKS	MEMBER SIZE		재 질
SG1	H-400X408X21X21	850 X 600	SM 490	SB2	H-390X300X10X16	600 X 600	SM 490
SG1A	H-400X408X21X21	850 X 600	SM 490				
SG2	H-394X398X11X18	850 X 600	SM 490	Sb1	H-194X150X6X9		SM 400
SG4	H-414X405X18X28	900 X 600	SM 490				
SG5	H-414X405X18X28	900 X 600	SM 490				
SG6	H-414X405X18X28	900 X 600	SM 490				

지하3층 바닥 구조평면도

축척 :1/300

그림 B-1-3 TYPICAL 지하층 평면도

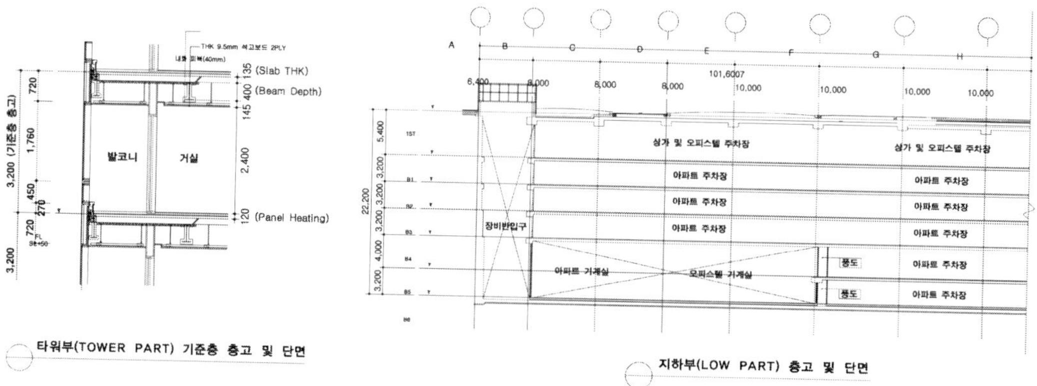

그림 B-1-4 지상부(Tower part) 기준층 및 지하부(Low part) 층고 및 단면

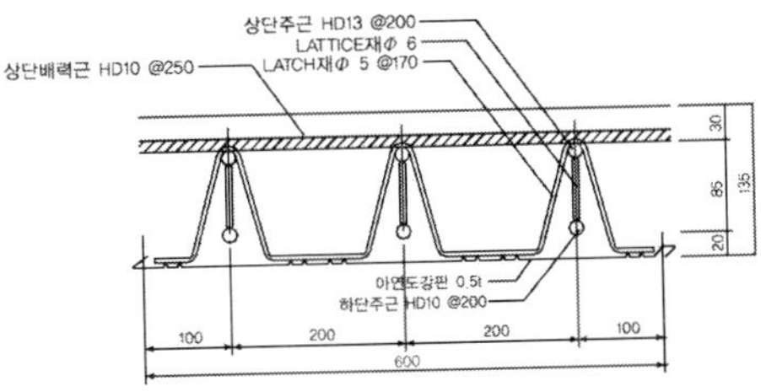

페로데크 단면도(TC-85 TYPE:FD1)

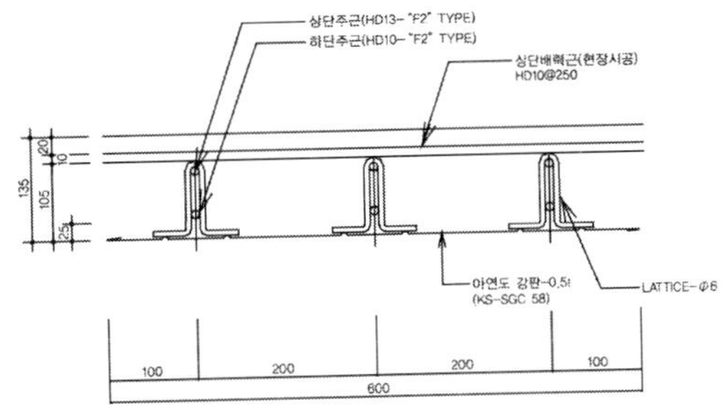

해동슈퍼데크(SD1- "F2" TYPE)

그림 B-1-5 지상층 TYPICAL SLAB 형태

1.3.3 슬래브 System

a) 지상층 : 두께 135mm 상·하면 철근 복합 Deck Slab(Non-Support)를 사용하여 시공성을 높였으며, 바닥슬래브가 다이어프램 역할을 충분히 하여 CORE부로 횡력을 전달시킬 수 있게끔 CORE부와 만나는 슬래브에는 철근을 보강하였다.

b) 지상1층 : 두께 400mm RC Slab로서 1층과 지반으로 작용하는 수평력과 1층에서 의 시공에 따른 장비하중을 별도로 검토 적용하였다.

c) 지하1층 : 두께 320mm Flat Slab(W/THK. 300 사각 Capital)(외곽부 한Bay : Depth 600 RC Beam + THK. 320 RC Slab)

d) 지하2~지하5층 : 두께 280mm Flat Slab(W/THK. 300 사각 Capital)(외곽부 한Bay : Depth 600 RC Beam + THK. 280 RC Slab)

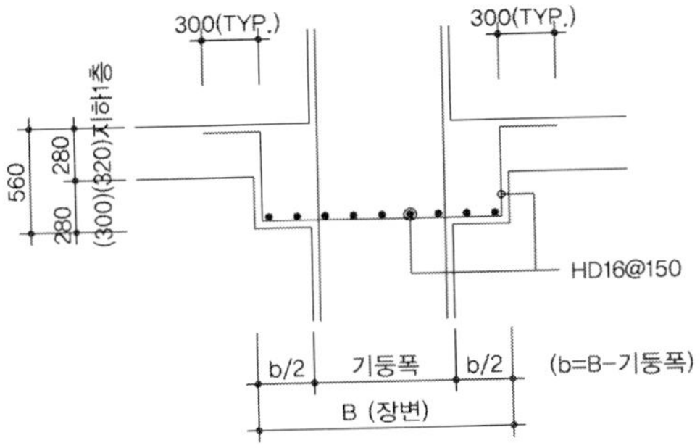

기둥 SIZE	A X B
800X800	1500X1550
850x850	
900X900	
950X950	
800X1100	1400X1950
800X1300	
800X1350	

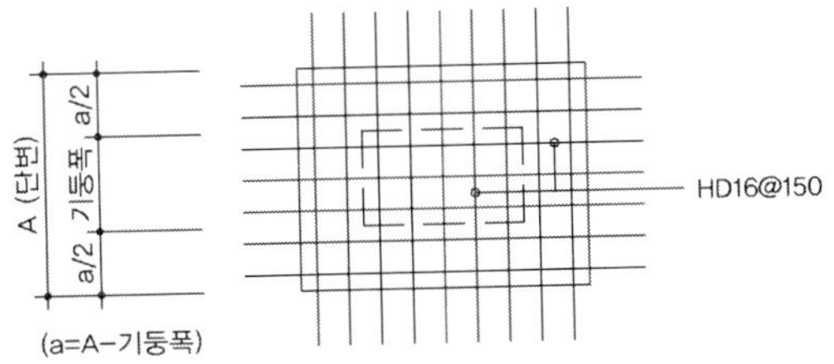

그림 B-1-6 지하층 TYPICAL SLAB 형태

1.3.4 기초 System

1) 타워부 코아 : 온통기초(Mat Foundation)

2) 타워부 기둥 : 독립기초(Isolated Footing)

3) 지하부(주차장) :독립기초(Isolated Footing)

4) 지하부 옹벽 : 줄기초

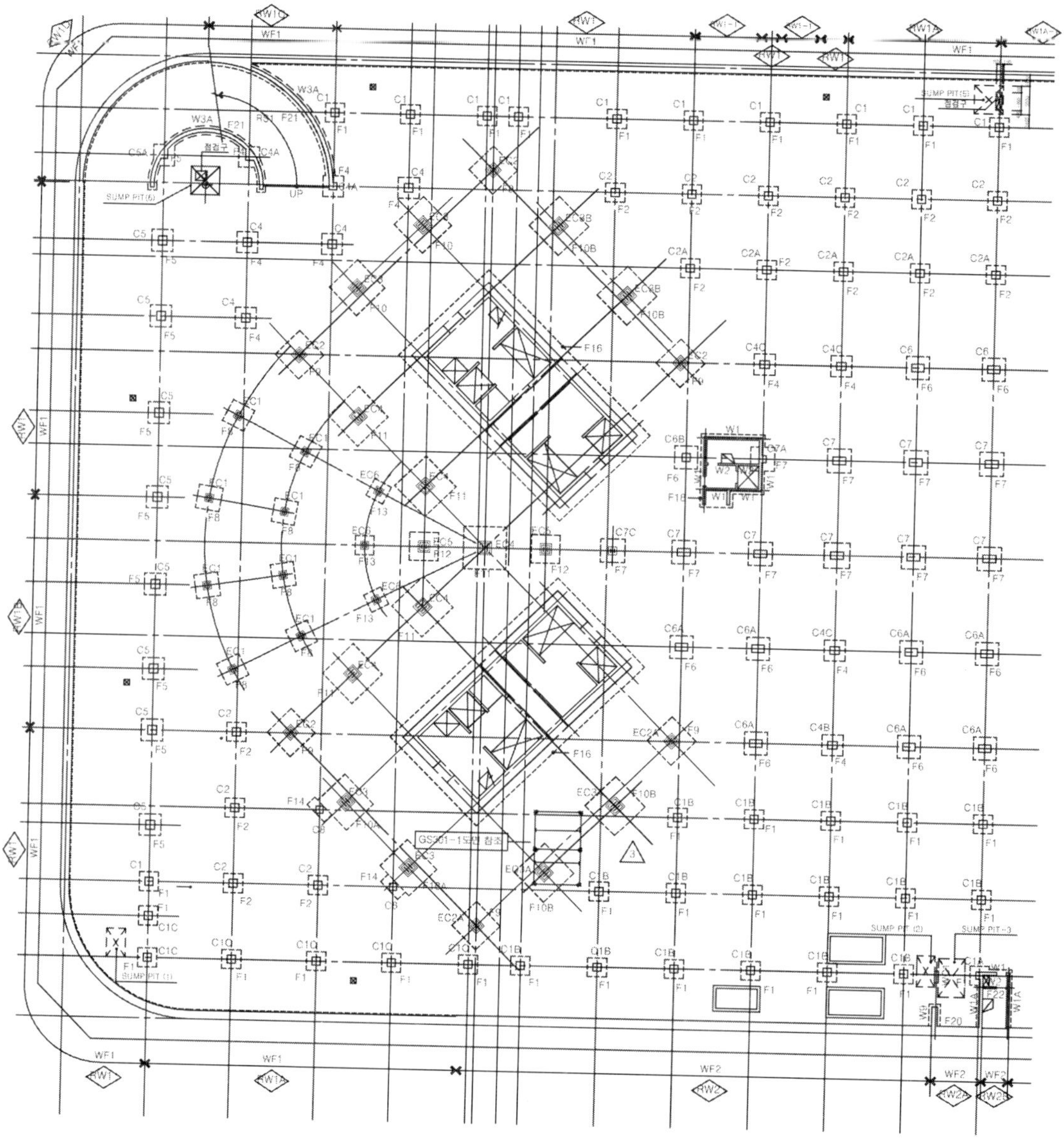

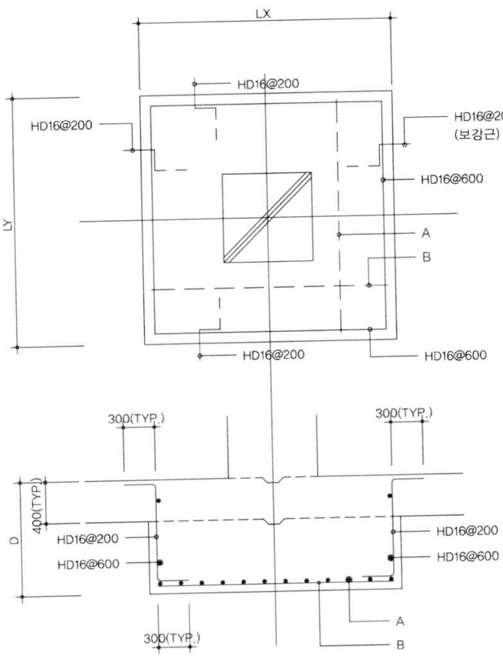
LX
LY
HD16@200
HD16@200
(보강근)
HD16@600
A
B
HD16@200
HD16@600
300(TYP.)
300(TYP.)
400(TYP.)
D
HD16@200
HD16@600
HD16@200
HD16@600
A
B
300(TYP.)

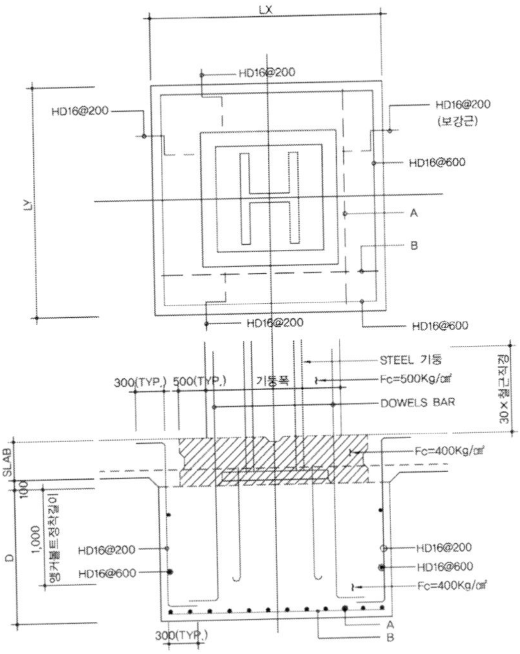
LX
LY
HD16@200
HD16@200
HD16@200
(보강근)
HD16@600
A
B
HD16@200
HD16@600
STEEL 기둥
300(TYP.)
500(TYP.)
기둥폭
Fc=500Kg/㎠
DOWELS BAR
30×철근지경
SLAB
100
Fc=400Kg/㎠
D
1,000
앵커볼트정착길이
HD16@200
HD16@600
HD16@200
HD16@600
Fc=400Kg/㎠
A
B
300(TYP.)

WF1

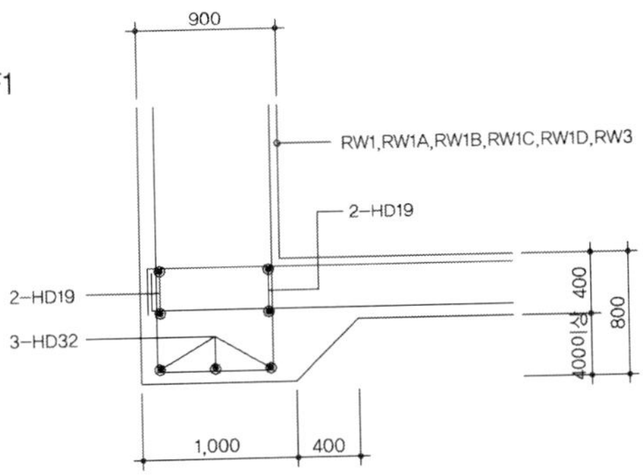
900
RW1,RW1A,RW1B,RW1C,RW1D,RW3
2-HD19
2-HD19
3-HD32
400
800
400이상
1,000
400

WF2

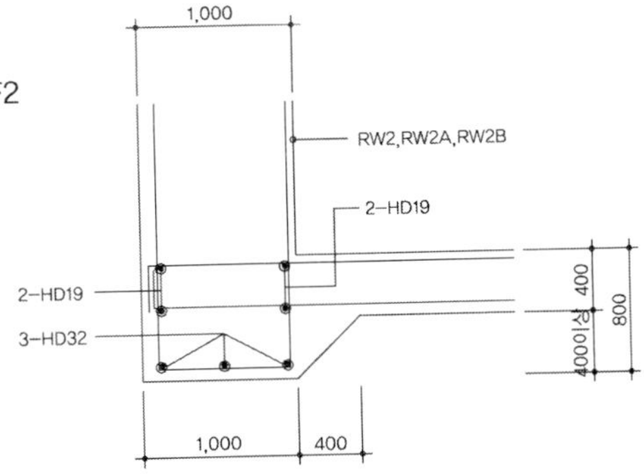
1,000
RW2,RW2A,RW2B
2-HD19
2-HD19
3-HD32
400
800
400이상
1,000
400

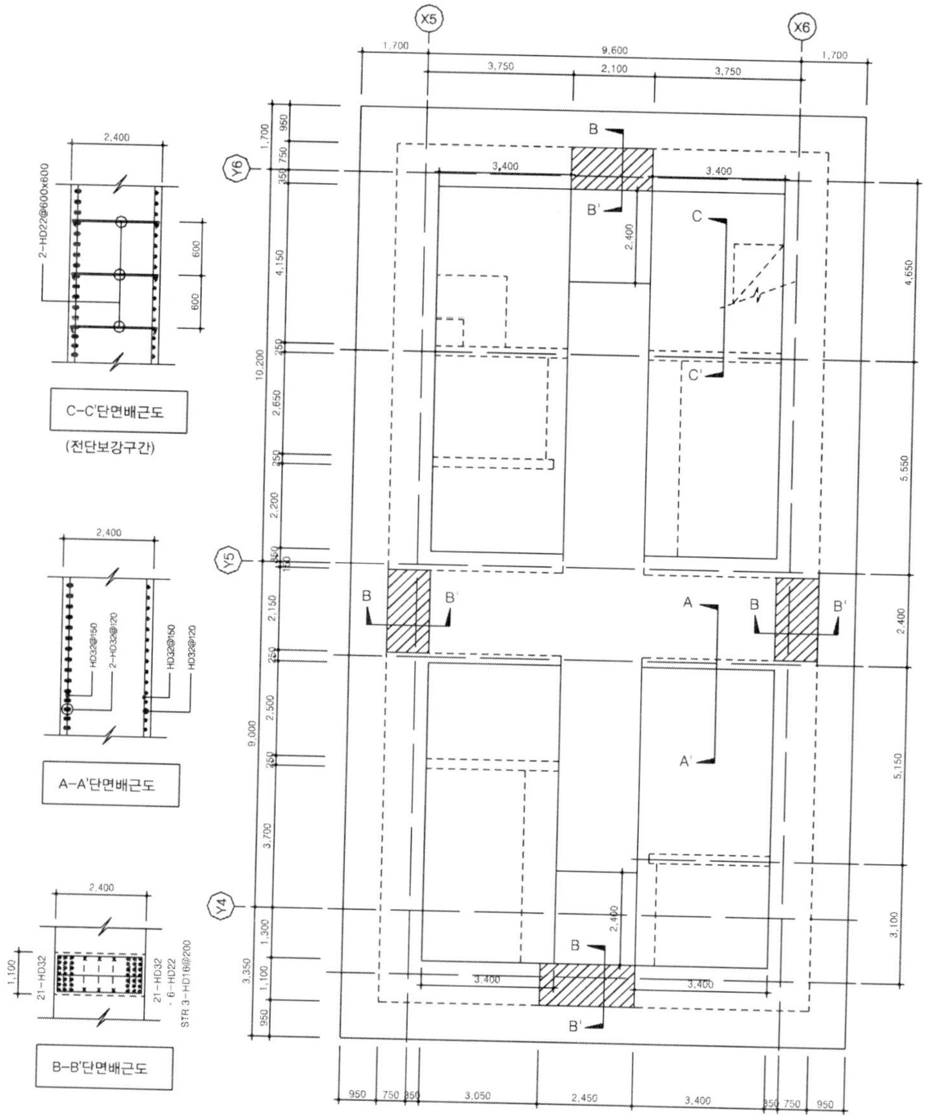
X5
X6
Y6
Y5
Y4
C-C'단면배근도
(전단보강구간)
A-A'단면배근도
B-B'단면배근도
2-HD22@600x600
HD32@150
2-HD32@120
HD32@150
HD32@120
21-HD32
21-HD32
· 6-HD22
STR 3-HD16@200

그림 B-1-7 기초 형태

2. 구조설계개요

2.1 구조설계규준

a) 풍하중 : 건축물의 구조 기준 등에 관한 규칙(96/2/13 건설교통부령 제53호)
풍동실험(Wind Tunnel Test)을 통한 실제값 적용.

b) 지진하중 : 건축물의 구조 기준 등에 관한 규칙
(96/2/13 건설교통부령 제53호)+UBC95

c) 철골부재 설계
- 강구조 계산 규준 및 해설(1983. 대한건축학회)
- 강구조 한계상태 설계기준 및 해설(1998. 대한건축학회)
- AISC ASD(9TH Edition, ASD)
- AISC LRFD(1986)
- A Specification for the Design of Steel
- Concrete Composite Columns

d) 철근콘크리트부재 설계
- 극한강도설계법에 의한 철근콘크리트 구조계산 기준(1992. 건설교통부)

2.2 구조재료의 강도 및 화학적 성분

2.2.1 철근

- $F_y = 4000$kg/㎠(SD 40).

(단, Core Wall에 장착되는 Slab Dowel Bar는 SD 30($F_y = 3{,}000$kg/㎠))

표 B-2-1 철근 화학성분

회사	철근 Chemical composition(%)									CE
	SIZE	C	Mn	Si	Cr	Mo	V	Cu	Ni	
제일제강	HD10	28	148	40						0.75
	HD13	27	149	39						0.74
	HD16	28	143	38						0.73
명인철강	HD10	26	114	16						0.59
	HD13	25	112	15						0.57
	HD16	27	114	16						0.60
환영철강	HD16	28	109	14						0.59

2.2.2 철골부재

표 B-2-2 철골부재의 강도

구분	재질	두께(㎜)	강도(kg/㎠)	비고
Column(Built-up형강)	SM520B	t≤40	3,600	
	SM520B TMCP	40<t≤80	3,600	
Column(Rolled형강) Outrigger Belt Truss	SM520B	t≤40	3,600	
		40<t≤75	3,400	
		75<t	3,300	
Beam & Girder	SM400 (SS400)	t≤40	2,400	
		t>40	2,200	
	SM490	t≤16	3,300	
		16<t≤40	3,200	
		40<t	3,000	
Base Plate	SM520B	t≤40	3,600	
		40<t≤75	3,400	
		75<t	3,300	
Stud Bolt	ASTM A10B			
H.T Bolt	F10T(T.C:Torque Shear Control Bolt)			
Anchor Bolt	KS SS 400			
기타 스티프너, 보의 개구부 보강재 등은 모재에 준함				

Note : 탄소당량(CE) 계산

CE(%) = C+2Mn2/4+SI/4 = Acc to 2Aws2 Hand Book

CE(%) = C+2Mn2/6+Cr+Mo+V/5+Cu+Ni/15 = Acc to Dim 85282

Weldability by Dim 8628

CE < 0.4 : Good

CE 0.4 2 2 0.6 : Limited

CE > 0.6 : Not Guaranteed

Preheating Temperature, Prior to welding by Dim 8528

CE < 0.4 : Good

CE 0.4 2 2 0.6 : Limited

CE > 0.6 : Not Guaranteed

표 B-2-3 철골부재의 화학성분

규격	두께(㎜)	C	Si	Mn	P	S	SolAl	탄소당량Ceq
SM520B	6≤t≤50 50<t≤90	≤0.20	≤0.55	≤1.60	≤0.035	≤0.035	–	–
SM520B TMCP	6≤t≤50 50<t≤90	≤0.20	≤0.55	≤1.60	≤0.030	≤0.015	–	6<t≤50:0.40 이하 50<t≤100:0.42 이하
PILAC –BT36	6≤t≤50 50<t≤80	≤0.18 ≤0.20	≤0.55	≤1.60	≤0.20	≤0.010	≤0.015 ≤0.015	6<t≤50:0.40 이하 50<t≤80:0.42 이하

Note : 나머지 SM400, SM490은 KS D 3515, SS400은 KS D 3503에 준함.

Ceq(%) = C + SI/24 + 2Mn2/6 + NI/40 + Cr/5 + Mo/4 + V/14

2.2.3 콘크리트

표 B-2-4 콘크리트 부재의 강도

구분		층수	강도(kg/cm²)	비고
E, F동 고층부 (공동주택, 오피스텔)	Core Wall, Link Beam	B6층~ROOF	500	전층
	SRC Column	B6층~22층	500	
		23층~34층	400	
		35층 이상	240	
	SRC Column(Round 부분)	B6층~10층	270	10개층 부분
	Slab(추가 부분)	B5층~1층	270	SRC보 포함
		2층이상	240	
	Slab(Core 내부)	B5층~1층	270	RC보 포함
		2층 이상	240	
	Footing (Tower Part B6 Slab 포함)		400	
저층부 주차장	Slab, Beam, Girder Column, Footing Foundation Wall	B6층~1층	270	
E, F동 2층 연결 Deck	Slab, SRC Girder, SRC Column		240	

표 B-2-5 레드믹스드 콘크리트 시방 배합표

배합종류	W/C(%)	S/a(%)	물 (kg/m³)	시멘트 (kg/m³)	모래 (kg/m³)	자갈 (kg/m³)	혼화재 (kg/m³)	혼화제 (kg/m³)
20-500-23	29.5	42	180	519	647	910	91	10.070
20-400-23	34.4	42	166	435	713	993	48	7.25
25-270-15	46.5	46	185	358	784	931	40	0.796
25-270-18	46.5	47	193	373	784	894	42	0.830
25-240-15	50.3	47	185	331	813	927	37	0.736
25-240-18	50.3	48	193	346	814	892	38	0.768
25-210-15	54.9	47	182	299	831	948	33	0.664
25-210-18	54.9	48	190	311	833	913	35	0.692
25-180-15	60.4	49	182	271	880	926	30	0.602
25-180-18	60.4	50	190	283	881	891	32	0.630

2.3 기초지반

A) 허용지내력 : Fe = 300t/m²(고층부, 저층부 공통 적용)

B) 기초의 최대 침하는 25㎜ 이내로 하고 부동침하는 12.5㎜ 이내로 적용하였다.

C) 지하수위 : GL - 9m

D) 영구 배수관련(Dewatering System)

기초 슬래브 하부에 Public Board Type의 영구배수 장치(Dewatering System)를 설치하여 기초 슬래브에 양압이 작용치 않도록 하였으나 지하층의 규모와 순간압력 및 유지관리 면에서의 안전성을 감안하여 3.0t/m²의 Up Load를 고려하여 바닥슬래브를 설계하였다.

3. 설계하중

3.1 중력하중

3.1.1 적재하중

- 기본적인 용도에 대한 실별 적재하중은 [표 B-3-1]과 같다.

표 B-3-1 실별 적재하중

용도	적재하중(kg/m²)	비고
Heliport	950	
Water Tank Room(56th)	2000	92tf×1.1/(10.2×5.8)=1.71tf/m²→2.0tf/m²
Sky Lounge(55th)	350	
Gondola(옥상)	750	실제하중 고려
기계실	750	
Elevator Hall(Main Core)	300	
거실	200	
Balcony	300	
1층 바닥(옥외 주차장 포함)	1800	*시공하중:2000 -Hydraulic Crane Load 고려 *Frame용:1500 *Public Zone, Garden:500
지하주차장, Shopping Zone(B1)	800	
지하주차장(B2~B5)	650(500)	(500)dms Frame용

3.1.2 시공하중

- 지하주차장 지붕층은 시공 시 공사차량운행, 자재적재 및 완공 후 일부 부분은 중량차량의 진입이 불가피하므로, 시공 중과 시공 후를 비교하여 불리한 경우로 설계에 적용하였다.

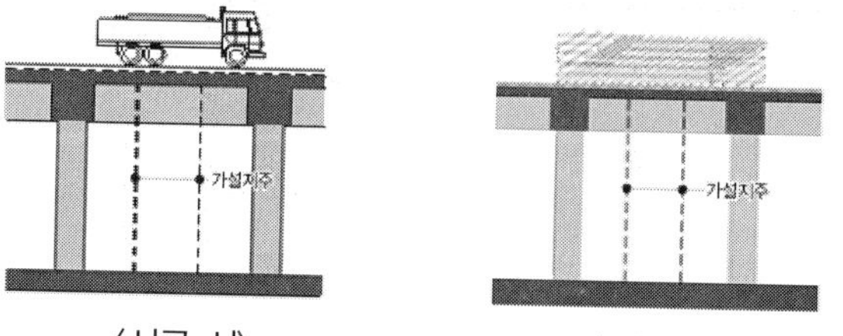

〈시공 시〉 〈시공 후〉

그림 B-3-1 1층 바닥 시공하중 고려

3.1.3 고정하중

▶ BED ROOM, LIVING ROM(APT)

	THK.(mm)	DENSITY(kg/m^{23}2)	LOAD(kg/m^{22}2)
PANEL HEATING	120	180	
PARTITION			200
SLAB	135	2400	324
DECK			25
CEILING			30
DEAD LOAD			759

▶ ELEVATOR HALL(MAIN CORE 1,2 : R.C SLAB)

	THK.(mm)	DENSITY(kg/m³)	LOAD(kg/m²)
FINISH			108
MORTAR	50	2000	100
SLAB	250	2400	600
CEILING			30
DEAD LOAD			759

▶ ROOF

	THK.(mm)	DENSITY(kg/m³)	LOAD(kg/m²)
PLAIN CONCRETE	150	2300	345
WATERPROOF	15	2000	30
MORTAR	30	2000	60
SLAB+DECK	200	2400	480
CEILING			30
DEAD LOAD			945

▶ HELIPAD

	THK.(mm)	DENSITY(kg/m³)	LOAD(kg/m²)
PLAIN CONCRETE	100	2300	230
WATERPROOF	3	2000	6
MORTAR	30	2000	60
SLAB+DECK	200	2400	480
CEILING			30
DEAD LOAD			806

▶ SKY LOUNGE(55TH)

	THK.(mm)	DENSITY(kg/m³)	LOAD(kg/m²)
PLAIN CONCRETE	150	2300	345
WATERPROOF & MOR	30	2000	60
SLAB+DECK	135	2400	324
CEILING			30
DEAD LOAD			759

▶ MECHANICAL EQUIPMENT ROOM(32ND)

	THK.(mm)	DENSITY(kg/m³)	LOAD(kg/m²)
CONC. PAD			150
PLAIN CONCRETE	150	2300	345
SLAB+DECK	180	2400	432
CEILING			30
DEAD LOAD			957

▶ PATIO(GARDEN) - 2ND FLOOR

	THK.(mm)	DENSITY(kg/m³)	LOAD(kg/m²)
SOIL	600	1800	1080
PLAIN CONCRETE	100	2300	230
WATERPROOF & MOR	30	2000	60
SLAB+DECK	150	2400	360
CEILING			30
DEAD LOAD			1760

*NOTE : in case of light weight soil, the depth of soil will be 1500mm.

▶ PARKING(1ST)

	THK.(mm)	DENSITY(kg/m³)	LOAD(kg/m²)
ASCON(OR PLAIN CONCRETE 200~400)	400	2000	800
WATERPROOF & MOR	30	2000	60
SLAB	400	2400	960
CEILING(DIA.300 MECH PIPE)			100
DEAD LOAD			1920

▶ PUBLIC ZONE, GARDEN(1ST)

	THK.(mm)	DENSITY(kg/m³)	LOAD(kg/m²)
SOIL	600	1800	1080
PLAIN CONCRETE	300	2300	690
WATERPROOF & MOR	30	2000	60
SLAB	400	2400	960
CEILING			100
DEAD LOAD			2890

▶ PARKING(B1, SHOPPING ZONE)

	THK.(mm)	DENSITY(kg/m³)	LOAD(kg/m²)
FINISH	50	2000	100
SLAB	320	2400	768
CEILING			40
DEAD LOAD			908

*NOTE:drop panel load to be added.

▶ PARKING(B2–B5)

	THK.(mm)	DENSITY(kg/m³)	LOAD(kg/m²)
EXPOXY COATING			10
SLAB	280	2400	672
SPRING & ETC			130
DEAD LOAD			812

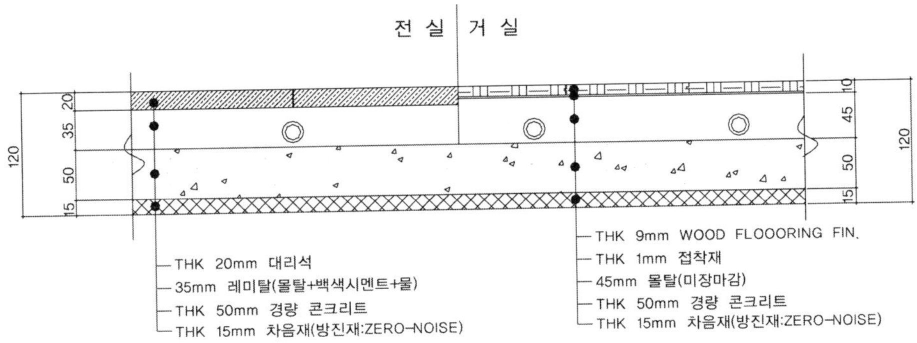

그림 B-3-2 PANEL HEATING DETAIL

▶ 설비하중(1) : MAIN 전기실, 기계실 상부 및 분기된 PIPE 하중

▶ 설비하중(2) : 지상층 기계실 장비 PADDING 하중
기계실2장비 PADDING 및 물탱크 PADDING
하중 200~300kg/m² 고려
(FLOATING FLOOR 위에 고려된 하중임)

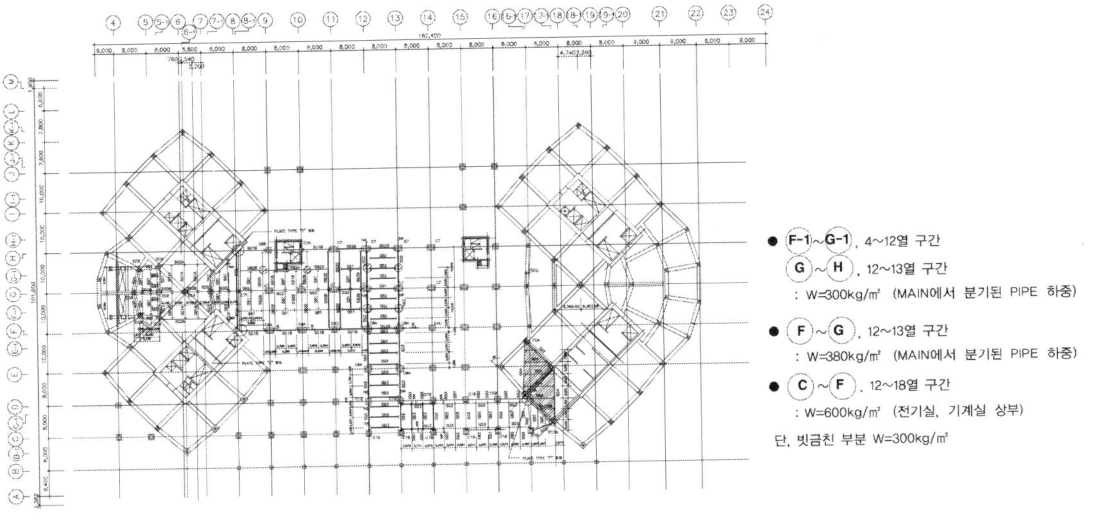

지하4층 바닥(지하5층)에 매달리는 설비 하중 평면도

(MAIN 전기, 기계실 상부 및 MAIN에서 분기된 PIPE 하중)

그림 B-3-3 B4층 바닥 설비 가대

▶ 설비하중(3) : 지상층 기계실 상부 HANGING 하중.(32층 기계실 천장 설비 HANGING 상황)

- 너무 빽빽하게 HANGING 되어 있어 틈새가 보이지 않음
- HANGING 하중을 100~150kg/m² 정도 고려하는 것이 바람직함(설계의 정도에 따라 하중 고려)

▶ 설비하중(4) : 지상층 MAIN DUCT 하중.(F동 2층 천정 주방 급기용 MAIN DUCT 등)

- DUCT 하중 50~100kg/m² 정도 고려하는 것이 바람직함

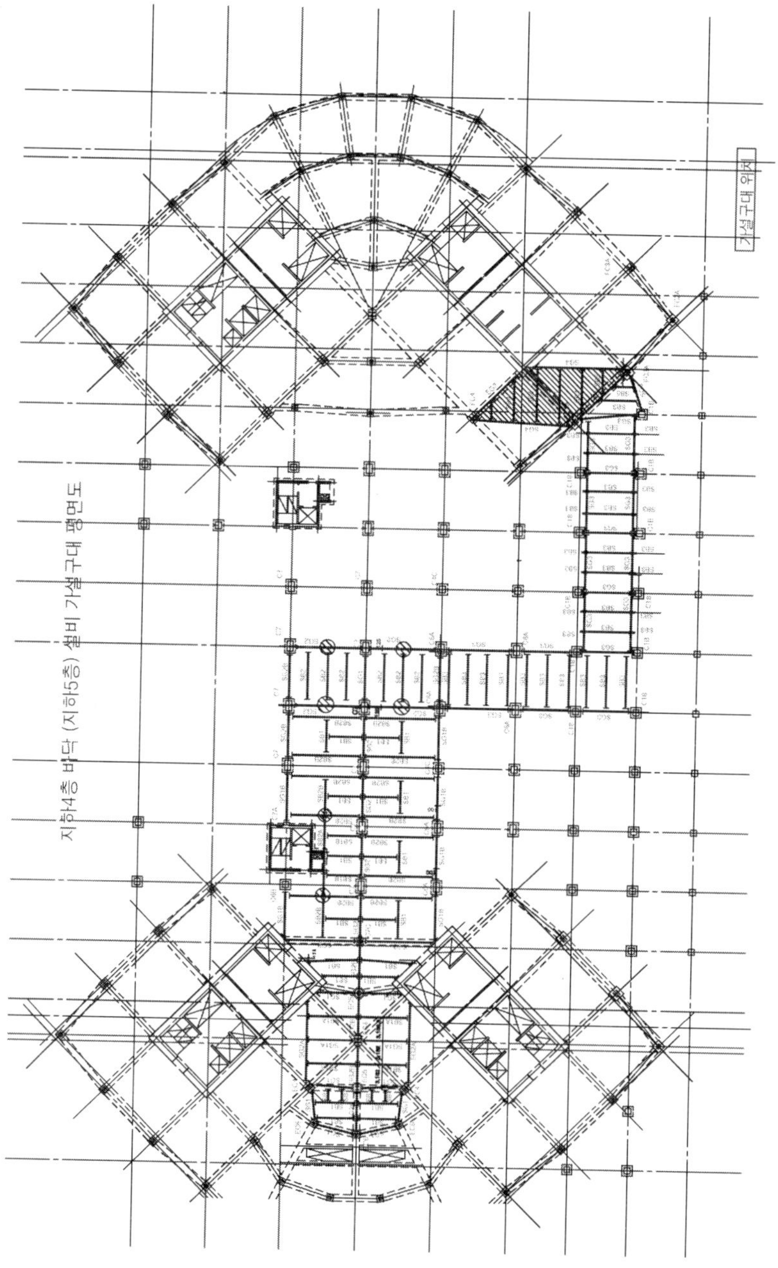

그림 B-3-4 지하4층 바닥(지하5층) 설비 가설구대 평면도

3.2 풍하중

3.2.1 일반 사항

a) 개요

최근 국내에서도 높이 200m 안팎의 고층건물이 속속 들어서고 있는데 이는 고강도 재료의 제작 및 시공능력과 설계기술의 발전에 기인한다고 볼 수 있다. 그런데 고강도 재료를 사용함으로써 단면크기 및 건물비중이 감소되고 이로 인해 강성 및 감쇄 능력이 저하되어 바람과 같은 수평력에 대한 동적 저항능력이 취약해지는 경향이 있게 된다. 따라서 바람 하중 값에 대한 보다 정확한 예측과 그에 따른 건물의 안전성 및 거주성을 정확히 판단하는 것이 무엇보다 중요한 요소가 된다. 설계당시 국내의 풍하중에 대한 규준은 연성도(Ductility)가 높은 고층건물에 대한 특별한 규정이 없으며, Gust Factor도 단순히 노풍도에 따라 일괄적으로 적용하게 되어 있기 때문에 속도압 값도 실제와 많은 차이를 보여 보다 경제적이고 정확한 건물의 거동을 예측하기 위해서 본 도곡 프로젝트에서는 풍동실험(Wind Tunnel Test)을 실시하여 결과를 구조해석에 반영하였다.

풍동실험은 캐나다 Ontario주의 RWDI(Rowan Williams Davis & Irwin Inc.)에서 수행하였으며, 풍력실험(Force Balance Test), 풍압실험(Pressure Test), 풍환경 실험(Environment Test)을 실시하였다.

b) 풍동실험의 목적

● 첫째 : 건물에 작용하는 풍하중을 정확히 파악하여 건물의 내풍 안정성을 확인함과 동시에 경제적인 내풍설계를 수행.

● 둘째 : 풍하중에 대한 건물 사용자 및 이용자의 사용성을 향상시키는 것으로 바람에 의한 건물의 진동을 정확히 예측하여 거주성에 문제가 되지 않도록 함.

● 셋째 : 건물 내부 또는 주변의 바람특성을 측정하여 보행자에 대한 안전성과 쾌적한 풍환경을 추구.

c) 풍동실험의 종류

● 풍압실험(Pressure Test) : 풍동실험에 있어서 가장 기본적인 항목으로 건물에 작용하는 풍압을 구하여, 풍압계수 산출 및 Cladding 설계.

● 풍력실험(Force Balance Test) : 건물에 작용하는 공기력 계수를 산출. 공기력 계수는 정적풍하중, 전단력, 전도모멘트를 구하는데 사용되며 또한 풍하중 스텍트럼을 구하여 진동변위를 예측하고 이에 따른 거주성 평가.

● 풍환경 실험(Environment Test) : 건물이 신축됨에 따라 주변 기류의 흐름을 예측함으로써 보행자에 대한 사용성 뿐만 아니라 주변 건물의 환기, 통풍에 대한 문제를 파악.

3.2.2 풍력실험(Force Balance Test)

a) 풍력실험상황

▶ 실험조건

- Model Scale : 1/400
- Surrounding Radius : 460m
- Fastest mile speed : 35m/s, 100년 재현주기, 10m 높이
- Mean hourly speed : 31m/s, 100년 재현주기, 10m 높이

▶ 풍력산정

- 100년 주기의 바람하중에 대한 밑면에서의 전단력, 모멘트, 비틀림 모멘트를 구함.(건물의 기본주기와 모드형상을 이용하여 실험결과로부터 산정)
- 감쇠율 2%
- Mean wind load dynamic load를 모두 고려하여 적용하중 산정
- 구조 설계 시에는 각 층별로 산정된 x, y, z 방향의 하중에 대해 24개의 하중조합을 모두 적용
- 1차 모드와 2차 모드의 주기차가 근소한 값(6.58초:5.85초)을 가지므로 진동의 공진가능성을 고려하여 하중을 산정함.

▶ Deflection

- 층간 최대변위는 H/400 이하이면 Wall 및 Partition에 문제가 없다고 판단됨.

▶ 가속도 기준

- NBCC(National Building Code of Canada)
  * 10년 재현주기, 0.15~0.3Hz 범위의 기본주기를 갖는 건물에 적용.
  * 10~15 milli-g : Apartment, Residential
  * 20~25 milli-g : Office
- ISO(International Organization for Standardization)
  * 재현주기와 거주인의 인지비율을 변수로 한 기준을 제시함
  * 주로 1년 또는 5년의 짧은 재현주기를 사용함
- ISO vs NBCC
  * 5년 재현주기시의 값×1.2 = 10년 재현주기시의 값
  * ISO의 해당값×0.7 = 주거용 건물의 허용 기준값

▶ 가속도 평가

- 평가기준 Level : 180.20m(55층 주거용 최상층)

- 비틀림 가속도 산정거리는 mass radius of gyration(17.26m)로 함
- 가속도 값은 태풍 고려 시와 미고려 시로 나누어 산정함.(태풍 고려 시 거주자의 인식 상 허용가속도 한계가 상향됨)

그림 B-3-5 실험사진

-WIND TUNNEL STUDY MODEL

- Co-ordinate System for Structural Loading

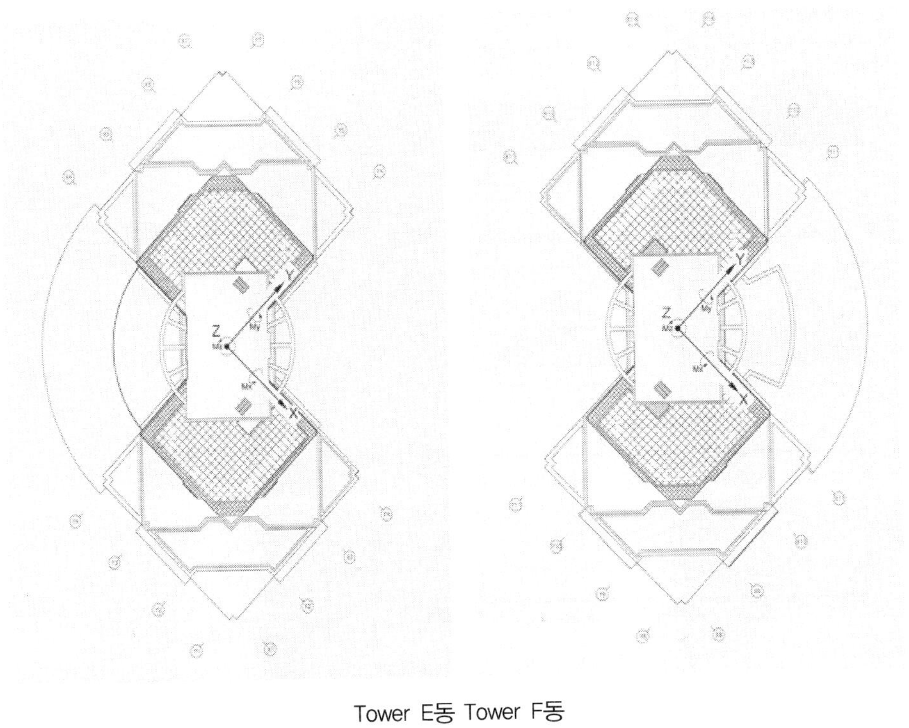

Tower E동 Tower F동

- Directional Distribution of Mean-Hourly Winds at 10 meters
(Kimpo International Airport-Seoul, Korea(1950-1990))

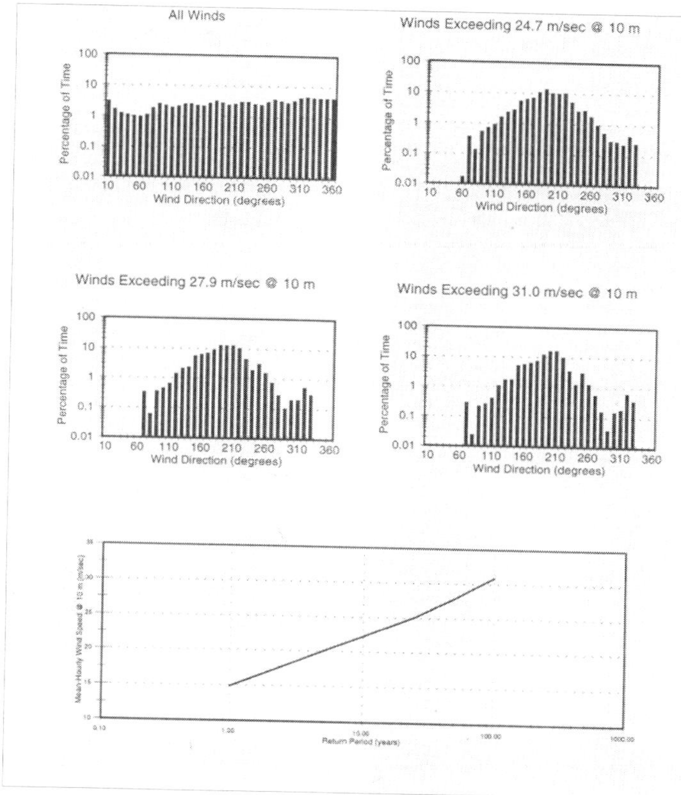

b) 풍력실험결과

▶ Fundamental Natural Frequencies

Fundamental Natural Building Frequencies(Hz)		
Mode 1	Mode 2	Mode 3
0.14984(X-direction coupled with Y)	0.15932(Y-direction coupled with X)	0.27007(Torsion)

* Note : The above model information was received from Rosenwasser Grossan Structural Engineers on November 24,1999.

▶ 밑면의 최대 전단력, 전도모멘트, 비틀림모멘트

[표 3-2]는 100년 재현주기 풍속에 대한 밑면에서의 최대 전단력, 전도모멘트, 비틀림 모멘트로서 E동(SECL 사옥측)보다 F동(분당선측)의 값이 전체적으로 크게 나타난다.

표 B-3-2 Wind Induced Forces(100년 주기, 41.0m/s)

	Mx(t-m)	My(t-m)	Mz(t-m)	Fx(t)	Fy(t)
E동	144,000	137,000	12,400	1,310	1,190
F동	199,000	156,000	12,400	1,670	1,280

▶ 하중조합계수(RWDI 제공)

- 풍동실험 결과 각 층별로 도출된 X, Y, Z 방향에 대해 [표 3-3]과 같이 24개의 하중조합을 적

용하여 구조해석을 수행하였다. 여기서 하중조합계수는 바람의 여러 방향에 대한 구조물의 응답을 고려하여 산출된 것이다.

Recommended Load Combination Factors for Simultaneous Application of Effective Floor-by-Floor Loads from 표 B-3-3 - Tower E

Load Combination	X-Forces(Fx)	Y-Forces(Fy)	Torsional Moment(Mz)
1	95%	75%	50%
2	95%	75%	-45%
3	95%	-40%	50%
4	95%	-40%	-50%
5	-100%	45%	45%
6	-100%	40%	-65%
7	-100%	-75%	40%
8	-100%	-75%	-65%
9	70%	100%	50%
10	70%	100%	-40%
11	40%	-95%	60%
12	40%	-95%	-65%
13	-40%	100%	55%
14	-40%	100%	-40%
15	-80%	-95%	50%
16	-80%	-95%	-65%
17	50%	55%	100%
18	40%	40%	-100%
19	40%	-60%	100%
20	40%	-60%	-100%
21	-40%	50%	100%
22	-65%	40%	-100%
23	-40%	-60%	100%
24	-65%	-60%	-100%

Recommended Load Combination Factors for Simultaneous Application of Effective Floor-by-Floor Loads from [표 B-3-4] - Tower F

Load Combination	X-Forces(Fx)	Y-Forces(Fy)	Torsional Moment(Mz)
1	85%	65%	45%
2	85%	55%	-60%
3	85%	-40%	45%
4	95%	-40%	-65%
5	-100%	50%	40%
6	-100%	50%	-60%
7	-100%	-65%	40%
8	-100%	-65%	-60%
9	60%	100%	40%
10	55%	100%	-55%
11	40%	-95%	40%
12	40%	-95%	-60%
13	-60%	100%	40%
14	-60%	100%	-60%
15	-75%	-95%	40%
16	-75%	-95%	-60%
17	45%	50%	85%
18	50%	50%	-100%
19	45%	-45%	85%
20	50%	-50%	-100%
21	-40%	50%	85%
22	-60%	45%	-100%
23	-40%	-45%	85%
24	-60%	-50%	-100%

표 B-3-5 Torsional Velocities

- Predicted Torsional Velocities-Tower E

Return Period(Years)	Predicted Torsional Velocity (milli-rad/sec)	CTBUH Tentative Guideline (milli-rad/sec)
1	0.11	1.5
5	0.25	-
10	0.37	3.0

- Predicted Torsional Velocities-Tower E

Return Period(Years)	Predicted Torsional Velocity (milli-rad/sec)	CTBUH Tentative Guideline (milli-rad/sec)
1	0.11	1.50.56
5	0.25	--
10	0.37	3.0

〈Note〉 CTBUH - Councilon Tall Buildings and Urban Habitat

c) 10년 재현주기 풍속을 적용했을 때 거주성 평가를 위한 건물의 가속도

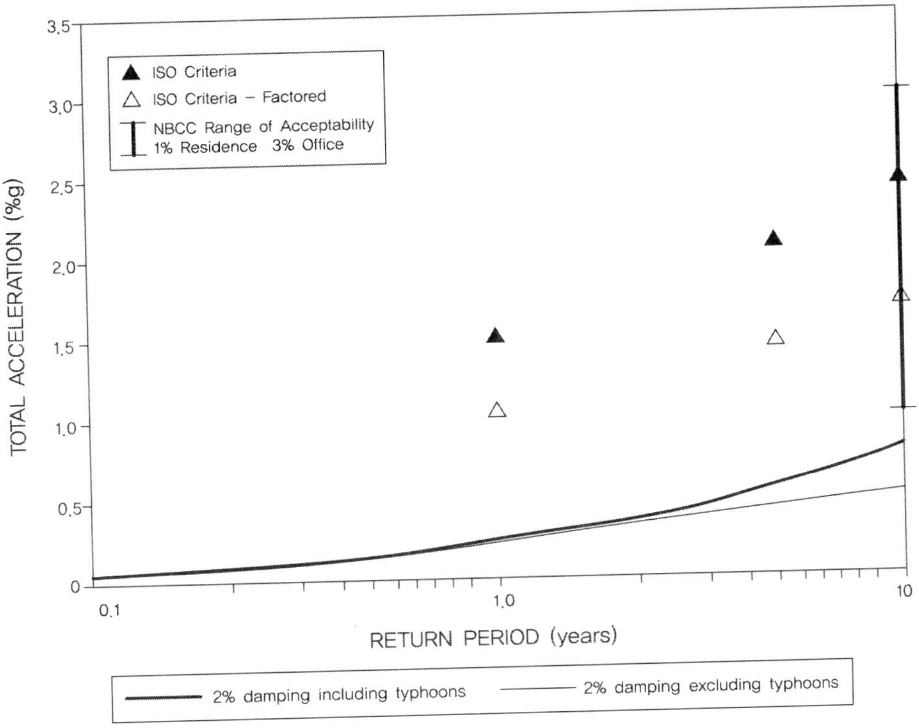

Return Period (Years)	Peak Total Accelerations with Typhoons(%g)	Peak Total Accelerations without Typhoons(%g)	ISO[3] Criteria(%g)	Factored[4] ISO Criteria(%g)	NBCC[5] Recommended(%g)
1	0.23	0.20	1.50	1.05	–
5	0.52	0.39	2.09	1.46	–
10	0.77	0.50	2.51*	1.75*	1.00 to 3.00

Notes:

(1) A damping ratio of 0.02 was used.

(2) Accelerations are predicted at the top occupied floor at a representative distance from the center of mass of the top floor. taken to be equivalent to the mass radius of gyration of 17.26m

(3) ISO is International Organization for Standardization.

(4) ISO Criteria factored by 0.7 for Residential.

(5) NBCC is National Building Code of Canada

(6) * indicates RWDI extrapolation of ISO criteria

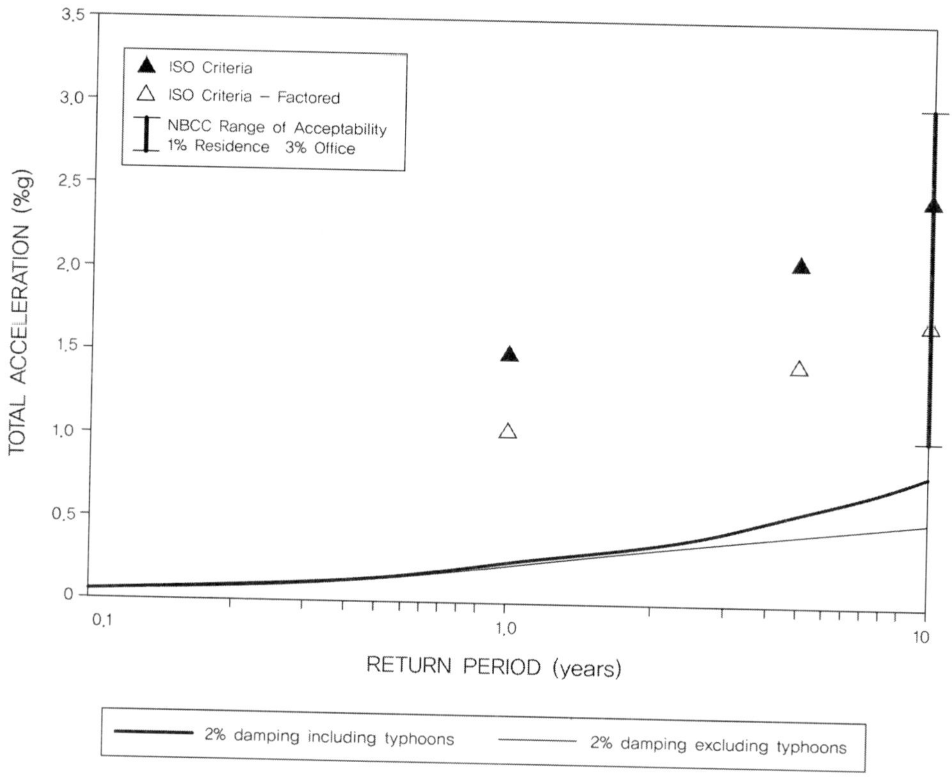

Return Period(Years)	Peak Total Accelerations with Typhoons(%g)	Peak Total Accelerations without Typhoons(%g)	ISO Criteria(%g)	Factored[4] ISO Criteria(%g)	NBCC[5] Recommended(%g)
1	0.20	0.17	1.50	1.05	–
5	0.44	0.34	2.09	1.46	–
10	0.64	0.43	2.51*	1.75*	1.00 to 3.00

Notes:

(1) A damping ratio of 0.02 was used.

(2) Accelerations are predicted at the top occupied floor at a representative distance from the center of mass of the top floor. taken to be equivalent to the mass radius of gyration of 17.26m

(3) ISO is International Organization for Standardization.

(4) ISO Criteria factored by 0.7 for Residential.

(5) NBCC is National Building Code of Canada

(6) * indicates RWDI extrapolation of ISO criteria

3.2.3 풍압실험(Pressure Test)

a) 실험목적

- 도곡동 주상복합 2차부지(주상복합)에 작용하는 풍압을 측정한다. 건축물의 풍동실험에 있어서 가장 기본적인 실험 항목으로서 실제 구조물에 작용하는 정확한 풍압은 풍동실험을 통해서만 구할 수 있다.
  주상복합의 각 부분에 작용하는 국부적인 풍압을 측정하여 풍압계수를 산출한다.
  풍압계수는 각 풍속에 대한 국부적인 풍압을 산출하는 데에 사용되며 이를 이용하여 외장재 설계 또는 외장재의 내하력을 검증할 수 있다.

b) Cladding Wind Load Summary

Recommended Design Wind Loads – 100 Year Return Period	
Negative Pressures	Figures 1 to 16
Positive Pressures	Figures 17 to 32
Minimum Design Load – non glazed horizontal roof area	+150kg/m², –250kg/m²
– all other areas	±250kg/m²
Ranged of Negative Pressures	–250kg/m² to –550kg/m²
Ranged of Positive Pressures – roof area	+150kg/m² to +350kg/m²
– all other areas	+250kg/m² to +350kg/m²
Analysis Parameters	
Internal Pressures – corner units	+102kg/m²(+1.0kPa), –143kg/m²(–1.4kPa)
– non–corner zones	±51kg/m²(±0.5kPa)
Origins of Wind Statistical Model	
Station	Kimpo International Airport
Period of Record	1950–1990
Directionality of Wind	Figure 36
100–year Design Wind Speed at 10m height in open terrain	35m/s
Wind Tunnel Test Parameters	
Increments for Test Direction	10°
Total Number of Test Directions	36
Simulated Upwind Profiles:	
Urban	All Directions
Model Parameters	
Model Scale	1:400
Number of Pressure Taps	1252
Drawings Used to Construct Test Model	Table 1
Full Scale Radius of Proximity Model	460m

c) 실험결과

- Recommended Wind Loads for Cladding Design(kg/m²)⟹ E동 positive, Negative Pressures.

- The largest recommended positive wind load was +325kg/m², which occurred at several locations on the West and South Elevations The majority of the positive wind loads on the structures were +300kg/m².
- The largest recommended negative wind load was −550kg/m², which occurred at several locations on the North and West Elevations. The majority of the negative wind loads on the structures were −300kg/m².

d) 실험장비 및 사진

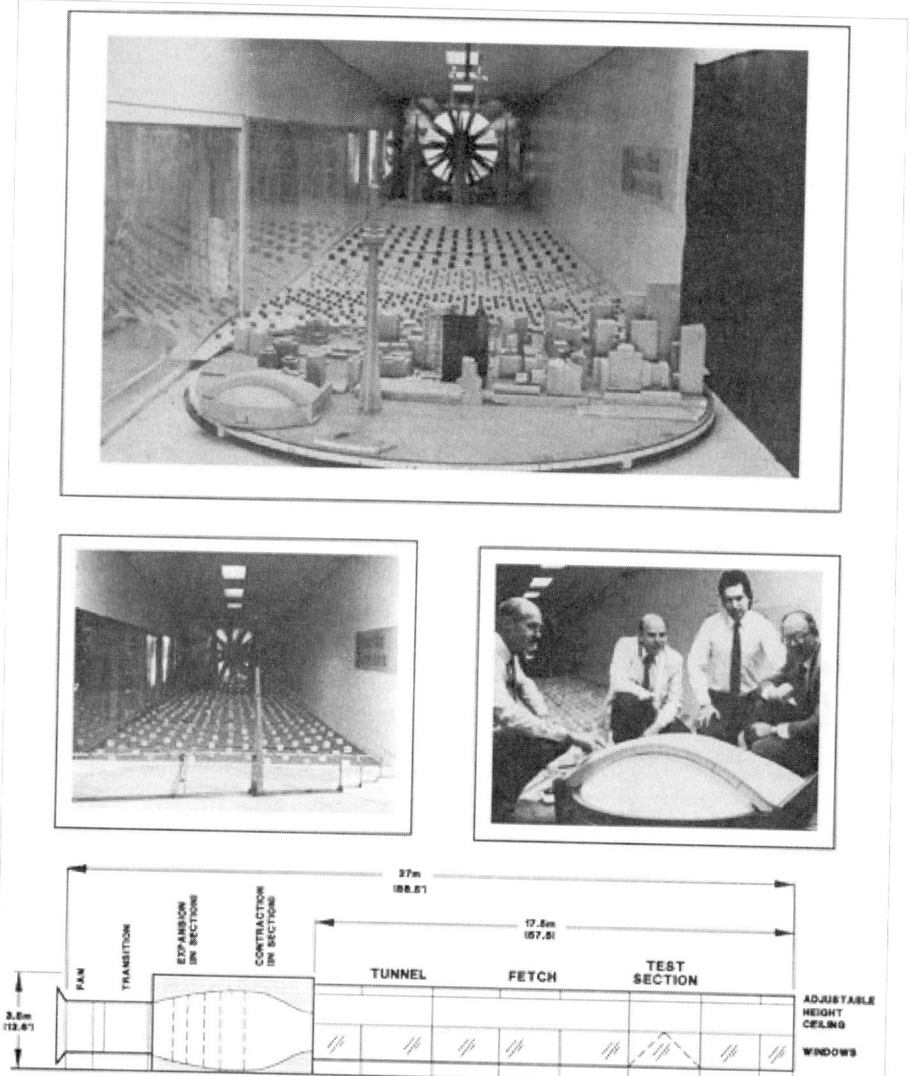

Figure 1: 1.9m x 2.4m Boundary Layer Wind Tunnel Facility

그림 B-3-6 실험장비

3.2.4 풍환경실험(EnvironmentTest)

a) 실험목적

- 주상복합이 신축됨에 따라서 신축부지 주변의 기류의 양상은 상당히 변하게 된다.
  빌딩 주위의 기류가 예상 외로 빠른 부분, 반대로 거의 흐름이 없는 부분이 생기게 된다. 전자의 경우는 빌딩을 출입하는 사용자, 빌딩 주위의 보행자에 대한 사용성 문제가 되면서 비산물의 발생 등 환경적인 문제가 되기도 한다.
  후자의 경우는 환기, 통풍을 저하시키는 원인이 되기도 한다.
  실제로 외국 경우에는 풍환경 평가실험이 건축물 풍동실험에 가장 중요한 항목이 되어가고 있다.
  본 실험에서는 주상복합이 완성될 경우에 대한 건물주위의 기류의 풍속을 측정하여 앞서 언급한 문제 등에 대한 대비책을 제안하는 데 목적이 있다.

b) 실험조건

- Rowan Williams Davies & Inwin.(RWDI) was retained by Infra Design of New York, New York to conduct a Pedestrian Wind Study for the proposed Samsung "D" project in Seoul, Korea. The owners are Samsung Heavy Industries Co.Ltd. of Seoul, Korea.
  The project architects are Samoo Architects & Engineers of Seoul, Korea.
  The purpose of the study was to assess the wind environment around the building in terms of pedestrian comfortand safety. This objective was achieved through wind tunnel testing of a 1:400 scale model.
  The model was comprised of the proposed development and all relevant surrounding buildings and topography within a 460m radius of the study site, including the proposed Samsung Life building.
  Through correspondence with the design team, it was our understanding that the Samsung Life building will be erected at about the same time as the Samsung "D" project.
  The mean speed profile and turbulence of the natural wind approching the modelled area were also simulated in RWDI's boundary layer wind tunnel.
  The photographs in Figure3-11 show the wind tunnel test model for the proposed building.
  The model was instrumented with 47 wind speed sensors to measure mean and gust wind speeds at a full scale height of approximately 1.5m.
  These measurements were recorded for 16 equally incremented wind direction starting from true north and were reduced to the form of wind speed ratios, by dividing by the reference wind speed at the top of the simulated boundary layer.
  Wind statistics recorded at the Kimpo International Airport in Seoul between 1950 and 1990

were analysed for the summer(May through October) and Winter(November through April) seasons. Figure 3-12 graphically depicts the distributions of wind frequency and directionality for the two seasons.

The upper wind rose identifies the summer wind data.

During this season, winds occur from most directions with exception of the northeast quadrant.

The lower wind rose shows the winter data, indicating the predominance of the northwest quadrant during this season.

c) 실험사진

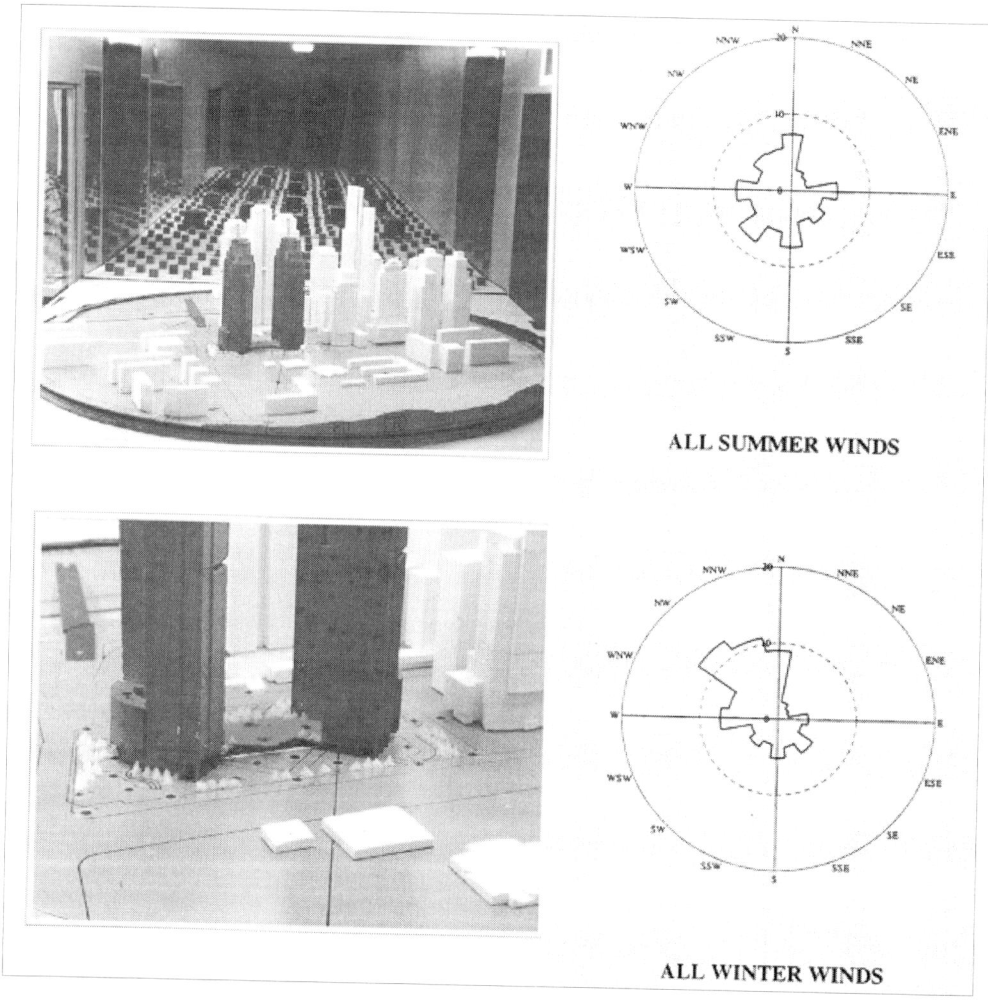

그림 B-3-7 Wind Tunnel Study Model for Pedestrain & Directional Distribution of Seasonal Winds

d) 실험 결과

Table 1 : Pedestrian Level Wind Comfort and Safety Categories – Multiple seasons

COMFORT CATEGORY		Sitting	Standing	Walking	Uncomfortable		SAFETY CATEGORY
Gust Wind Speed(㎞/h)		0–17	0–25	0–32	>32		≥88
Category Limit		≥80%	≥80%	≥80%	≥20%		>3Evens Annually (0.1% of the Time)
Loc	Season	%	%	%	%	RATING	RATING
1	Summer	96	99	100	0	Sitting	PASS
	Winter	92	98	100	0	Sitting	PASS
2	Summer	87	97	99	1	Sitting	PASS
	Winter	81	94	98	2	Sitting	PASS
3	Summer	89	98	99	1	Sitting	PASS
	Winter	85	96	99	1	Sitting	PASS
4	Summer	93	99	100	0	Sitting	PASS
	Winter	90	98	100	0	Sitting	PASS
5	Summer	92	98	100	0	Sitting	PASS
	Winter	92	98	100	0	Sitting	PASS
6	Summer	91	98	100	0	Sitting	PASS
	Winter	86	97	99	1	Sitting	PASS
7	Summer	96	99	100	0	Sitting	PASS
	Winter	94	99	100	0	Sitting	PASS
8	Summer	85	96	99	1	Sitting	PASS
	Winter	81	94	98	2	Sitting	PASS
9	Summer	82	95	98	2	Sitting	PASS
	Winter	78	93	97	3	Standing	PASS
10	Summer	88	97	99	1	Sitting	PASS
	Winter	84	95	99	1	Sitting	PASS
11	Summer	89	97	99	1	Sitting	PASS
	Winter	86	96	99	1	Sitting	PASS
12	Summer	88	96	99	1	Sitting	PASS
	Winter	80	92	97	3	Sitting	PASS
13	Summer	86	95	98	2	Sitting	PASS
	Winter	82	95	98	2	Sitting	PASS
14	Summer	88	97	99	1	Sitting	PASS
	Winter	89	98	99	1	Sitting	PASS
15	Summer	86	95	98	2	Sitting	PASS
	Winter	90	97	99	1	Sitting	PASS
16	Summer	82	95	98	2	Sitting	PASS
	Winter	77	92	97	3	Standing	PASS
17	Summer	87	96	98	2	Sitting	PASS
	Winter	79	91	96	4	Standing	PASS
18	Summer	93	99	100	0	Sitting	PASS
	Winter	93	99	100	0	Sitting	PASS
19	Summer	82	95	98	2	Sitting	PASS
	Winter	78	92	97	3	Standing	PASS

Configuration – Proposed

e) RWDI WIND COMFORT CRITERIA

The average gust wind speeds predicted to occur at each test location on the model were compared t pedestrian comfort criteria to determine the acceptability of the wind conditions for pedestrian use. The following table is an example of how these predicted full scale wind speeds are presented in the report.

Example Table : Pedestrian Wind Comfort and Safety Categories

COMFORT CATEGORY			Sitting	Standing	Walking	Uncomfortable		SAFETY CATEGORY
Gust Wind Speed(km/h)			0–17	0–25	0–32	>32		≥88
Category Limit			≥80%	≥80%	≥80%	≥20%		>3Evens Annually (0.1% of the Time)
Loc.	Config	Season	%	%	%	%	RATING	RATING
1			84	97	99	1	Sitting	PASS
2			51	69	82	18	Walking	PASS
3			46	66	79	21	Uncomfortable	PASS

Acoross the top of the table there are four comfort categories ;

- Sitting : Gust speeds up to 17km/h – Low wind speed areas where one could read a newspaper without having it blown away. suitable for use as outdoor cafes and other sitting areas.
- Standing : Gust speeds up to 25km/h – Slightly higher wind speeds that would be strong enough to rustle leaves. These wind speeds are typically comfortable at building entrances, bus stops or other areas where people may want to linger but not necessarily sit for extended periods of time.
- Walking : Gust speeds up to 32km/h – Winds that would lift leaves, cause movement to litter, hair and loose clothing. Appropriate for sidewalks, plazas, parks or playing fields where people are more likely to be active and receptive to some wind activity.
- Uncomfortable : Gust speeds greater than 32km/h – The effects of wind speeds at this level would range from small trees swaying and wind force being felt on the body(approximately 40km/h) to whole trees being motion and inconvenience being felt when walking (approximately 80km/h gust). Winds of this magnitude would be considered a nuisance for most activities.

3.3 지진하중

3.3.1 등가정적해석에 의한 지진하중 산정

$$V=\frac{AICS}{R}W$$

밑면전단력(V), 지역계수(A):0.12(지진구역 2), 중요도계수(I):1.2

동적계수(C):1/(1.2sqrt(T)), 지반계수(S):1.0, 반응수정계수(R):4.0, 건물 중량(WW)

3.3.2 [그림 B-3-8]은 KS 규준에 의한 Design Response Spectrum을 보여준다.

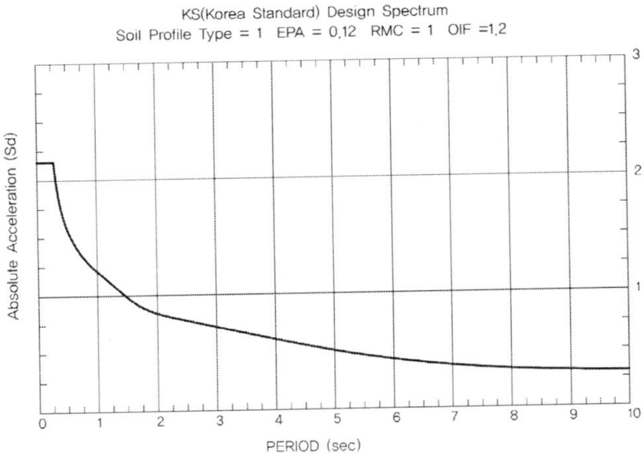

그림 B-3-8 Design Response Spectrum

3.4 국내규준에 의한 정적 지진하중과 풍하중의 비교

- 국내 규준에서 설계기본풍속 35m/s, 노풍도B, 풍력계수1.4를 적용하였고 지진하중은(D)항의 계수를 적용하여 지진하중과 풍하중의 크기를 비교하였다.
  (그림 B-3-9)는 층전단력을 비교한 것으로서 아래층에서 풍하중이 크게 나타났으며, 상부층에서는 비슷한 크기를 보여주고 있다.
  (그림 B-3-10)은 전도모멘트를 비교한 것으로서 아래층에서 하중이 약간 크게 나타났으나, 거의 비슷한 크기를 보여주고 있다.
  (그림 B-3-11)은 KS2규준과 풍동실험(X, Y방향)에 의한 층전단력 값을 비교한 것으로서 풍동실험값이 전체적으로 작게 나타난다.
  (그림 B-3-12)는 KS2규준과 풍동실험(X, Y방향) 및 하중조합(1.0X+0.65Y)에 의한 전도모멘트값을 비교한 것으로서 풍동실험에 의한 값이 대체적으로 작게 나타났으며, 조합하중은 그래프상의 정적 산술비교를 위해 제곱근에 의한 값을 적용하였으므로, 실제 해석과는 차이가 있을 수 있다.

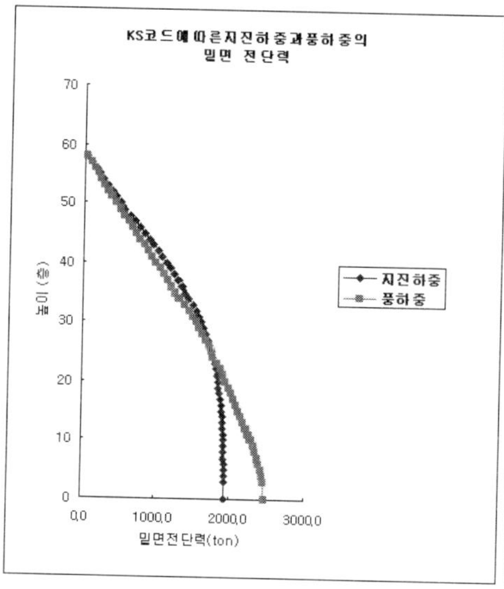

그림 B-3-9 층전단력 비교

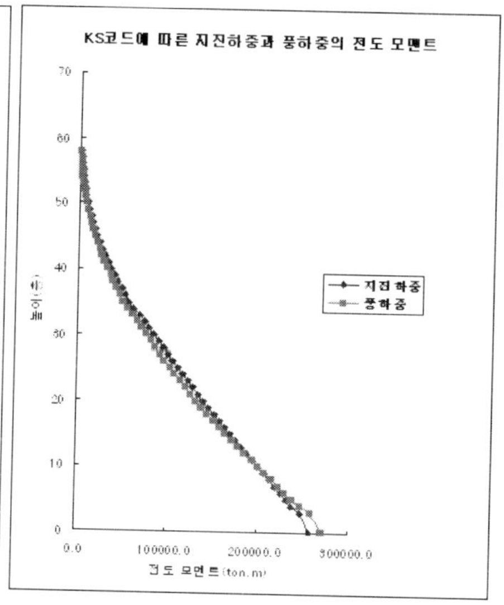

그림 B-3-10 전도모멘트 비교

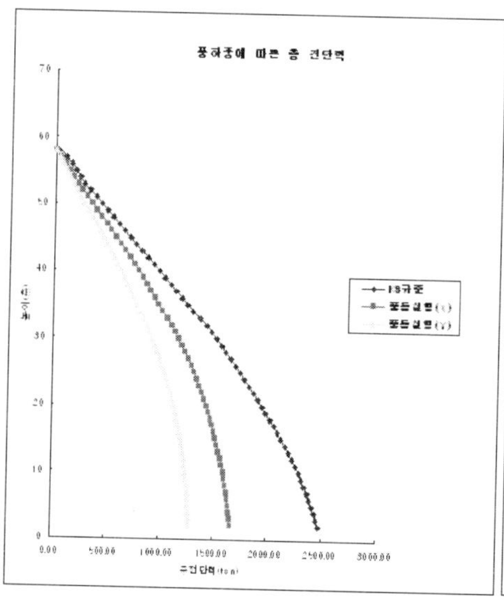

그림 B-3-11 층전단력 비교

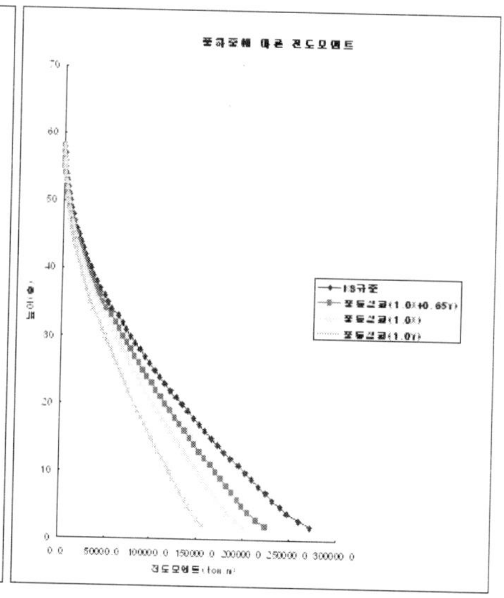

그림 B-3-12 전도모멘트 비교

- 풍하중, 지진하중(Dynamic)의 주기 및 변위(Displacement)

· WIND TUNNEL

Dmax = 36.37cm(H/536)

주기(T) = 6.6 / 5.9 / 4.2

· SEISMIC

Dmax = 17.46×S.F = 40.3cm(H/484)

주기(T) = 7.5 / 6.9 / 4.2

4. MODELING

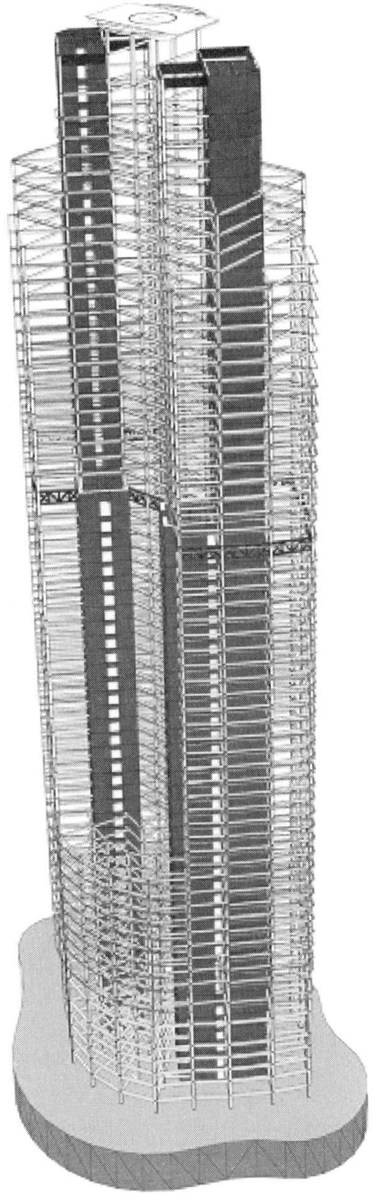

4.1 Core Wall

Core Wall의 두께는 횡 변위를 고려하여 1100, 700, 500㎜로 층에 따라 효율적으로 변화시켰으며, 콘크리트 강도는 전층 500kg/㎠을 적용하였다.

Core Wall Opening 부위에는 Link Beam을 두어 Core의 횡력 저항을 극대화하였으며 작업의 반복성을 고려하여 Core Wall의 시공에는 ACS(Auto Climbing System)Form을 적용하였다.

4.2 Cracking에 의한 강성저감 고려

4.2.1 강성저감의 필요성

풍하중 및 지진하중 등의 수평하중에 대한 구조물의 변위를 검토할 경우, 시공 시에 발생할 수 있는 구조체의 균열, 벽체 및 보의 설비, 전기 Opening에 의한 단면 결손 등의 영향을 고려하기 위하여 균열단면(Crack Section)을 사용할 필요가 있다.

모델링에서는 부재의 단면 2차모멘트를 직접 감소시키거나 탄성계수에 감소계수를 적용하는 방법을 사용할 수 있다.

4.2.2 강성저감율

풍하중에 대해서는 Core Wall에 전층 20%, Link beam에 전층 50% 강성을 저감시켜 해석에 반영하였으며, 지진하중에 대해서는 Core Wall의 경우 Ground Floor에서 H/6 높이까지는 60% 그 상부는 20%의 강성을 저감시켰고, Link Beam의 경우에는 전층 50% 강성저감을 시켜 해석에 반영하였다.

▶ 참고문헌

- Building Structural Design Handbook(Edited By Richard N, White & Chorles G:almon-Wiley Interscience Published)
  〈22.4.8 Stiffness Assumptions for Shear Walls 〉

Shear walls perform a dual function. They are generally a main lateral load-resisting structural element, supporting loads in a cantilever(flexural) mode if their base is fixed or they are anchored to the foundation. In addition, shear walls, similar to columns, must support the tributary gravity loads.

The gravity loads supported by the shear wall can influence greatly the stiffness of the wall and its capacity to resist overturning moments. Tributary gravity loads, larger than anticipated, will enter the tensile(elongated)end of the wall deforming under lateral loads.

This will increase in efficiency of the wall to cause larger forces to be resisted by it. This increase cannot be determined easily. In soild coupled walls the compression end, close to the base, will support the great majority of the shear resulting from diagonal strut action developed because of the unyielding foundation and because the compression side is stiffer than the tension side of the wall.

It is prudent, therefore, to design the wall for larger than computed shears.

This will assure ductility to allow redistribution once the tensile capacity of the wall is exhausted. Shear walls(unless very dominant in number and size, or if part of a shallow structure) usually can be efficient in lateral load participation only for their height. The rigid construction of the shear wall, when deformed by lateral loads acting close to the base, will tend to deflect the top as dictated by the base curvature.

Frame elements(also usually present) generally have sufficient stiffness to "pull back" the shear wall at the top.

A familiar shear wall-frame interaction therefore as shown in Fig. 4-1 usually occurs in most high-rise structures. This requires a different effective stiffness for the shear wall at the lower and upper levels. Except for its lower portion where high overturning moments occur the shear wall can be assumed to be uncracked except for accidental temperature, construction, or shrinkage cracks.

Therefore, using 80% of Ig for the moment of inertia Ie, in this region is probably acceptable for design.

Below this level, Ie must be related to gravity loads, overturning moments, and reinforcement provided.

Foundation rotation usually reduces shear wall effectiveness in a manner similar to the wall being cracked. For a "rational" estimate of shear wall stiffness, this writer recommends, for the aforementioned categories of structures, the use of 40% of Ig for the lowest 1/6 of the structure height.

Above that level use 80% of Ig. Economy will dictate a reduced size of shear wall at upper level : in this case, in order to simplify design the shear Wall base stiffness(based on 40% Ig) can be used for the entire height. Resuitss based on using 40% Ig are acceptable for an average structure the walls and frames interact to resist lateral loads, with 40%imal sway. Further adjustmtable itial estmate of stiffness may have be made if computed overturning moment as developed at the base of the shear wall.

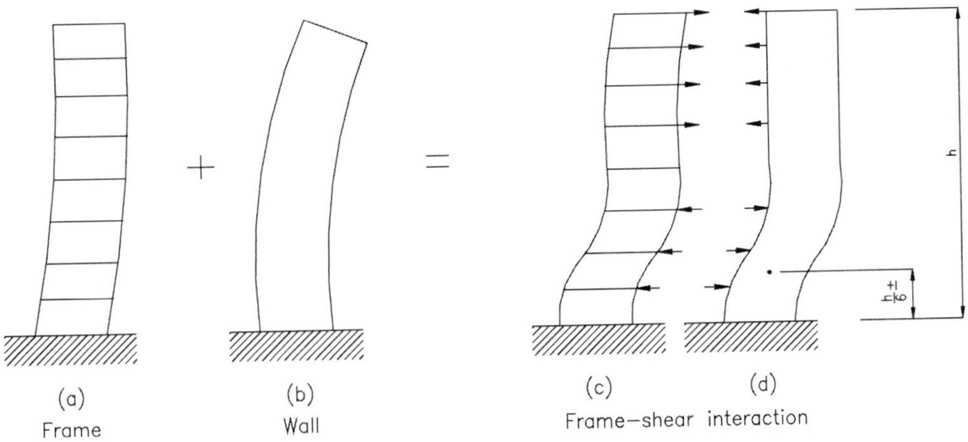

그림 B-4-1 Frame-shear Wall Interaction

4.2.3 Concrete의 탄성계수

Concrete의 탄성계수는 다음과 같이 고려하였다.

$f_{ck} \leq 300 \Rightarrow E_c = 15,000\sqrt{f_{ck}}$

$f_{ck} > 300 \Rightarrow E_c = 10,500\sqrt{f_{ck}} + 70,000$

4.3 Outrigger 및 Belt Truss

본 구조물은 RC Core 및 Outrigger, Belt Truss가 중력 및 횡력을 지지하는 구조시스템으로서, 32층 상부에 높이 2.5m의 Outrigger를 설치하여 Core Wall과 외곽부 SRC 기둥을 강하게 연결시키고, 외곽부 기둥과 기둥을 Belt Truss로 허리띠처럼 체결함으로써 Outrigger의 효과 및 비틀림를 극대화 하였다.

[그림 B-4-2]는 Outrigger가 건물의 중간층에서만 있는 경우로서 수평하중 작용시 Outrigger에 의해 Core Wall의 Deflection 및 Moment의 감소효과를 보여주고 있다.

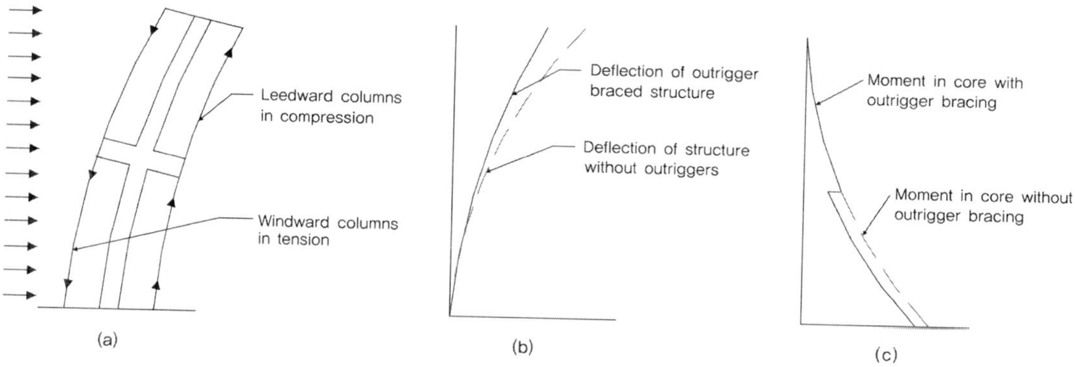

그림 B-4-2 Outrigger의 효과

Outrigger에는 Stud Bolt를 부착하여 Core 내부에 매입함으로써 일체성을 갖도록 했으며, 외곽부 기둥으로부터 1.2m 떨어진 위치에 Delay-Joint를 두어 Differential Shortening에 의한 균열 및 뒤틀림을 제어하기 위하여 골조공사 중에는 Web에만 가조립해(자중 및 층에 작용하는 고정하중과 작업하중 반영) 두었다가 Shortening이 충분히 발생된 후(즉, 방통 공사 시공여부 확인 후) 용접 및 고장력볼트 본 조립 및 FLANGE 상·하 이음을 하도록 계획하였다. [그림 B-4-3]은 32층 Outrigger 및 Belt Truss의 모델링을 보여주고 있고, [그림 B-4-6]은 Outrigger 및 Belt Truss의 입면 상세를 보여주고 있다.

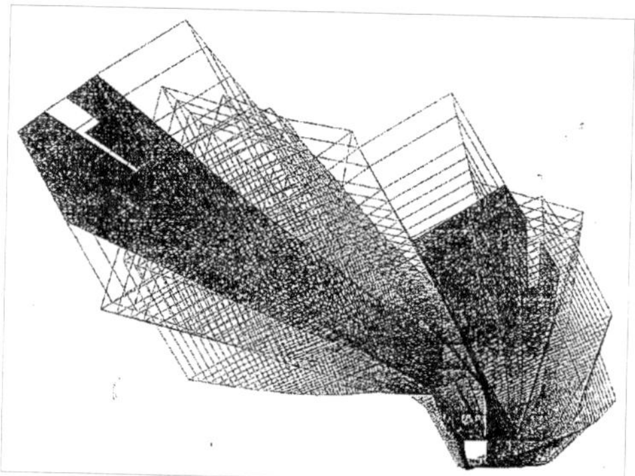

그림 B-4-3 ETABS를 이용한 내풍, 내진에 따른 변위 검토-1

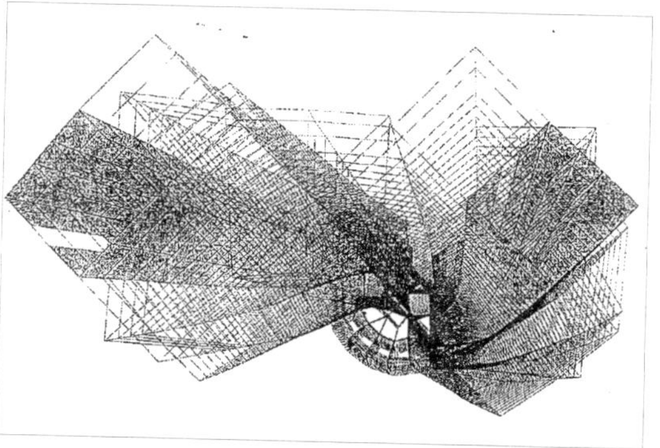

그림 B-4-4 ETABS를 이용한 내풍, 내진에 따를 변위 검토-2

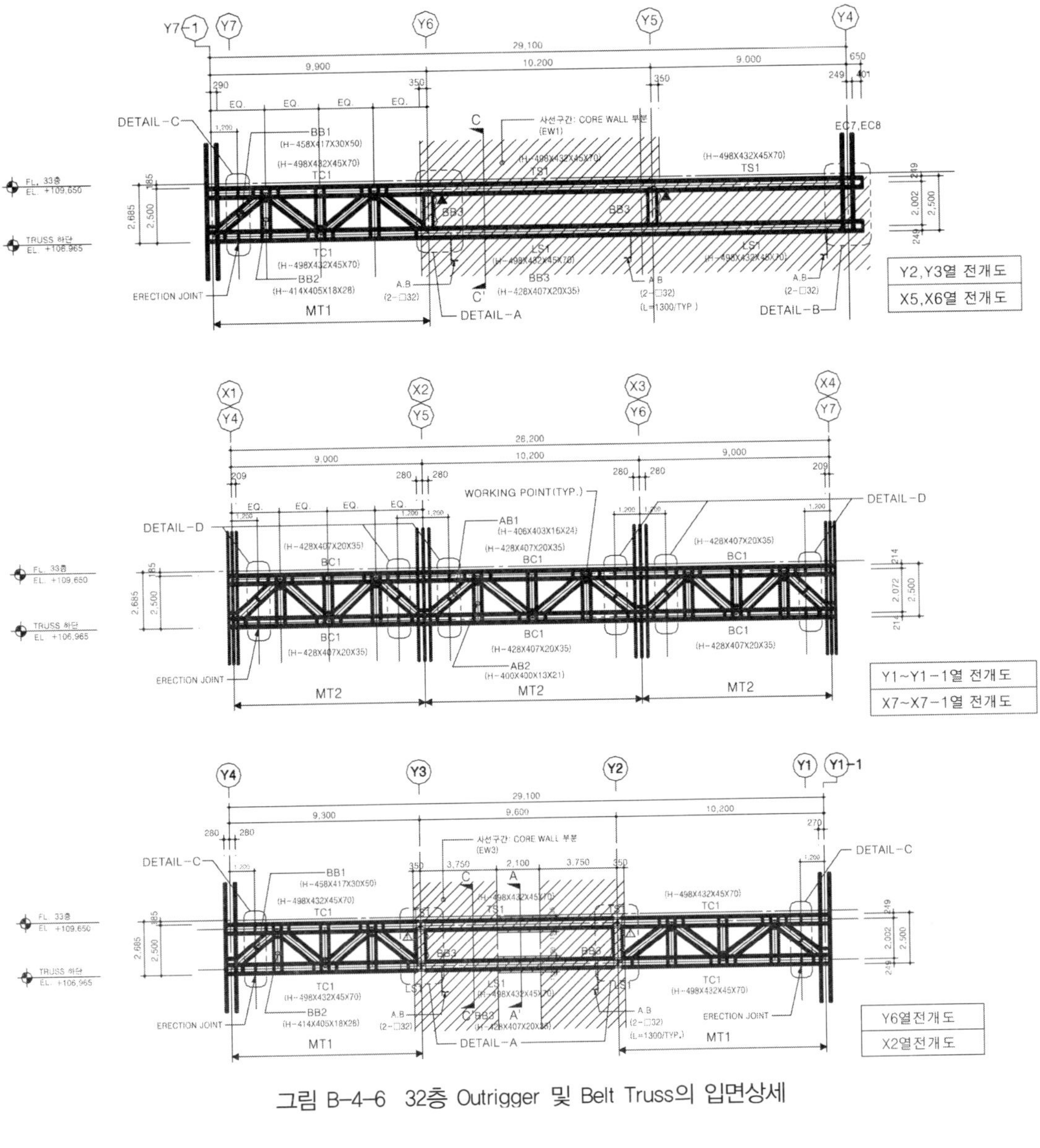

그림 B-4-6 32층 Outrigger 및 Belt Truss의 입면상세

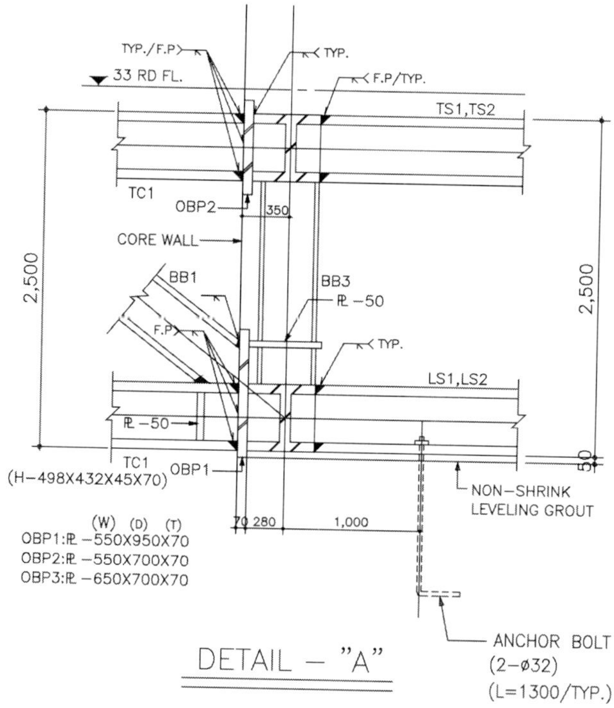

DETAIL – "A"

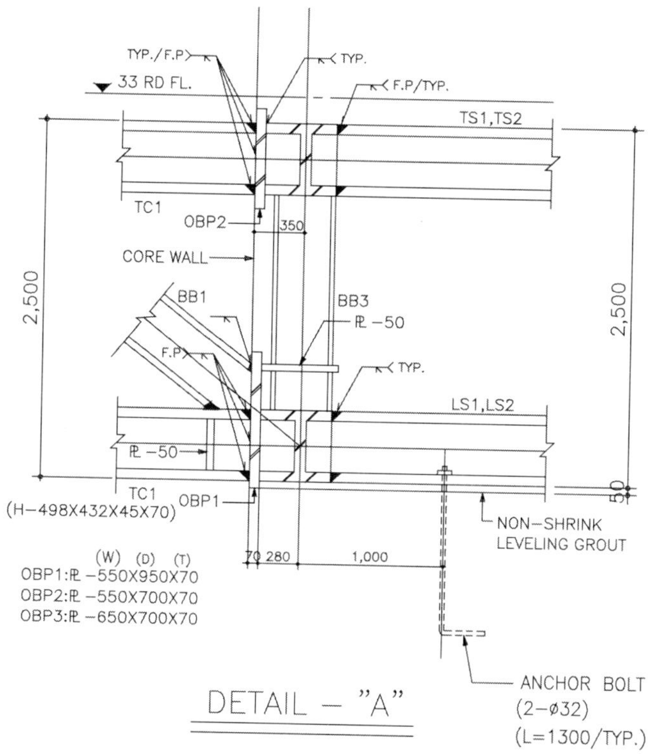

DETAIL – "A"

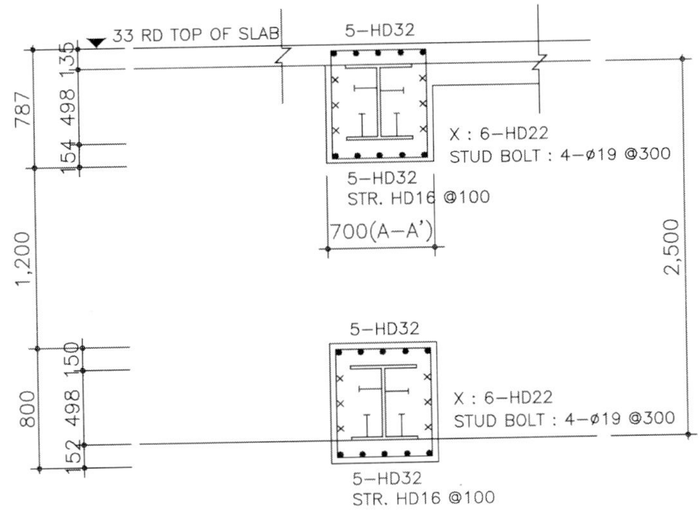

SECTION - A-A' (H-498X432X45X70)

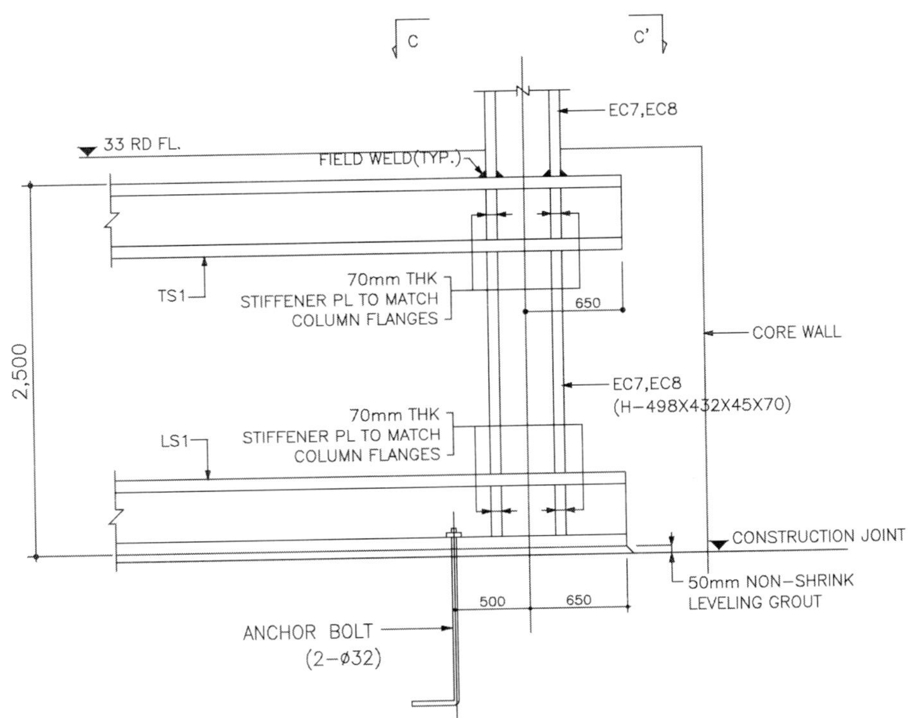

DETAIL - "B"

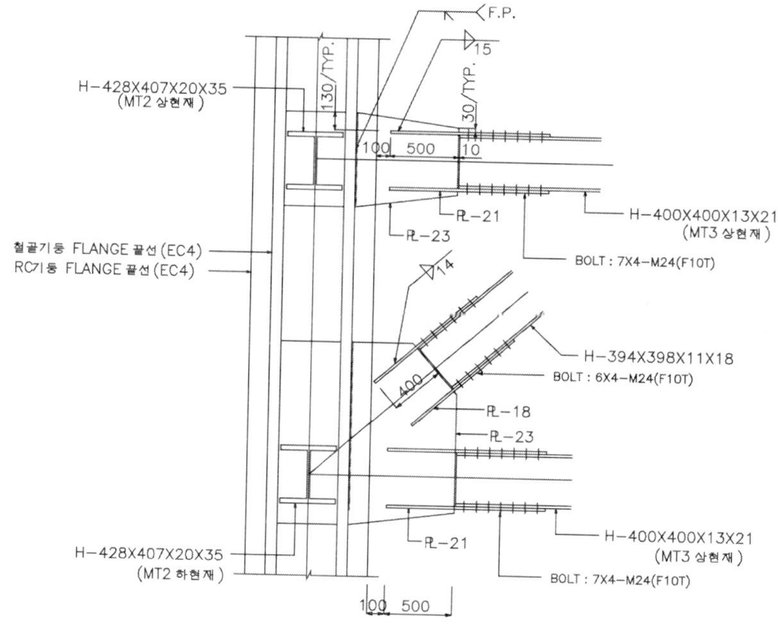

SECTION – D-D'

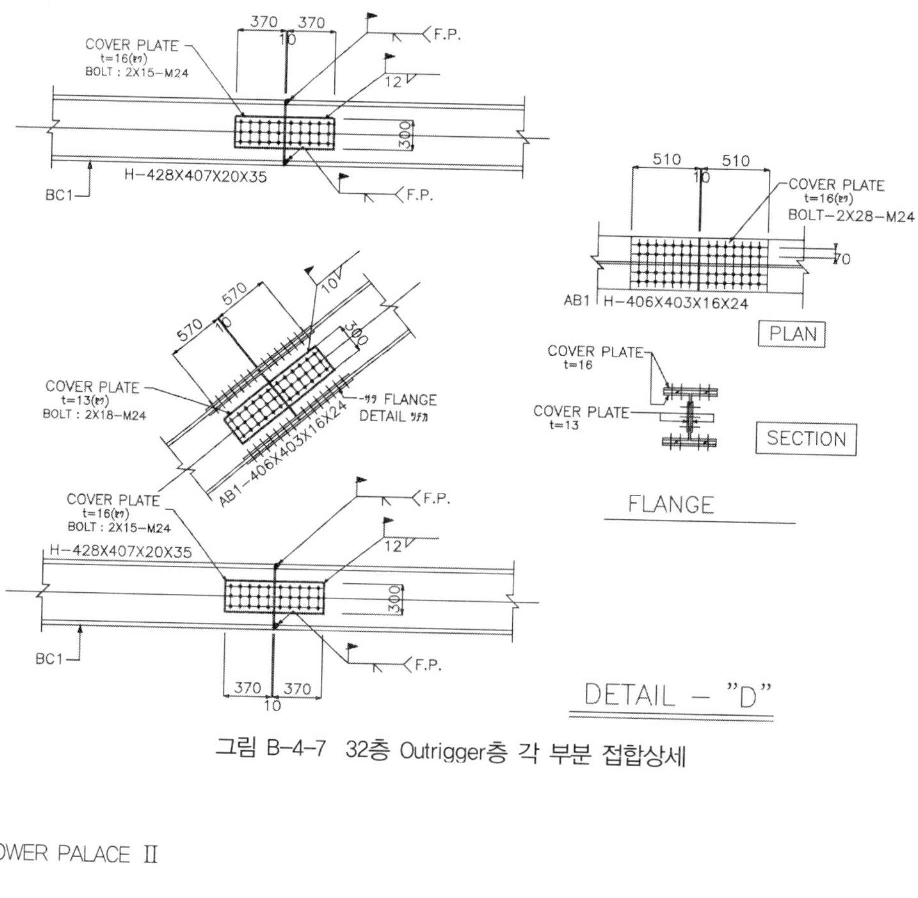

DETAIL – "D"

그림 B-4-7 32층 Outrigger층 각 부분 접합상세

[그림 B-4-7]의 DETAIL-"A" Outrigger Truss와 Core Wall 속에 매입된 철골부재와의 접합상세로서 Wall Face에서 현장용접을 하는 것으로 계획하였다.

SECTION A-A"는 Outrigger Truss의 상현재 및 하현재가 Core Wall속에 매입된 상세를 나타내고 있으며 Stud Bolt를(편하중 및 상하부재의 인장에 대한검토) 설치하여 일체성을 갖도록 유도하였다. DETAIL-D는 Outrigger Truss의 Delay Joint로서 Web은 고장력볼트로, Flange는 현장용접을 하도록 계획하였다.

Web Bolt 구멍은 [표 B-4-1]과 같이 Slot Hole을 둠으로써 시공성을 고려하였다.

표 B-4-1 Bolt 및 Slot Hole 상세

* NOTE(DETAIL-D)

1. BOLT 및 SLOT HOLE

		BOLT	PITCH(㎜)	연단거리	SLOT HOLE
상·하현재 경사재	FLANGE	F10T M24	70	45	없음
상·하현재	WEB	F10T M24	수직 : 90 수평 : 70	수직 : 60 수평 : 45	수직 SLOT HOLE 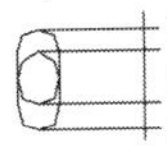 15 d=24 15
경사재	WEB	F10T M24	수직 : 90 수평 : 90	수직 : 60 수평 : 60	OVER SLOT HOLE 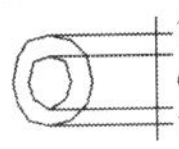 10 d=24 10

2. 시공 중에는 상, 하현재 및 경사재의 WEB BOLT만 조립하고, 골조 공사 완료 후에 FLANGE 및 WEB PLATE에 강접한다.
3. COVER PLATE의 재질 : 모재에 준함.(SM520B)
4. OUTRIGGER TRUSS는 응력이 크게 걸리는 부재이므로 TRUSS의 제작 및 접합부에 대해 특히 정밀시공이 되어야 함.

4.4 철골부재의 접합

4.4.1 E, F동 고층부분 접합(33층 이상 부분의 접합)

균열단면을 고려한 Core wall 및 Outrigger 만으로 횡력을 부담할 경우 횡변위가 허용차(H/500)를 초과하는 것으로 나타나, 32층 이상의 외각부 Girder와 SRC 기둥의 접합을 강접합 하였으며, Steel Girder와 R.C Core Wall과의 접합은 Partial Moment Connection(Semi Rigid)를 도입하여 횡변위를 H/500 이내로 제한하였다. Full Moment Connection 접합방법 : Web는 Bolting, Flange는 현장용접을 적용하였으며, R.C Core Wall과의 Partial Moment Connection은 [그림 B-4-8 참조] 상세와 같이 처리하였다.

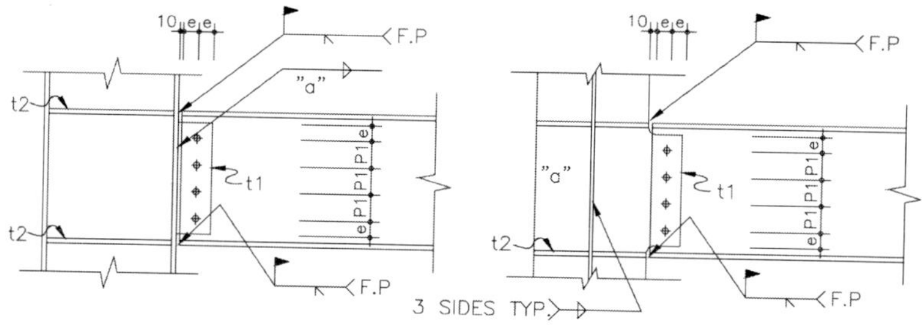

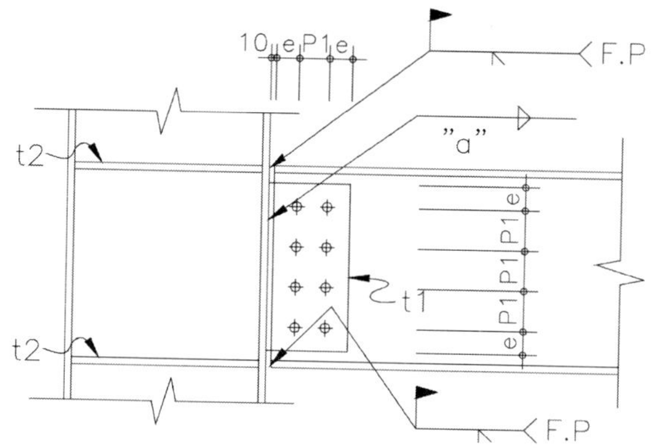

〈접합A : Girder와 기둥의 접합(Full Moment Connection)〉

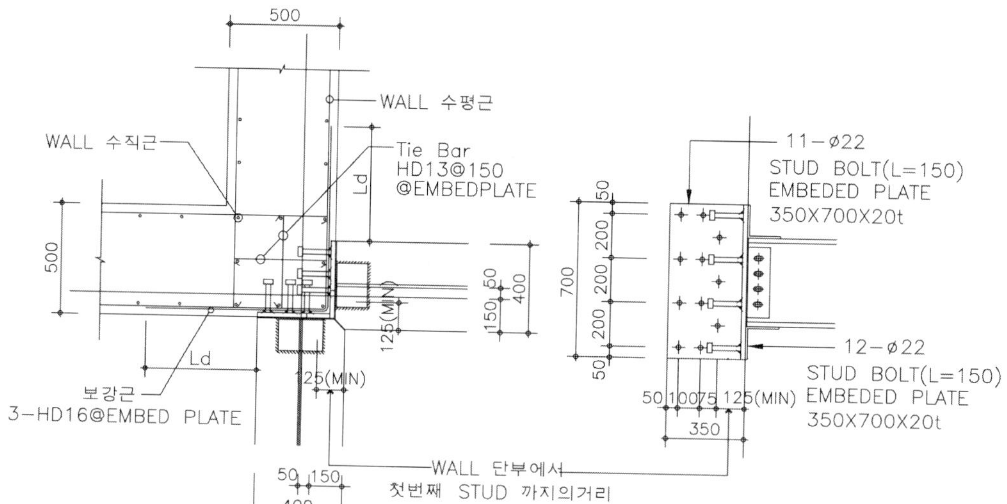

〈접합B : RC Core Wall과 Girder 접합(Partial Moment Connection)〉

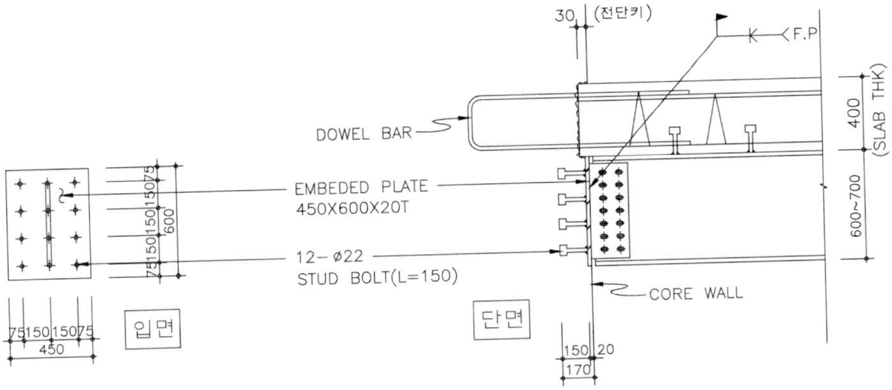

〈접합C : RC Core Wall과 Beam 접합〉

그림 B-4-8 33층 이상 부분 접합상세

4.4.2 저층부분 접합(32층 이하 부분의 접합)

Outrigger는 골조공사가 완료된 후에 그 단부의 완전체결이 시행되므로 시공 시에는 그 역할을 하지 못하는 것으로 간주할 경우, Core wall만에 의한 횡력 부담이 허용치를 초과하는 것으로 나타나 2층부터 32층까지는 모든 Girder와 기둥의 접합 및 Steel Girder와 RC Core Wall과의 접합은 Partial Moment Connection(Semi Rigid)을 도입하였다.

시공 중의 해석 시 Semi Rigid의 접합강성은 강접합의 40%만을 고려하였다.

나머지 철골보의 접합은 일부 캔틸레버 부위를 제외하고는 모두 Pin 접합으로 하였다. Semi Rigid 접합상세는 [그림 B-4-9]와 같다.

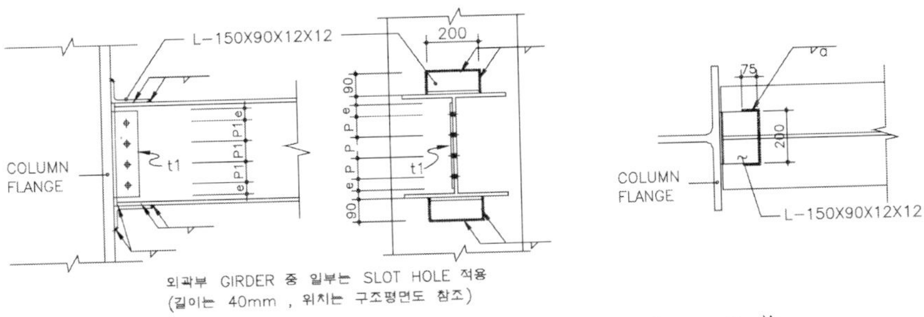

〈접합A : Girder와 기둥의 접합(Partial Moment Connection)〉

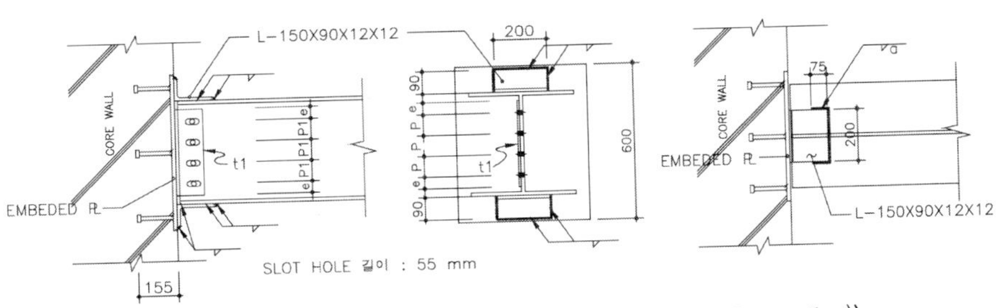

〈접합B : RC Core Wall과 Girder 접합(Partial Moment Connection)〉

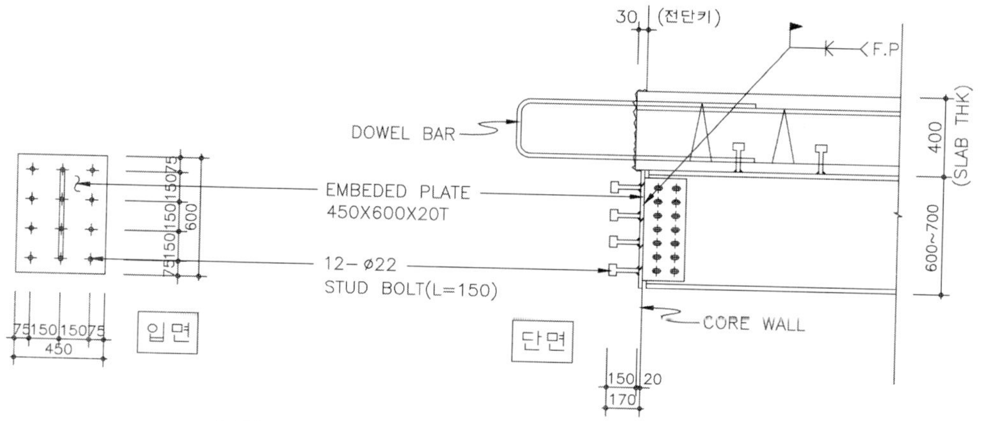

〈접합C : RC Core Wall과 Beam 접합(Shear Connection)〉

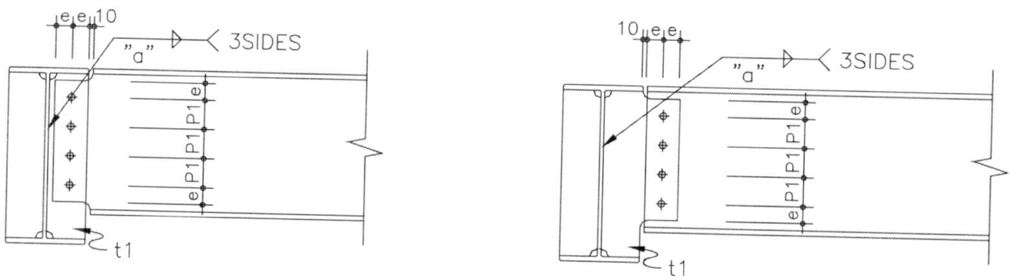

〈접합D : Girder와 Beam 접합(Shear Connection)〉

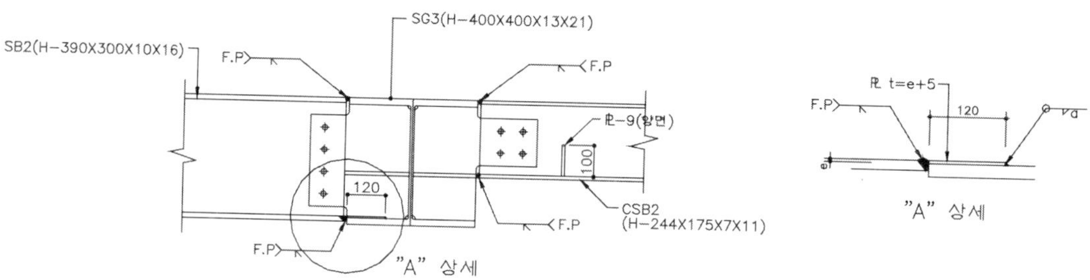

〈접합E : Cantilever Beam Connection〉

그림 B-4-9 32층 이하 부분 접합상세

■ EMBEDED PLATE 와 CONNECTION PLATE 접합부 설계(예제)

(PCI design handbook(FOURTH EDITION :1992)에 의해 검토)

1. 설계개요 부재명 : SB2

1) FORCE 관련 사항 입력

- 전단력(V) : 16.5ton → V_u = 24.8ton(54.56kips)
- WALL 접합면과 하중점 중심과의 거리(e) : 15.3cm

- 모멘트(M) : 254.45t.cm
- S(모멘트를 인장력으로 환산) : 24.0cm
- 인장력(P) = 10.52ton → Pu = 15.8ton(34.78kips)

2) STUD 관련 사항 입력

- STUD bolt의 diameter(DB) : 24.0mm(0.94in)
- STUD bolt의 길이(length) : 15.0cm(5.91in)
- dh(head diameter of stud) : 3.0cm(1.18in)
- TOTAL STUD BOLT 수 : 6.0ea
- 인발에 관련된 STUD BOLT 수 : 2.0ea
- number of studs in the back row(ns) : 2.0ea
- x : 15.0cm(5.91in), y : 30.0cm(11.81in)

  x, y : overall dimension(width and length) of a stud group

  z(lesser of x and y) : 5.91 in
- b : 15.0 cm(5.91 in)

  b: center-to-center distance between the outer-most studs in the back row of the group.
- de(distance from free edge of member to centerline of single stud) : 60.0cm(23.62in)
- de'(distance from free edge of con'c to back row of studs in direction of load) : 60.0cm(23.62in)
- dc(distance from free edge of concrete to the centerline of nearest stud measured perpendicular to direction of load) : 60.0cm(23.62in)
- le(embedment length) : 15.0cm(5.91in)
- λ : 1.0(coefficient for use with lightweight concrete)
- The minimum tensile strength of steel for stud(f_s) : 4000kg/cm²(57143psi)

3) 콘크리트 관련사항 입력

- f_c' (콘크리트 강도) : 500kg/cm²(7143psi)

  sqrt(f_c' /5000) →1.20
- h(콘크리트 부재 두께) : 50.0cm(19.69in)
- PLATE 재질(Fy) : 2.4(SS400)t/cm²
- PLATE와 접합되는 보 SIZE : H-298×299×9×14

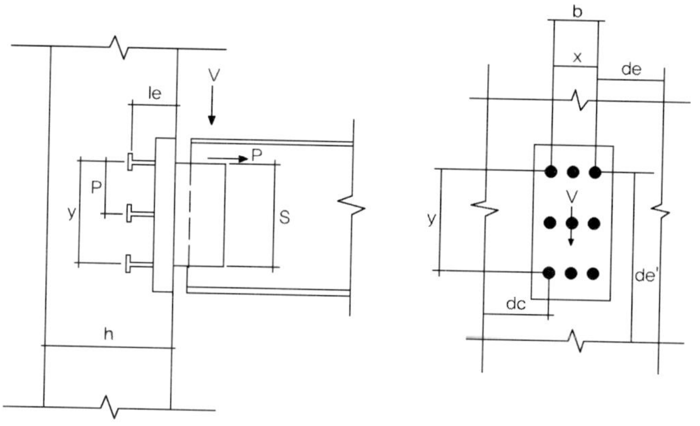

2. DESIGN TENSILE STRENGTH OF WELDED HEADED STUD GROUPS LIMITED BY CONCRETE

- Strength based on individual cones :

  $\phi P_c = (10.7 \times l_e(l_e + dh) \times \lambda \times \sqrt{f_c'} \times (de/l_c))/1000 = 151.4$kips/stud

  ϕP_c(total) = 인발 STUD 수$\times \phi P_c = 302.77$kips

- Strength based on truncated pyramid failure : mebasr thickness 검토

  h min = (Z + 2×le) / 2 = 8.66in < h = 19.69in

  $\phi P_{c1} = 52$kips : Design tensile strength

  → Table 6.20.7A,B 에서 ϕP_{c1}를 구하고 *F31를 곱함.

  $\phi P_{c2} = 0$kips : Reduction in design tensile strength of stud groups for h < h min.

  → Table 6.20.7C 에서 ϕP_{c2}를 구하고 *F31를 곱함.(단, h > h min이면 ϕP_{c2}는 0임)

  ∴ $\phi P_c = \phi P_{c1} - \phi P_{c2} = 52$kips

  ※ ϕP_c = MAX(302.77,52) = 302.77kips → pc = 356.19kips

3. DESIGN SHEAR STRENGTH LIMITED BY CONCRETE

- Case 1) Shear strength of welded headed studs for de'≥ 15db :

  φVc =(φ*800*Ab*λ*sqrt(fc'))*n = 241.7 kips

- Case 2) Shear strength of welded headed studs for de'〈 15db :

  φVc =(φ*628*db^2*λ*sqrt(fc'))*n = 241.7 kips

- Case 3) φVc = φ*Vc'*Cw*Ct*Cc = 70.81 kips

  φVc' = φ*12.5*de'^1.5*λ*sqrt(fc') = 103.1 kips

  (φVc':design shear strength of a single stud in the back row)

  Cw =(1+b/(3.5de')) = 1.07 ≤ ns = 2.0

  ∴ Cw = 1.07(Cw : adjustment factors for group width effect)

Ct = h / 1.3 de' = 0.64 ≤ 1.0

∴ Ct = 0.64(Cw : adjustment factors for member thickness effect)

Cc =(0.4 + 0.7 *(dc / de')) = 1.1 ≤ 1.0

∴ Cc = 1.0(Cc : adjustment factors for vicinity to member corner effect)

∴ MIN(Case 2),Case 3)) = 103.1 kips

※ φVc = 241.7 kips → Vc = 284.3 kips

4. STRENGTH BASED ON STEEL

● Design tensile stud strength as governed by steel failure :

φPs = φ*0.9*fs*Ab*n = 216.26 kips → Ps = 216.26 kips

(φ=1.0)

● Design shear stud strength as governed by steel failure :

φVs = φ*0.75*fs*Ab*n = 180.22 kips → Vs = 180.22 kips

(φ=1.0)

5. COMBINED SHEAR AND TENSION

● Concrete : 1/φ [(Pu/Pc)^2 +(Vu/Vc)^2] = 0.05 ≤ 1.0 ok(φ= 0.85)

● Steel : 1/φ [(Pu/Ps)^2 +(Vu/Vs)^2] = 0.12 ≤ 1.0 ok(φ= 1.0)

6. PLATE THICKNESS

- Thickness of plates to which studs are attached shoulded be at least 2/3 of the diameter of the stud.

  ∴ USE : PL－250×400×16

  ∴ TOTAL STUD BOLT : 6－ φ24(l＝150)

4.4.3 E,F동 지하층 접합(1층 - B6층 접합)

- S.R.C Girder steel과 S.R.C기둥의 steel과의 접합은 Full Moment Connection로 하며 S.R.C Girder의 철근과 S.R.C기둥의 접합을 원활히 하기 위해 기둥 각 면에서 30cm 더한 치수의 Capital을 두어 시공의 용이성을 높였다.
- R.C Core Wall과 S.R.C Girder의 접합은 힘의 전달을 원활히 하기 위해 [그림 B-4-10]처럼 Core Wall에 30㎜의 Shear Key를 설치하였다.

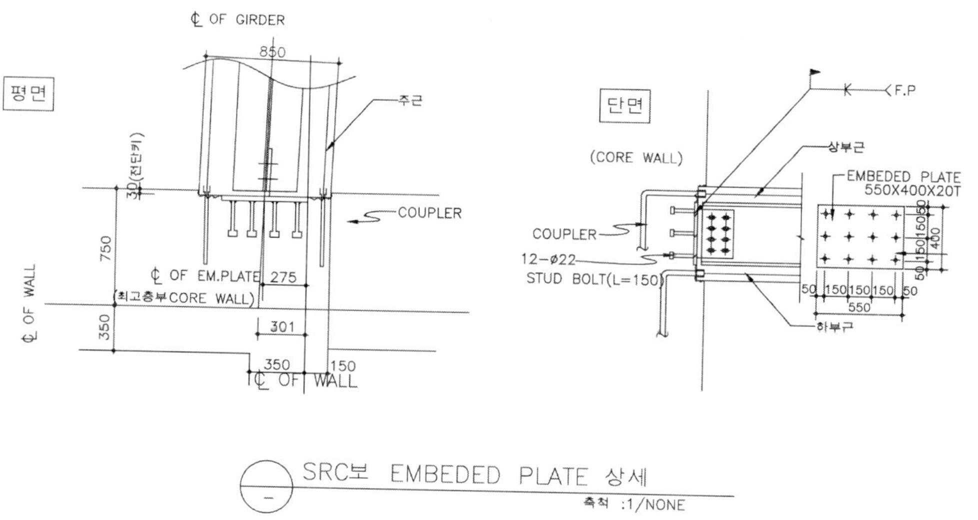

그림 B-4-10 E, F동 지하층 접합상세

4.4.4 S.R.C 기둥과 Girder 접합(고층부 전층에 적용)

S.R.C 기둥과 Girder가 정상적으로 만나는 부분은 기둥 상세-2처럼 일반적인 Detail을 사용하였으며, 기둥상세 2-1처럼 S.R.C 기둥과 사선으로 만나는 Girder는 S.R.C 기둥철근의 연속성과 기둥 Concrete 타설을 원활히 하기 위해 Connection Plate를 기둥 밖으로 내밀어 Shear Connection으로 접합하였다.

Connection Plate는 전단과 편심에 의한 휨모멘트를 고려하여 두께가 결정되었다.

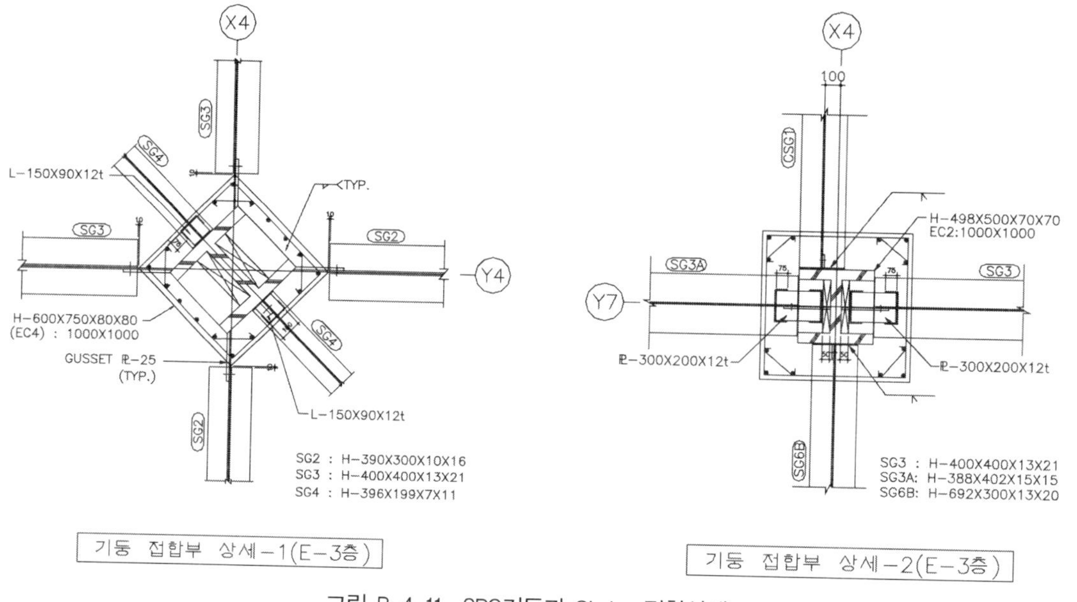

그림 B-4-11 SRC기둥과 Girder 접합상세

4.4.5 S.R.C 기둥과 기둥 SPLICE 접합

기둥과 기둥 Splice 접합을 맞댐용접을 하되, 75%의 부분은 용입용접(P.P.W)을 기본으로 함. 즉, 25%의 Metal Touch를 인정함.(단, 30~34층 모든 기둥 Splice 접합은 완전 용입용접(F.P.W)을 함. - OUTRRIGER 주변층)

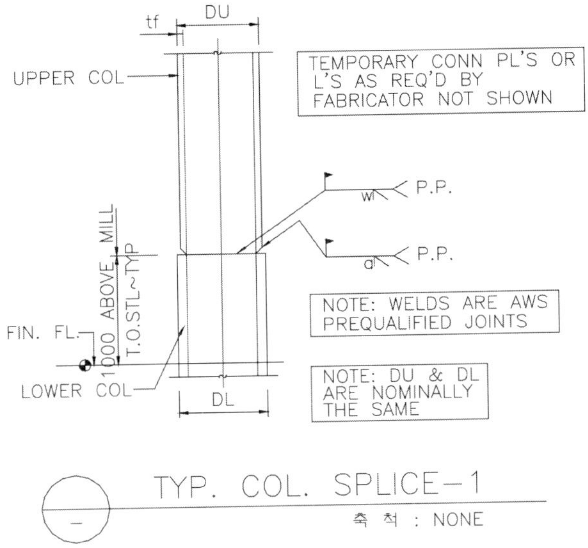

그림 B-4-12 기둥과 기둥의 SPLICE 접합상세

4.5 Ground Level에서의 스프링 강성

- 본 프로젝트의 경우 높이 196m의 2개 동에 작용하는 큰 수평력이 1층 바닥 및 지하층 바닥 Slab의 Diaphragm 작용에 의해 지하층 외벽으로 전달되어 주변의 수동토압 및 기초 Slab의 마찰력에 의해 상쇄되도록 함으로써 건물의 Stability를 확보할 수 있도록 하였다.
  여기서의 구조시스템은 주로 전단벽 구조(Shear Wall)로서 휨변형(Flexural Deformation) 이 지배적이므로, 지하 6층 바닥은 고정단으로 보고 지하의 각층 레벨에서 측면기둥의 경우에는 X방향 및 Y방향, Corner기둥의 경우에는 X, Y 양방향에 대해 Spring 지점을 두어 구조물의 변위를 제어하였으며 1층 바닥에서의 Spring 강성은 다음과 같이 고려하였다.

  $K_y = F_y / \Delta_y$ =(1000×103kg) /(0.02cm)

  = 5×107kg/cm = 5×109kg/m

- 위의 K_y값은 지하 Slab와 Foundation Wall 만에 의한 강성이고, 본 건물에서는 Soil Pressure 및 지하 내부 Column 및 Core Wall 등의 저항강성을 고려하여 1층에서의 Spring 강성 값을 K= 9×1,012kg/m을 적용하였다.

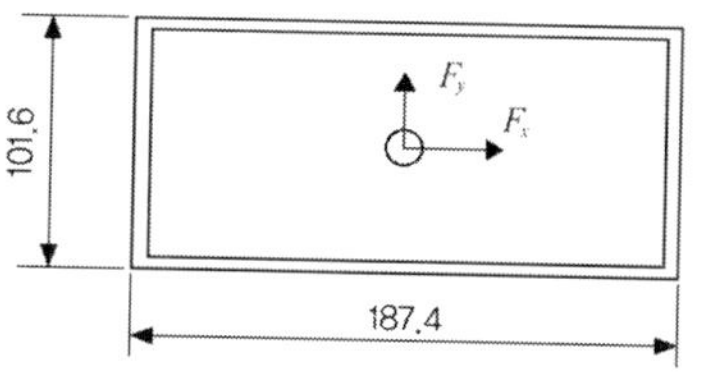

그림 B-4-13 1층 Diaphragm 평면도

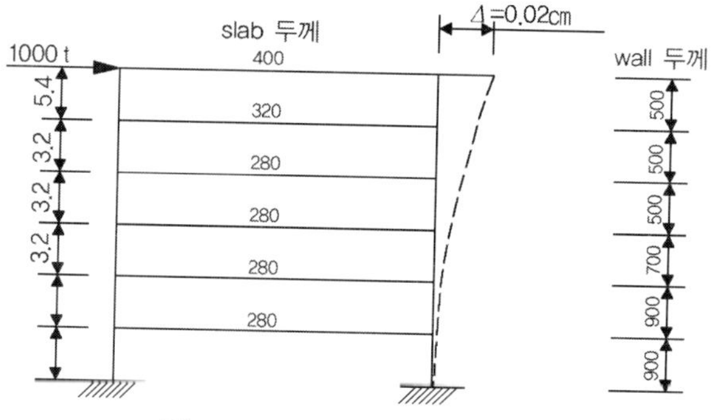

그림 B-4-14 지하입체골조 모델링

4.6 Floor Diaphragm

- 바닥 슬래브는 두께 135㎜의 상·하현 복합 데크 Slab(No-Shoring)를 사용하여 시공성을 높였으며 바닥 Slab가 Diaphragm 역할을 충분히 하여 Core로 횡력을 전달하도록 계획하였다. 각 동의 모든 내부 단순보는 합성보(Composite Beam)로 설계하여 물량절감 및 Floor의 일체성을 도모하였다.
- 본 공사는 CORE WALL 선행 공법으로 각 동의 콘크리트 CORE WALL을 선 타설한 후, 골조 FRAME 및 SLAB를 후 타설하는 형식으로 공사를 진행하였으며, 이에 대한 접합 DETAIL은 [그림 B-4-15]와 같다.

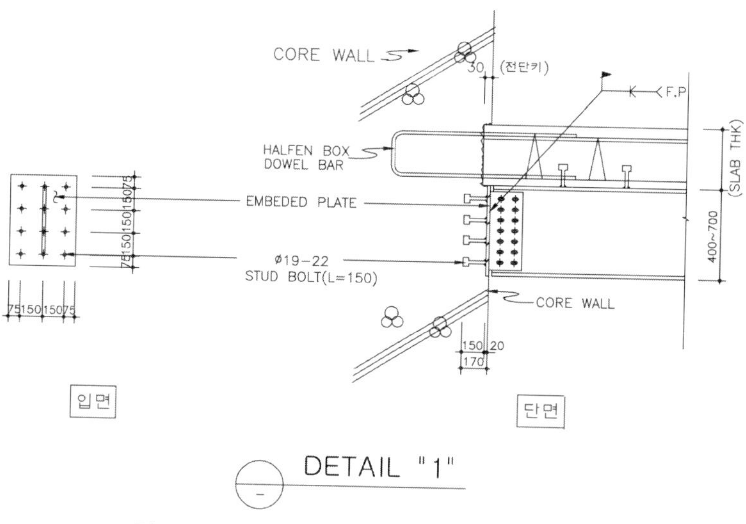

그림 B-4-15 Core Wall과 Slab 및 골조 Frame 접합

5. 부재설계 및 검토

5.1 수평력에 의한 Core Wall의 모멘트 및 전단력에 대한 설계

[그림 B-5-1]은 Core Wall의 수평력에 대한 Moment Diagram이고, [그림 B-5-2]는 전단력 Diagram을 나타내고 있다. 하중조합 0.75×(1.4D+1.7L+1.7W)에 의해 1층 바닥 하부에 12,220t.m의 Moment와 1,911ton의 Negative Shear가 발생하였다.

Core Wall에 발생한 이와 같은 Negative Shear는 앞 절에서 설명한 바와 같이 지하층이 외곽부 Foundation Wall에 의해 수평 방향으로 탄성지지 되어 있는 것으로 간주할 때 Core Wall에 발생하는 1층에서의 큰 Moment가 수평 반력 지지점인 1층 바닥에서 결국 Negative Shear로 작용한 것으로 볼 수 있다.

본 건물에서는1층이나 지하층에 별도의 전단강도 요소(Shear Wall 이나 Bracing등)을 추가하지 않고 기초 바닥부터 2층까지의 Core Wall 두께를 1,100㎜로 하고 콘크리트 강도를 500kg/㎠로 함으로써 이러한 모멘트와 전단력을 직접 저항할 수 있도록 설계하였다.

Core Wall의 배근 설계는 시공 중에 Outrigger 없이 순수 Core Wall만에 의해서도 저항할 수 있도록 하였다.

5.2 System 진동검토

5.2.1 Beam 단면성능

a) sB1 부재 H-388×402×15×15

$H = 388$㎜

$B = 402$㎜

$T_w = 15$㎜

$T_f = 15$㎜

$F_y = 3{,}300 kgf/$㎠

$f_{ck} = 240 kgf/$㎠

$n = \dfrac{E_s}{E_c} = 9.04$

$I_s = 49{,}000$㎝^{4}

$A_s = 178.50$㎠

BEAM SPAN(L) = 10.20m

BEAM SPACE(S_p) = 3.40m

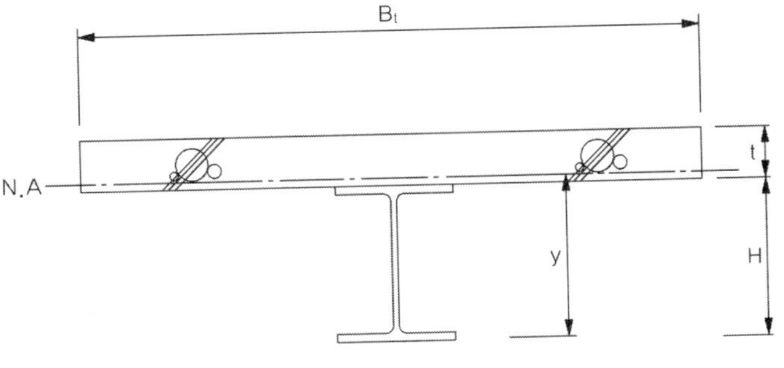

상부유효폭(B_t) = 255cm

슬래브두께(t) = 13.5cm

중립축 거리(y) = 37.20cm

→ N.A is located in H-beam.

환산단면(I_{tr}) = 137,890cm⁴

Support Weight

W=Slab S/W 324kgf/m²

Finish 235kgf/m²

Partition 100kgf/m²

L.L 50kgf/m²

Beam Self Weight = 140.1kgf/m

Total Weight = 26.017tf

b) Beam's First Natural Frequency

$f_b = 1.57 \times (g \times E_s \times I_{tr}/wl^3)^{1/2} = 4.961Hz$

$0.05f = 0.248Hz \rightarrow DLF = 0.7088$

c) Beam's Initial Amplitude

$A_{ot} = DLF \times L^3/(80 \times E_s \times I_{tr}) = 0.01517\text{cm}$

$N_{eff} = 2.97 - S/(17.3 \times d_e) + L^4/(135 \times E_s \times I_{tr}) = 3.88$

$A_{ob} = A_{ot}/N_{eff} = 0.00391\text{cm}$

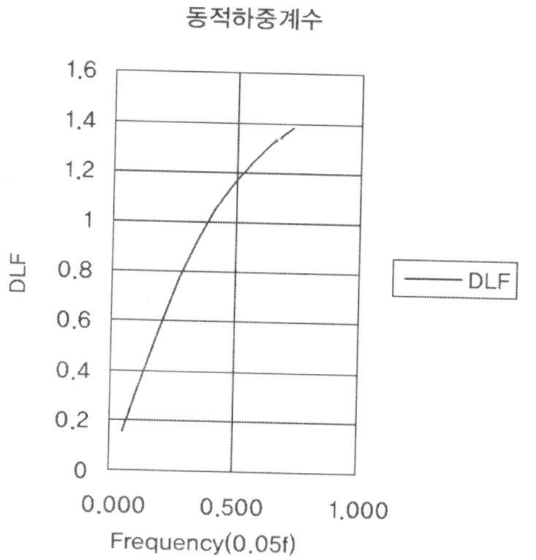

190lbs(86kgf)체중의 1인이 걸을 때의 동적하중계수

5.2.2 Girder 단면성능

a) sG3 부재 H-400×400×13×21

$H = 400\text{mm}$

$B = 400\text{mm}$

$T_w = 13\text{mm}$

$T_f = 21\text{mm}$

$F_y = 3{,}300kgf/\text{cm}^2$

$f_{ck} = 240kgf/\text{cm}^2$

$n = \dfrac{E_s}{E_c} = 9.04$

$I_s = 66{,}600\text{cm}^4$

$A_s = 218.7\text{cm}^2$

Girder SPAN(L) = 9.60m

Girder SPACE(S_p) = 9.60m

상부유효폭(B_t) = 240cm

슬래브두께(t) = 13.5cm

중립축 거리(y) = 36.61cm

→ N.A is located in H-beam.

환산단면(I_{tr}) = 169,232cm^4

Support Weight

W=Slab S/W	324kgf/m^2
Finish	235kgf/m^2
Partition	100kgf/m^2
L.L	50kgf/m^2

Beam Self Weight = 171.7kgf/m

Girder의 하중분담비 = 0.5

Total Weight = 34.319tf

b) Girder's First Natural Frequency

$$f_b = 1.57 \times (g \times E_s \times I_{tr}/wl^3)^{1/2} = 5.241Hz$$

$$0.05f = 0.262Hz \rightarrow DLF = 0.7459$$

c) Girder's Initial Amplitude

$$A_{ot} = DLF \times L^3/(80 \times E_s \times I_{tr}) = 0.01084\text{cm}$$

$$N_{eff} = 1.0(\text{for Girder})$$

$$A_{ob} = A_{ot}/N_{eff} = 0.01084\text{cm}$$

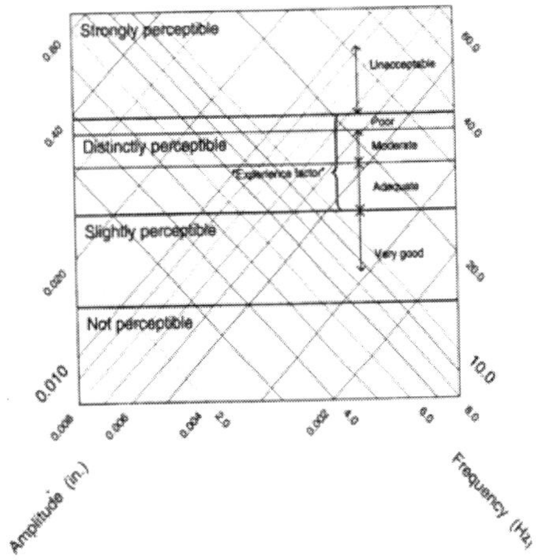

Reiher-Meister 실험식

5.2.3 System

System Frequency & Amplitude

$1/f_s^2 = 1/f_b^2 + 1/f_g^2$ 에서

$$f_s = 3.603Hz$$

$$A_{os} = A_{ob} + A_{og}/2 = 0.00933\text{cm}$$

5.2.4 판정기준

Reiher-Meister 실험식

구조물의 진동수와 진폭으로 판정하는 방법

Murray 제안식

D값을 결정 (D값이 4% 이하이면 주거용과 사무실용으로 적합)

$D = 35 \times f \times A_0 + 2.5$

Wiss & Parmelee 실험식

$R = 5.08 \times (f \times A_0 / D^{0.217})^{0.265}$

여기서 D는 바닥조건에 따른 개수값 (D→3번)

번호	D value	바닥조건
1	0.03	마감재가 없는 노출된 바닥판
2	0.06	마감재가 있는 비닥판
3	0.15	마감재가 있는 바닥판+Ceiling
4	1.13	간막이벽(상부슬래브 바닥까지 연결)과 마감재가 있는 바닥판

Imperceptible	R 〈 1.5
Barely Perceptible	1.5 〈 R 〈 2.5
허용한계치	R = 2.5
Distinctly Perceptible	2.5 〈 R 〈 3.5
Strongly Perceptible	3.5 〈 R 〈 4.5
Severe	R 〉 4.5

5.2.5 결론

판단기준	Reiher-Meister 실험식			Murray 제안식	Wiss & Parmelee 실험식	
	$f(Hz)$	$A_0(in)$	판정	Req.Damp(4% 이하)	R	판정(R〈2.5)
Beam	4.961	0.0015	Slightly P	2.77%-OK-	1.56	Barely Perceptible
Girder	5.241	0.0043	Slightly P	3.28%-OK-	2.07	Barely Perceptible
System	3.603	0.0037	Slightly P	2.96%-OK-	1.80	Barely Perceptible

세 가지 식으로 진동검토를 한 결과 모두 만족하는 것으로 나타나므로 진동에 문제가 없다고 판단된다.

Heel Drop Vibration 검토 (접합부 설계)

1) 설계 조건

중력가속도 $g = 9.81 m/\sec^2 = 386.220 in/\sec^2$

강재 탄성계수 $E_s = 2{,}100{,}000 kgf/㎠ = 29{,}689 ksi$

합성 단면2차모멘트 $I_{tr} = 169{,}232 \text{cm}^4 = 4{,}065.816 in^4$

전체 고정하중 $W = 34{,}319 kgf = 75.66 kips$

보 길이 $L = 960 \text{cm} = 377.95 in$

유효 압축 플랜지폭 $b = 240 \text{cm} = 94.488 in$

유효 슬래브 두께 $d_e = 13.5 \text{cm} = 5.315 in$

Damping Ratio(by CSA) $D = 0.06$ (마감재가 있는 바닥판)

2) 검토 절차

1단계 : 보의 First Natural Frequency (f_b) 산정

$$f_b = 1.57 \times \sqrt{(g \times E_s \times I_{tr})/(W \times L^3)} = 5.320\,Hz$$

2단계 : 190lb 체중의 1인이 걸을 때의 Initial Amplitude (A_{ot}) 산정

Dynamic Load Factor DLF =0.746

$$A_{ot} = DLF \times L^3/(80 \times E_s \times I_{tr}) = 0.0041\,in$$

3단계 : 보의 유효개수 (N_{eff}) 산정

$$N_{eff} = 2.967 - 0.05776 \times (b/d_e) + 2.556 \times 10^{-8} \times L^4/I_{tr} + 0.0001 = 2.075$$

4단계 : 바닥 시스템의 Effective Amplitude (A_0) 결정

$$A_0 = A_{ot}/N_{eff} = 0.002\,in$$

5단계 : Wiss & Parmelee의 실험식을 사용하여 Response Rating(R) 산정

$$R = 5.08 \times (f_b \times A_0/D^{0.217})^{0.265} = 1.791 < 2.5 \quad OK$$

느끼지 못함 (Imperceptible)	R < 1.5
약간 느낌 (Barely Perceptible)	1.5 < R < 2.5
허용한계치	R = 2.5
확실히 느낌 (Distinctly Perceptible)	2.5 < R < 3.5
강하게 느낌 (Strongly Perceptible)	3.5 < R < 4.5
심하게 느낌 (Severe)	R > 4.5

5.2.6 Slab의 진동검토

- 구조 재료의 고강도화에 따라 강도설계법에 의해 부재 크기를 정할 경우, 동적하중(보행 하중)에 의한 진동이 큰 영향을 미치며, 고품질화를 요구하는 사용자의 인식 변화에 따라 건물의 사용성 및 거주성에 대한 검토는 필수적인 사항임.
- 본 프로젝트의 바닥 구조시스템은 Flat Plate 시스템으로 일반적인 구조설계 기준에 명시되어 있는 Frame 시스템에 대한 진동 검토 보다는 정밀한 진동 해석을 요구하게 된다.
- 진동 해석시 주요 고려사항.
  - 바닥 슬래브의 고유진동수
  - 바닥 슬래브의 감쇠비
  - 작용하는 동적하중의 특성 및 크기
- ISO 2631/2(Draft)에 준한 진동 평가곡선을 사용하여 검토.
- 이 곡선은 수평, 상하방향의 정상진동에 대한 평가이며, 실효치로 정의되고 있다.

기본곡선은 정상진동에 대한 가장 민감한 사람의 감각치로 제시된 것이며, 기본곡선에 건물 용도에 따라 정해지는 환경계수를 곱하여 각 평가곡선을 구한 것이다.

※ 2방향 슬래브의 진동검토

1) 설계하중 및 슬래브의 스팬

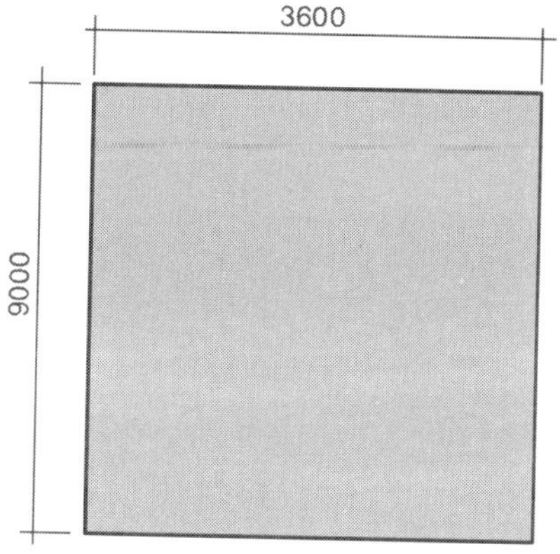

슬래브 두께(t) = 135mm

총두께(T) = 245mm

$L_x = 3.6m$, $L_y = 9.0m$

고정하중	734kgf/m²
경량칸막이	200kgf/m²
마감(THK.110)	180kgf/m²
슬래브(THK.135)	324kgf/m²
천정	30kgf/m²

2) 슬래브의 진동 및 진폭

$M = 3.6\times 9\times 734/980 = 24.27 kgf.\sec^2/\text{cm}$: 전질량

$M_e = 0.48\times 24.27 = 11.65 kgf.\sec^2/\text{cm}$: 유효질량

$f_v = (\pi/2)(1/L_x^2 + 1/L_y^2)\sqrt{gD/\rho_t} = 29.53\,Hz$: 1차 고유진동수

$D = E\times t^3/12(1-\nu^2) = 2.65E+08$: 휨강성

$E = 210{,}000 kgf/\text{cm}^2$: 콘크리트 탄성계수

$\nu = 0.167$: 콘크리트 프와송비

$g = 980\text{cm}/\sec^2$: 중력가속도

$\rho = 0.0024 kgf/\text{cm}^3$: 콘크리트 단위체적중량

$V_0 = 1.8 kgf.\sec$: 유효충격력(도약시)

$t_o = 0.04\sec$: 충격의 작용시간

$t_0 f_v = 0.04\times 29.53 = 1.18$

$h = 0.05$ 가정 : 감쇠율

$\Delta = 0.6$: 변위 진폭계수

$\delta_d = \Delta V_0/(2\pi\times f_v\times M_e) = 0.6\times 1.8/(2\pi\times 29.53\times 11.65) = 0.0005\text{cm} = 5.0\mu\text{m}$

: 도약시의 최대변위진폭

$\delta_d' = (1/6)\times\delta_d = (1/6)\times 5 = 0.83\mu\text{m}$: 보행시의 최대변위진폭

$C_r = \sqrt{2\times(2\times f_v)^{0.35}} = 5.89$: 감쇠 계수

$\delta_e = \delta_d'/C_r = 0.83/5.89 = 0.14\mu\text{m}$: 감쇠진동에 의한 저감진폭

(ISO 2631/2(DRAFT) 진동기준)

3) 평가

상기의 슬래브는 주파수와 진폭이 ISO 2631/2(DRAFT)에 준한 진동평가곡선에서 주택의 환경계수인 2.0의 평가곡선 및 Meister 진동감각곡선의 진동을 느끼는 하한치보다 아래에 있으므로 본 슬래브는 진동의 영향을 받지 않는다.

DynamicLoadFactorsforHeel-DropImpact

f(Hz)	DLF		
0.050	0.1541	1.0	0.05
0.055	0.1695	1.1	
0.060	0.1847	1.2	
0.065	0.2000	1.3	
0.070	0.2152	1.4	
0.075	0.2304	1.5	
0.080	0.2456	1.6	
0.085	0.2607	1.7	
0.090	0.2758	1.8	
0.095	0.2908	1.9	
0.100	0.3058	2.0	
0.105	0.3207	2.1	
0.110	0.3356	2.2	
0.115	0.3504	2.3	
0.120	0.3651	2.4	
0.125	0.3798	2.5	
0.130	0.3945	2.6	
0.135	0.4091	2.7	
0.140	0.4236	2.8	
0.145	0.4380	2.9	
0.150	0.4524	3.0	
0.155	0.4667	3.1	
0.160	0.4809	3.2	
0.165	0.4950	3.3	
0.170	0.5091	3.4	
0.175	0.5231	3.5	
0.180	0.5369	3.6	
0.185	0.5507	3.7	
0.190	0.5645	3.8	
0.195	0.5781	3.9	
0.200	0.5916	4.0	
0.205	0.6050	4.1	
0.210	0.6184	4.2	
0.215	0.6316	4.3	
0.220	0.6448	4.4	
0.225	0.6578	4.5	
0.230	0.6707	4.6	
0.235	0.6835	4.7	
0.240	0.6962	4.8	
0.245	0.7088	4.9	
0.250	0.7213	5.0	
0.255	0.7337	5.1	
0.260	0.7459	5.2	
0.265	0.7580	5.3	
0.270	0.7700	5.4	
0.275	0.7819	5.5	
0.280	0.7937	5.6	
0.285	0.8053	5.7	
0.290	0.8168	5.8	
0.295	0.8282	5.9	
0.300	0.8394	6.0	
0.305	0.8505	6.1	
0.310	0.8615	6.2	
0.315	0.8723	6.3	
0.320	0.8830	6.4	
0.325	0.8936	6.5	
0.330	0.9040	6.6	
0.335	0.9143	6.7	
0.340	0.9244	6.8	
0.345	0.9344	6.9	
0.350	0.9443	7.0	

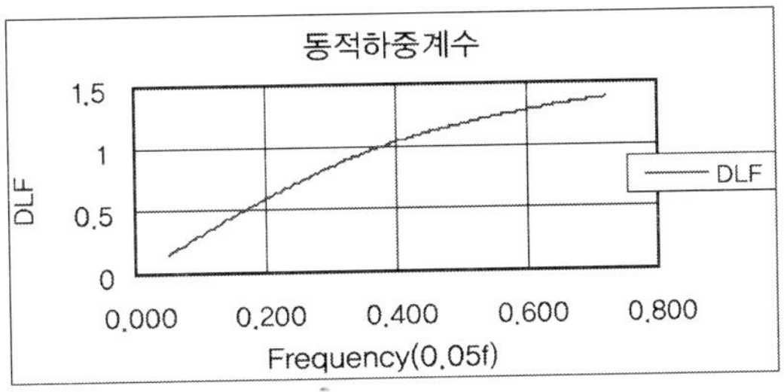

f(Hz)	DLF	
0.355	0.9540	7.1
0.360	0.9635	7.2
0.365	0.9729	7.3
0.370	0.9821	7.4
0.375	0.9912	7.5
0.380	1.0002	7.6
0.385	1.0090	7.7
0.390	1.0176	7.8
0.395	1.0261	7.9
0.400	1.0345	8.0
0.405	1.0428	8.1
0.410	1.0509	8.2
0.415	1.0588	8.3
0.420	1.0667	8.4
0.425	1.0744	8.5
0.430	1.0820	8.6
0.435	1.0895	8.7
0.440	1.0969	8.8
0.445	1.1041	8.9
0.450	1.1113	9.0
0.455	1.1183	9.1
0.460	1.1252	9.2
0.465	1.1321	9.3
0.470	1.1388	9.4
0.475	1.1434	9.5
0.480	1.1519	9.6
0.485	1.1583	9.7
0.490	1.1647	9.8
0.495	1.1709	9.9
0.500	1.1770	10.0
0.505	1.1831	10.1
0.510	1.1891	10.2
0.515	1.1949	10.3
0.495	1.1709	9.9
0.500	1.1770	10.0
0.505	1.1831	10.1
0.510	1.1891	10.2
0.515	1.1949	10.3
0.520	1.2007	10.4
0.525	1.2065	10.5
0.530	1.2121	10.6
0.535	1.2177	10.7
0.540	1.2231	10.8
0.545	1.2285	10.9
0.550	1.2339	11.0
0.555	1.2391	11.1
0.560	1.2443	11.2
0.565	1.2494	11.3
0.570	1.2545	11.4

f(Hz)	DLF	
0.575	1.2594	11.5
0.580	1.2643	11.6
0.585	1.2692	11.7
0.590	1.2740	11.8
0.595	1.2787	11.9
0.600	1.2834	12.0
0.605	1.2879	12.1
0.610	1.2925	12.2
0.615	1.2970	12.3
0.620	1.3014	12.4
0.625	1.3058	12.5
0.630	1.3101	12.6
0.635	1.3143	12.7
0.640	1.3185	12.8
0.645	1.3227	12.9
0.650	1.3268	13.0
0.655	1.3308	13.1
0.660	1.3348	13.2
0.665	1.3388	13.3
0.670	1.3427	13.4
0.675	1.3466	13.5
0.680	1.3504	13.6
0.685	1.3541	13.7
0.690	1.3579	13.8
0.695	1.3615	13.9
0.700	1.3652	14.0
0.705	1.3688	14.1
0.710	1.3723	14.2
0.715	1.3758	14.3
0.720	1.3793	14.4

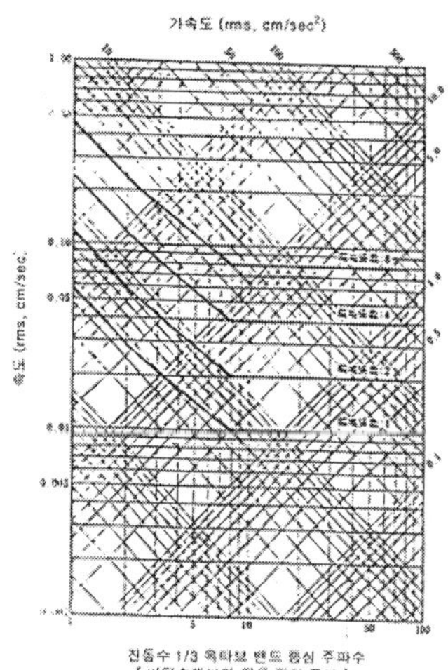

진동수 1/3 옥타브 밴드 중심 주파수
[바닥슬래브의 진동 평가 곡선]

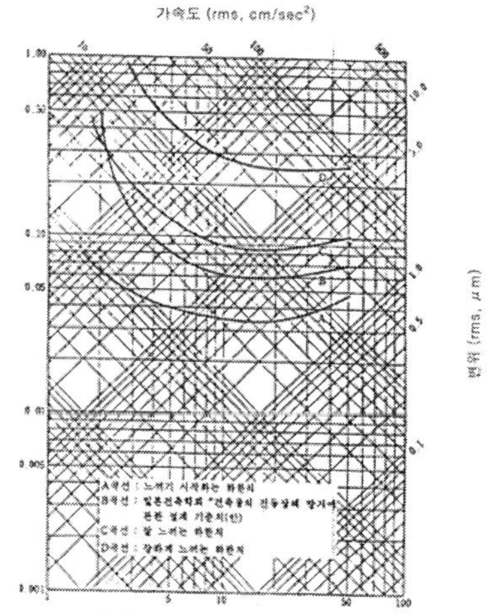

진동수 1/3 옥타브 밴드 중심 주파수
[Meister 진동 감각 곡선]

용도	환경계수
정밀작업실	1.0
주택, 병원	2.0
사무소, 학교	4.0
작업실	8.0

[인체반응을 고려한 건물 진동의 크기에 관한 환경계수]

※ 주1 : 진동평가곡선과 Meister의 진동감각곡선의 관계를 보기 위해서, Meister의 진동 감각곡선을 3축 표시한 것을 나타낸다

※ 주2 : 진동평가곡선은 실효치로 나타내고, Meister의 진동감각곡선은 정현파의 최대진 폭(반진폭)으로 나타내어져 있다. 따라서 양자를 비교할 때에는 Meister 진동감 각곡선의 변위를 $\sqrt{2}$ 로 나누어야 한다.

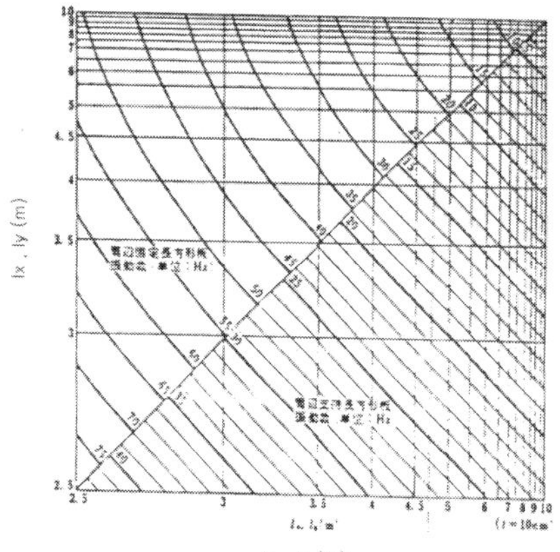

lx , ly (m)

[장방형 판의 1차 고유진동수 산정도표]

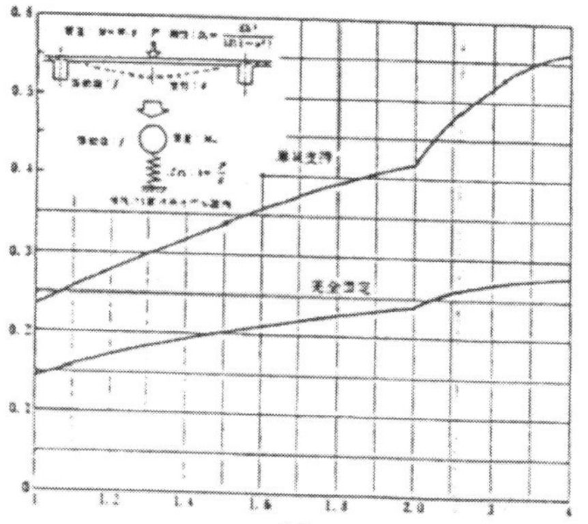

Ly/Lx

[장방형 슬래브의 유효질량]

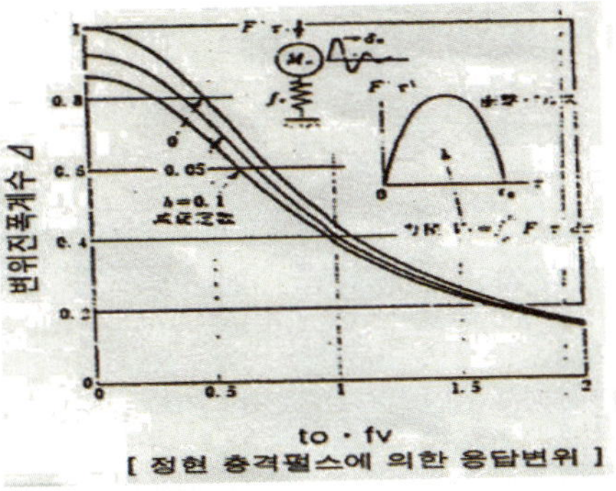

5.3 Web Opening에 의한 처짐검토

5.3.1 개요

철골구조의 특징 중의 하나는 Web Opening을 두어 각종 배관 및 Duct를 관통할 수 있고, 이로 인하여 건물의 층고를 줄여 외장재 절감등 공사비 및 유지비를 절감할 수 있게 하였다. 본 건물은 기준층 층고를 3.2m로 계획하여 보의 최대 춤을 H-400 Series로 제한하였으며 Web Opening의 춤은 Maximum 200㎜로 제한하였으며, 유한요소 해석에 의해 응력 및 처짐을 검토하였다.

또한 기준층 외곽 Girder는 발코니 슬래브에 작용하는 등분포 하중 및 2개소의 집중하중에 저항할 수 있는 SG3(H-400x400x13x21)에 대해 배치 및 검토하였다.

5.3.2 모델링

Web Opening의 해석은 SAP2000을 사용하여 아래 그림과 같이 판요소 Mesh의 크기는 가로 25㎝, 세로 10㎝로서 변비례가 2.5인 직사각형 요소로 구성하였다.

각 요소는 5개의 자유도를 갖는 판요소를 사용하였다. 경계조건으로는 양단 Pin으로 Modelling 하였다.

하중은 시공시의 하중과 슬래브 콘크리트 경화 후에 재하 되는 하중(마감 및 적재하중)으로 구분하여 적용하였다.

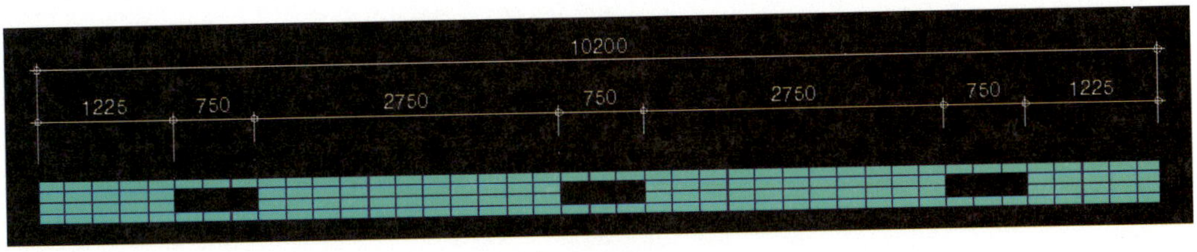

보의 입면

그림 B-5-3 Web Opening 모델링

5.3.3 해석결과

[그림 B-5-4]는 합성효과를 고려하지 않은 경우와 고려한 경우에 대한 전체 고정하중 및 적재하중을 재하 했을 때의 처짐을 나타내고 있다.

Opening보강을 하지 않을 경우에는 약 10%처짐 증가율을 보였다. 또한 Opening 보강을 하고 Slab의 합성효과를 고려한 경우에는 처짐량이 Opening이 없는 순수 철골보의 처짐보다 더 작아지는 것으로 나타났다.

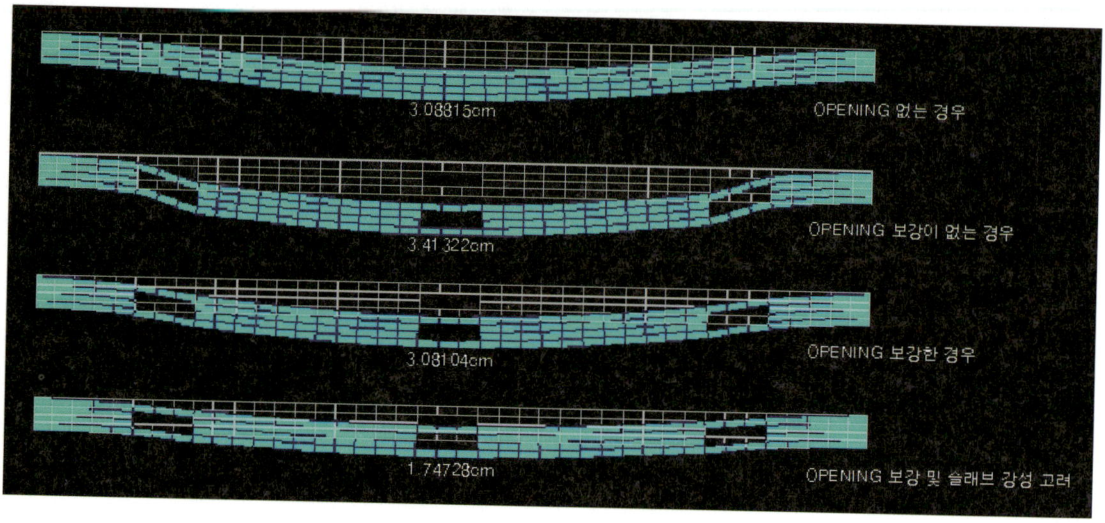

그림 B-5-4 Web Opening 조건에 따른 보의 Deflection

5.3.4 Web Opening 보강상세(그림 B-5-5)

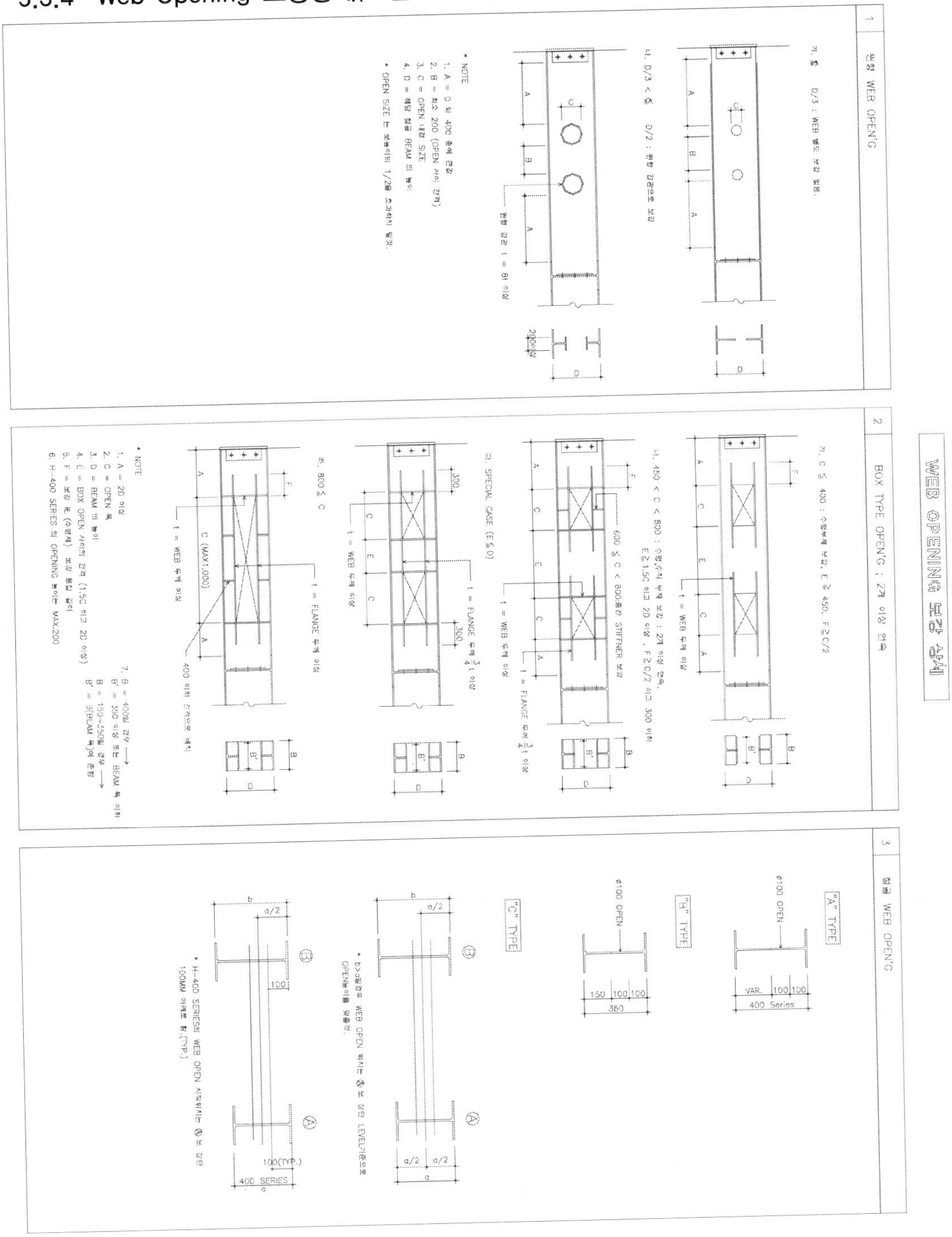

그림 B-5-5 Web Opening 보강상세

5.4 세대간벽 시공절차에 따른 처짐 검토

부호	공사 종류	하중	비고
LC1	보+슬라브 자중(시공 시)	324kgf/㎡	
LC2	세대내 경량 칸막이	70.45kgf/m	
LC3	판넬히팅 기포 타설	96kgf/㎡	
LC4	판넬히팅 몰탈 타설	84kgf/㎡	
LC5	천정공사	30kgf/㎡	
LC6	바닥마감 플로링	20kgf/㎡	
LC7	커튼월 공사	100x3.2 = 320kgf/m	
LC8	적재하중	200kgf/㎡	

시공 방법(1) : LC2+LC3+LC4+LC5+LC6+LC7+LC8

시공 방법(2) : 시공방법(1)-LC3

시공 방법(3) : 시공방법(2)-LC4

표 B-5-2 시공방법에 의한 처짐 검토

부재	부재 크기	접합방법	시공방법(1)	시공방법(2)	시공방법(3)
SG3	H-400×400×13×21	양단 반강접	1.1	0.9	0.7
SG3	H-400×400×13×21	양단 반강접	0.7	0.8	0.5
SG3	H-400×400×13×21	한단 핀, 한단 반강접	0.5	0.4	0.3
SB1	H-388×402×15×15	양단 핀	1.7	1.4	1.1
SB2	H-390×300×10×18	양단 핀	1.3	1.1	0.9
SB1	H-388×402×15×15	양단 핀	1.1	0.9	0.7
SB2	H-390×300×10×18	양단 핀	1.4	1.2	1.0
SG3	H-400×400×13×21	양단 반강접	0.4	0.3	0.2

- 합성보의 처짐기준 : 고정하중에 의한 처짐 4cm 이하 및 적재하중에 의한 처짐 1/360 이하
- 검토 결과, 시공상 편의성과 소음 및 하자방지 차원에서 시공방법(1)을 선택하였고, 하부에 5㎜와 상부에 15㎜의 여유 공간을 확보하였다.

5.5 Foundation Wall Design

- Foundation Wall은 MRCE(Soil Consultant) 및 새길엔지니어링에 의해 제공된 Data 및 Soil Pressure와 Seismic Excessive Pressure등 Lateral Pressure에 대해 안전하도록 설계되었다.
- 또한, 2개층 Opening 부분을 고려하여 설계하였으며, Foundation Wall 강도는 fck=270kgf/㎠으로 적용하였다.
- Assumed Soil Profile – sheet 1

  Long Term Wall Pressure – sheet 2

  Long Term Design Pressure for Basement Slabs – sheet 3

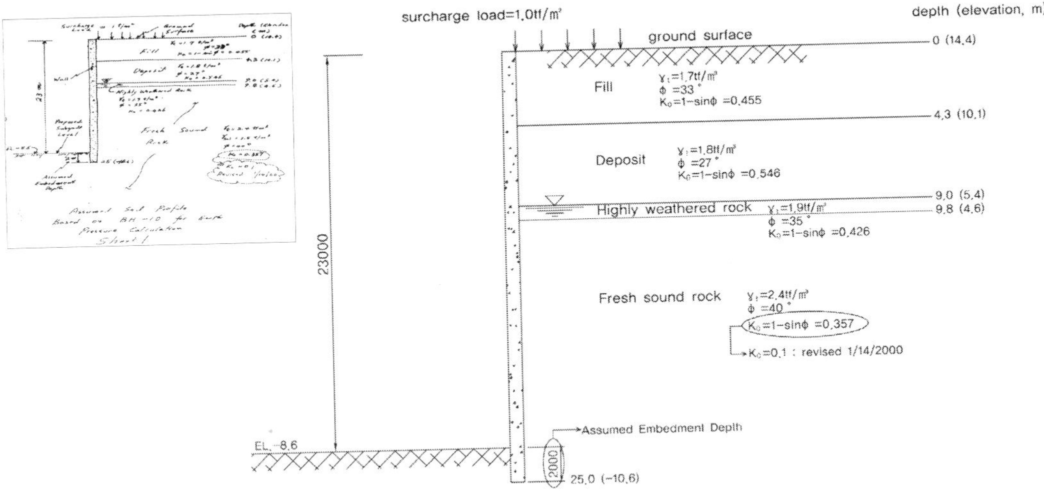

SHEET 1
Assumed Soil Profile Based on BH-10 for Earth Pressure Calculation

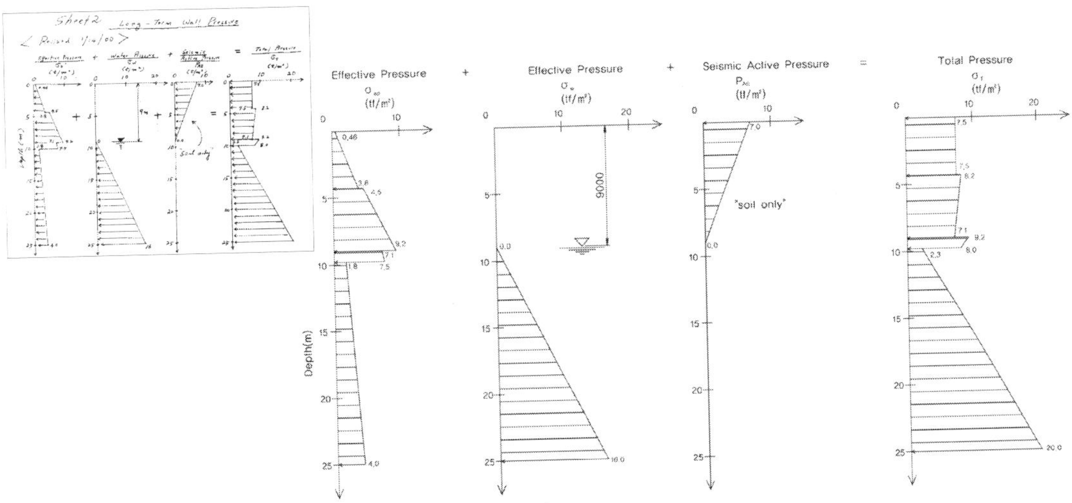

SHEET 2
Long-Term Wall Pressure

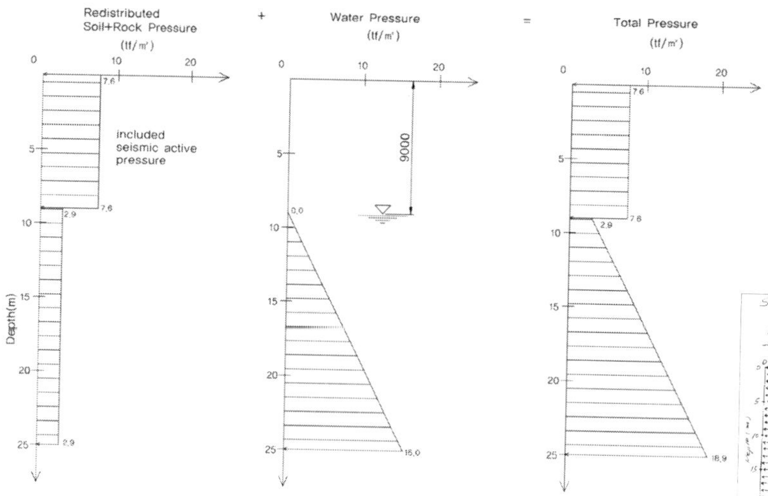

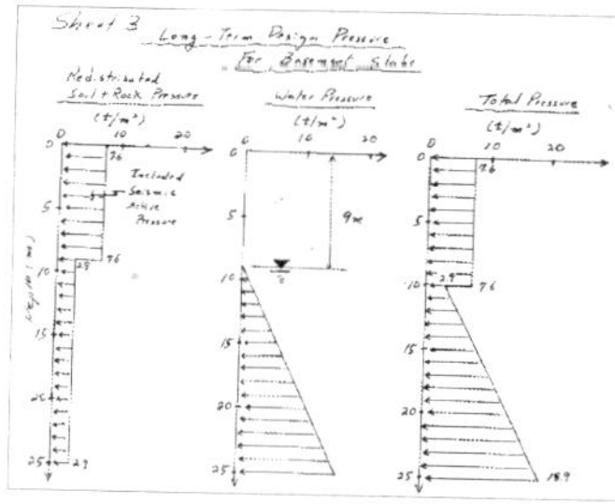

SHEET 3
Long-Term Design Pressure for Basement Slabs

5.6 타워부, 지하부 기둥

5.6.1 SRC기둥의 Stud Bolts

- SRC기둥에 Stud Bolt를 설치해야 하는지에 대해서는 국내뿐 아니라, 외국에서도 논란이 되고 있는 상황이며, 본 건물은 "Journal of Structural Engineering / November 1996"에 의해 그림 B-5-6처럼 적용하기로 하였음.

NOTE:

The bond due to adhesion and friction at the interface of the steel section and surrounding concrete provides sufficient interconnection and additional interconnection though shear connections may not be necessary for beam-column, especially when they are subjected to low eccentricities.

However, this observation may be applicable to be beam-columns subjected to seismic forces or fatigue effects, since the specimens investigated here dealt with static loads alone.

In this regard, the ACI318 provisins(Building 1995) require shear connections for the transfer of forces between steel and concrete at all axial load levels, whereas American Institute of Steel Construction(AISC), Load and Resistance Factor Design(LRFD) provisin(Load 1993) require shear connections to develop the full plastic moment or beam-columns at low axial loads.

S.R.C COLUMN STUD BOLT SCHEDULES

TYPE	"A" TYPE		"B" TYPE		
기둥부호	EC1,FC1,EC6,FC6,C7B,C7C,C9		EC2,EC2A,FC2,FC2A,EC3,FC3,EC3A,FC3A,EC3B,FC3B,EC4,FC4,EC5,FC5,EC7,FC7,EC8,FC8		
층별	B6~2ND	1ST(SC1,SC2,SC4)	B6~2ND	3RD~30TH,35~ROOF	31~34TH
형태	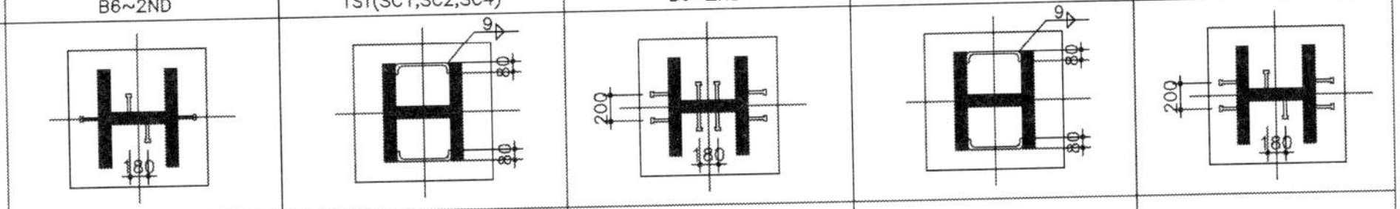				
SHEAR CONNECTOR	STUD 4-ø22@300	BAR 2-D16@300	STUD 8-ø22@200	BAR 2-D16@300	STUD 6-ø22@300

그림 B-5-6 SRC 기둥 일람표

본 건물의 적용방법

① B6층~지상 2층까지 Stud Bolt 적용

② Outrigger와 관련된 31층~34층까지 Stud Bolt 적용

③ 그 외의 지상층은 Stud Bolt를 대신할 수 있는 Ladder를 사용함.

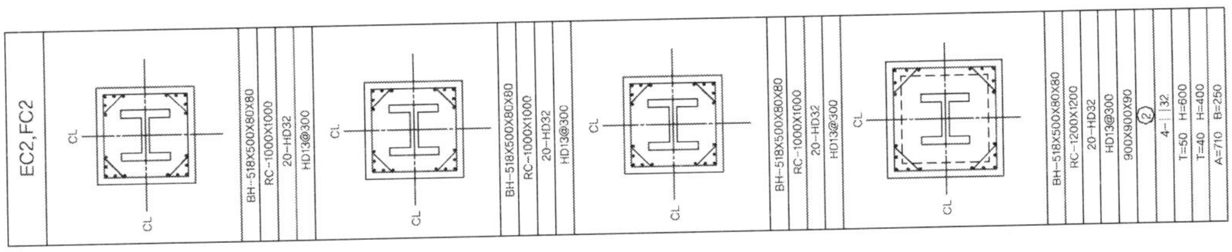

그림 B-5-6 SRC 기둥 일람표 01

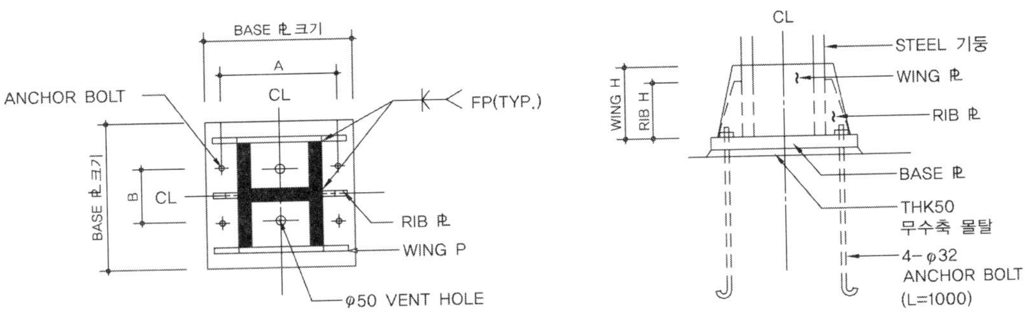

그림 B-5-6 SRC 기둥 일람표 02

5.7 지하부 골조 SYSTEM

5.7.1 고층부 하부 지하 SYSTEM은 RAHMEN구조로서 SRC GIRDER의 양면을 FULL MOMENT CONNECTION으로 하였고, CORE WALL의 선행에 따라 커플러를 매입하여 후철근 연결하여 콘크리트를 타설하도록 계획하였다.

특히, 공기의 단축을 위하여 고층부 굴착 및 기초를 선타설하도록 검토하였고, 시공에 따른 CORE WALL 및 주변 MAIN COLUMN의 층간 좌굴을 방지하기 위하여 고층부 지하부분은 SRC FRAME으로 형성하여 계획, 시공하였다.

5.7.2 저층부 하부 지하골조 SYSTEM은 여러 공법을 검토하였으나 굴착감소 및 공사비 절감, 공기 감소 등을 고려하여 FLAT-SLAB SYSTEM으로 결정하였다.

- 바닥의 연속성 및 강체로서의 역할
- 수평의 두 방향 평면으로 구성된 바닥으로 기둥 주위에 Capital만 설치, 시공성 용이
- 천정고를 최대한으로 줄일 수 있고, 경쾌한 공간 확보에 따른 전기, 설비 등 배관이 용이
- 층고를 최소화하여 골조물량 및 마감물량의 절감

5.7.3 시공 시 주의 사항

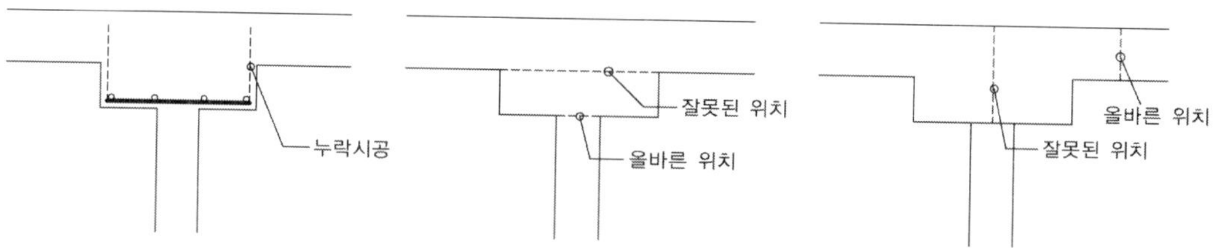

- Capital 하단 철근은 FLAT SLAB 상단 철근까지 절곡하여 배근하였다.
  우측처럼 수직철근을 누락 시공할 경우 Capital과 SLAB접합 부분에서 CRACK이 발생함.
- 콘크리트 타설시 Capital과 SLAB는 한 부재로 거동할 수 있도록 동시타설 하여야 한다.
- SLAB를 이어치기할 경우 구간에서 전단력 값이 큰 주열대를 피해서 구획하여야 한다.
- SLAB를 이어치기할 경우 SHEAR KEY를 두어(L-TYPE, ㄷ-TYPE) 전단력 및 부착응력을 증대하여야 한다.

5.7.4 배근 방법 및 해석

- 주열대 주간대를 구분하여 이동하중에 의한 편심하중을 반영하여 검토하였다.(ADOSS프로그램 사용)
- 또한 주열대 철근량의 25% 정도는 굵은 철근을 이용하여 지하기둥 상단을 관통하도록 설계 및 시공하였다.
- 2차 검토는 SAFE 프로그램을 이용하여 진동 및 이동하중을 확인하였고 공사에 따른 이음 부분은 배근을 조정하여 철근을 2배로 보강하였다.
  발생하는 부등축소량은 수평 부재의 기울기와 휨을 야기 시키고, 또, Outrigger나 Belt Truss와 같은 강한 구조요소에 과다한 내부응력을 야기 시킬 수 있다.

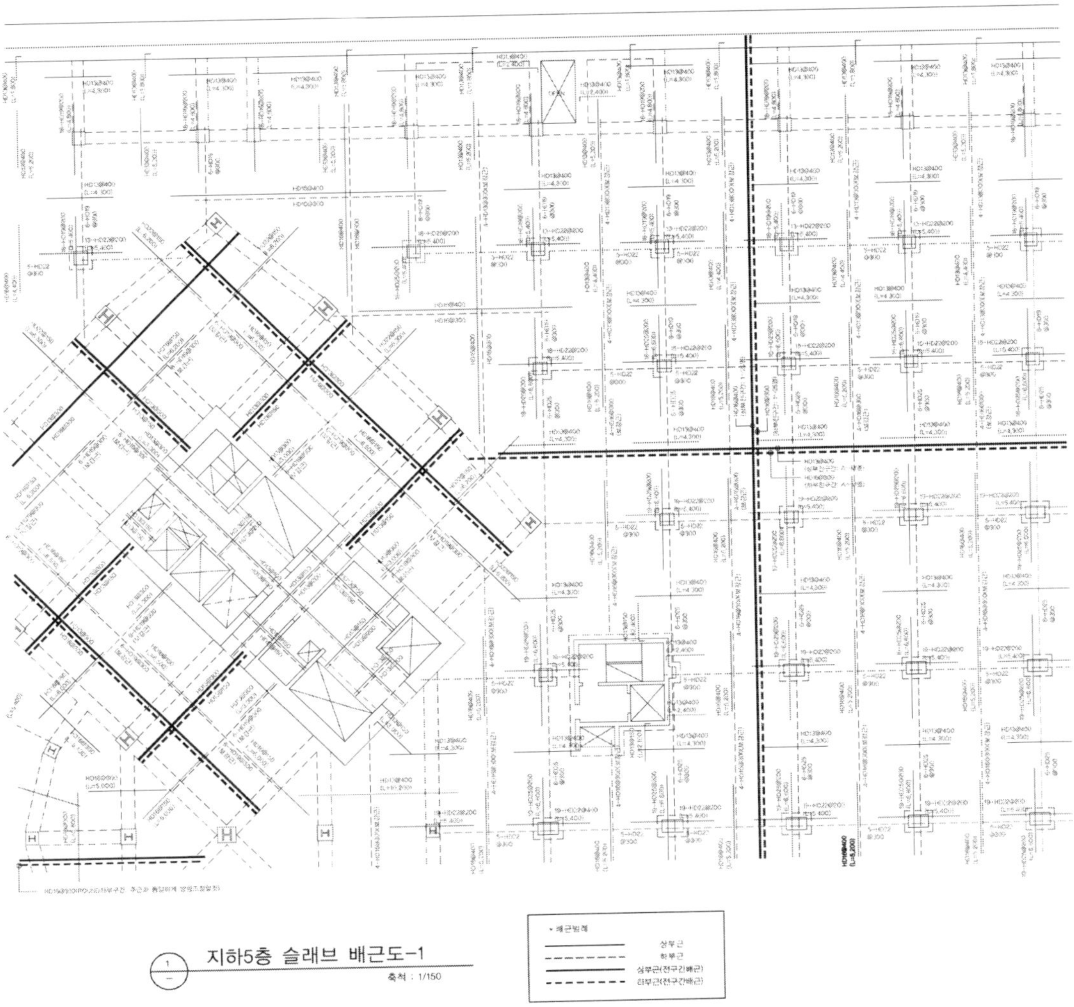

그림 B-5-7 지하층 슬래브 배근도

6. Column Shortening

6.1 Column Shortening의 개념 및 매개변수

6.1.1 Column Shortening의 개념

a) Column Shortening의 목적

최근 건축 재료와 건축기술의 발달로 인하여 건축물이 더욱 초고층화되고 있는 것이 세계적인 추세이며 국내에서도 높이 200M가 넘는 초고층건물이 속속 들어서고 있는 실정이다. 이러한 건축물의 초고층화에 따라 여러 가지 고려해야 할 사항이 발생하게 되는데 그 중 기둥축소량 현상은 설계 및 시공 시에 고려해야 할 중요한 요소 중 하나이다.

압축재수축(Column Shortening)은 모든 구조물에서 일어날 수 있는 구조적인 현상이며, 하부층으로 갈수록 누적된 하중에 의해 더 크게 발생되기 때문에 본 건물과 같이 고층건물에서 항시 문제가 될 수 있다.

따라서 면밀한 구조해석 과정이 필요하고 공사 중이나 공사 완료 후에 구조재 및 마감재에 손상이 생기지 않도록 하는 조치가 필요하다.

b) Column Shortening의 건물에 나타나는 현상

절대축소에 의한 문제 (Absolute Shortening)	부등축소에 의한 문제 (Differential Shortening)
1. 엘리베이터 레일, 설비 파이프의 응력 2. 간막이벽의 좌굴 3. 커튼월의 수직방향 응력	1. 주요 수평부재의 과대한 2차 응력 발생 2. 커튼월, 간막이벽 등의 비틀림 3. 슬래브의 부등처짐에 의한 사용성 문제

c) Column Shortening의 종류

▲ 탄성 축소량(Elastic Shortening) :

구조물에 있어서 탄성축소량은 초기하중으로 인한 축소량과 부가 하중으로 인한 축소량으로 나타낼 수 있다.

영향을 미치는 요소 : $\Delta_{2e} = \Sigma(P \times h / A \times E)$

(P=작용하중, h=층고, A=단면의 시간 종속적 치환면적, E=재료의 탄성계수)

1) 초기 하중으로 인한 축소량

임의의 층에 대한 슬래브를 설치할 시점에서의 축소량 계산

연속되는 구조체의 작용하중으로 인한 슬래브 설치 후에 발생하는 축소량 계산

2) 부과하중으로 인한 축소량

구조물이 완성된 후 작용하는 적재하중에 의한 축소량 계산

▲ 비탄성 축소량(Inelastic Shortening) : 비탄성 축소량은 건조수축(Shrinkage)에 의한 축소량과 크리프(Creep)에 의한 축소량으로 나타낼 수 있다.

1) 건조수축(Shrinkage)에 의한 축소량

콘크리트 건조 시 수화작용에 필요한 수량보다 많은 물이 사용되며, 수화하고 남은 수분이 자유수로 콘크리트에 머물러 있다가 콘크리트가 대기 중에 방치할 때 증발한다. 그 결과 콘크리트는 건조수축을 일으킨다.

특히, 초고층구조물에 있어서 건조수축으로 인한 축소량은 슬래브 설치 시까지의 축소량과 슬래브 설치 후의 축소량으로 나타낼 수 있다.

영향을 미치는 요소 :

$\Delta s = \sum h \times \epsilon \times SHvs \times SHh \times SHt \times SHr$

(h=층고, ε=극한건조수축변형도,

SHvs=체적에 대한 표면적의 비율에 따른 건조수축 효과,

SHh=상대습도에 따른 건조수축 효과,

SHt=시간 경과에 따른 건조수축 효과,

SHr=잔여 크리프에 따른 효과)

2) 크리프(Creep)에 의한 축소량

일정한 응력이 지속적으로 작용할 때 변형이 진행되는 현상으로

크리프에 의한 축소량 계산은 탄성축소량과 마찬가지로 초기하중에 의한 축소 량과 부가 하중에 의한 축소량을 단순히 더함으로써 구할 수 있다.

영향을 미치는 요소 :

$\Delta c = \sum (P \times CP_{2LA} / A) \times \epsilon \times h \times CRvs \times CRh \times CRt \times CRr$

(h=층고,ε=극한크리프변형도,

CRvs=체적에 대한 표면적의 비율에 따른 크리프 효과,

SHh=상대습도에 따른 크리프 효과,

SHt=시간경과에 따른 크리프 효과,

SHr=보강재에 의한 잔류변형 효과,

CP2LA=하중을 가했을 당시의 콘크리트 재령 효과)

- 크리프는 다음과 같은 2가지 요소로 구성된다.

○ 기본크리프(Basic Creep) : 주변 환경과의 수분 이동이 없는 상태에서 일어나는 크리프

○ 건조크리프(Drying Creep) : 건조에 의해 일어나는 추가적인 크리프

6.1.2 Column Shortening의 매개변수

▲ Creep 및 Shrinkage 실험

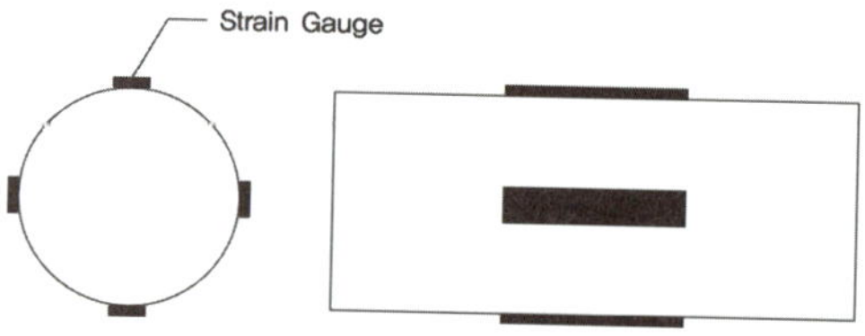

그림 B-6-1 Creep 공시체 Strain Gauge 부착

그림 B-6-2 하중재하(Creep실험)

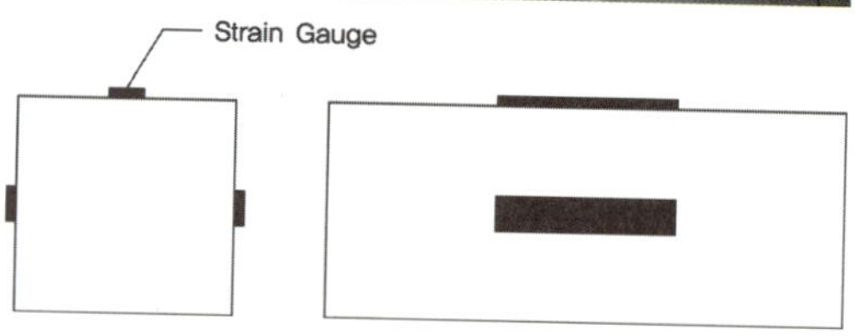

그림 B-6-3 Shrinkage 공시체 Strain Gauge 부착

종류	Creep 공시체 (φ15×30㎝ 원통형)	강도측정용 공시체 (φ10×20㎝ 원통형)	건조수축용 공시체 (10×10×40㎝ 각형)
개수	4	3	4

Note : * 1차 해석 및 1차 골조 조정
- 초기 설계 시 해석 및 보정안에 의한 것임
* 2차 해석 및 2차 골조 조정
- 현장 여건상 변경된 시험 결과에 의한 콘크리트 강도 및 습도, 공사 스케줄, 하중조건 적용
* 3차 해석 및 3차 골조 조정
- 2차 해석 시 요소+Creep 및 Shrinkage 시험결과 적용

표 B-6-1 Shortening Factors and Phenomenon in general

Factor	Elastic	Shrinkage	Creep	
			Basic	Drying
Load if increase	○ increase	× no effect	○ increase	○ increase
Steel Ratio if increase	○ decrease	○ decrease	○ decrease	○ decrease
Relative Humidity if increase	× no effect	○ decrease	× no effect	○ decrease
Cocrete Composition if water increase	○ by modulus	○ increase	○ effect	○ effect
Loading Age if Loaded early	○ increase	× no effect	○ increase	○ increase
Voumn/Surface if increase	× no effect	○ decrease	× no effect	○ decrease
	short term (initial)	long term	long term	long term

표 B-6-2 1,2,3차 해석에 사용된 매개변수

구분	층수	1차 해석		2차 해석		3차 해석	
		column	core wall	column	core wall	column	core wall
target day		골조 공사 후 1년	골조 공사 후 1년	골조 공사 후 1년	골조 공사 후 1년	골조 공사 후 1년	골조 공사 후 1년
콘크리트 강도	35F-RF	240	500(전층)	240	560(전층)	240	560(전층)
	23F-33F	400		400		400	
	B6F-22F	500		500		560	
콘크리트 중량	전층	2,400	2,400	2,400	2,400	2,400	2,400
특정 크리트 계수	35F-RF	1.666E-09	0.800E-09 (전층)	1.666E-09	0.714E-09 (전층)	0.879E-09	0.415E-09 (전층)
	23F-33F	1.000E-09		1.000E-09		0.527E-09	
	B6F-22F	0.800E-09		0.714E-09		0.415E-09	
극한건조 수축 변형	전층	0.0008	0.0008	0.00065	0.00065	0.000437	0.000437
철골 탄성계수	전층	29,000	29,000	29,000	29,000	29,000	29,000
연평균 상대습도	전층	40%	40%	65%	65%	65%	65%

6.2 기둥과 Core Wall의 수축량 산정

6.2.1 1차 해석 및 1차 골조 보정(2000년 6월)

▲ EC4 & Core Wall의 축소량 비교

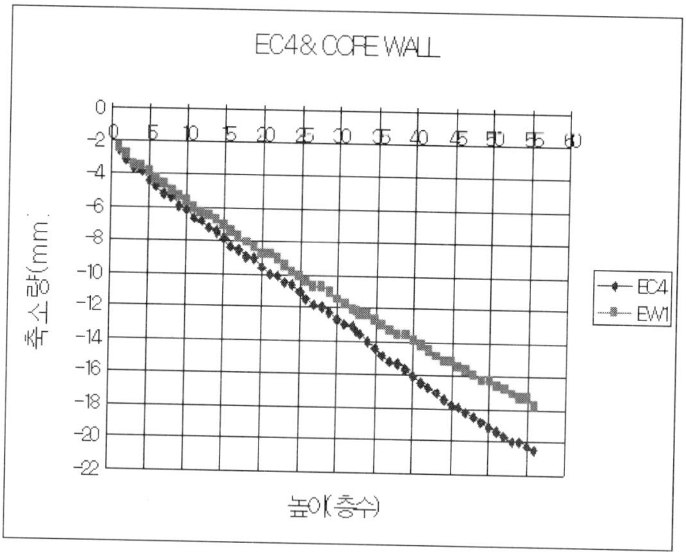

▲ 축소량 1차 해석(자중+마감하중, 1년 후 기준)

EC4 & CORE WALL 상대처짐

56층 : Δ2−Δ1=36.7mm

50층 : Δ2−Δ1=33.9mm

40층 : Δ2−Δ1=27.2mm

30층 : Δ2−Δ1=20.9mm

20층 : Δ2−Δ1=13.8mm

10층 : Δ2−Δ1=8.5mm

*초기보정치−기둥 : 3.0mm/층
Core Wall : 2.5/층

*보정치 적용 : 8층~Roof

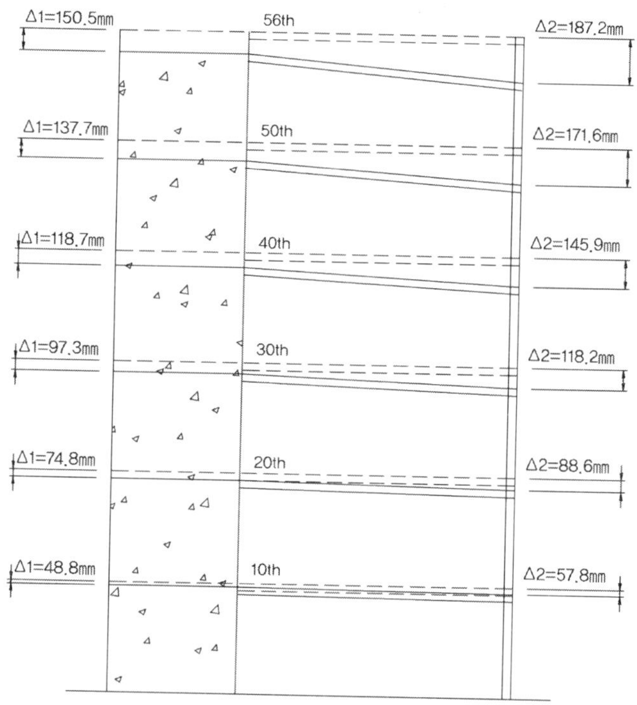

▲ 공사 시작 후 1년 경과했을 때의 축소량

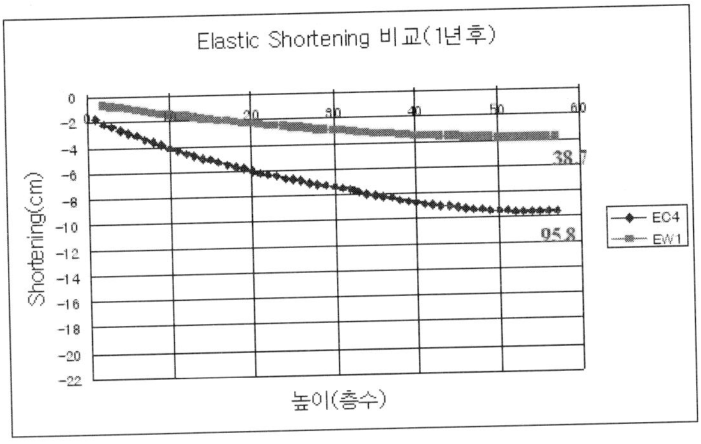

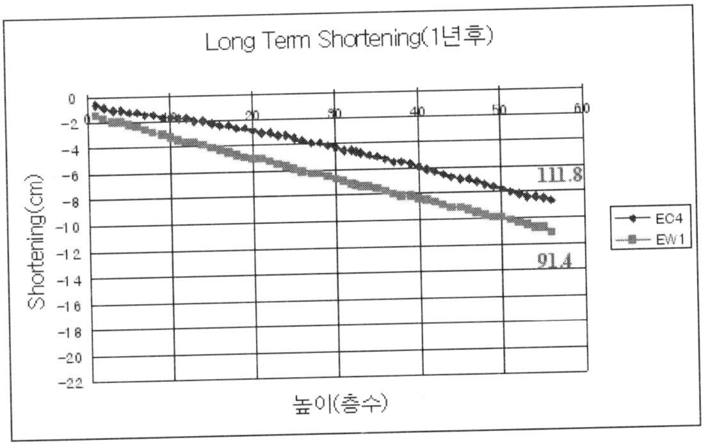

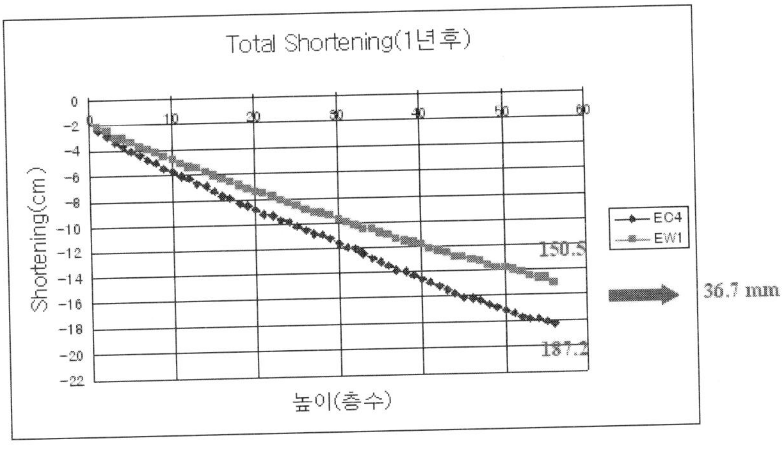

▲ Outriggr 체결 시점을 위한 수축량 비교(공사 시작 후 1년 경과했을 때)

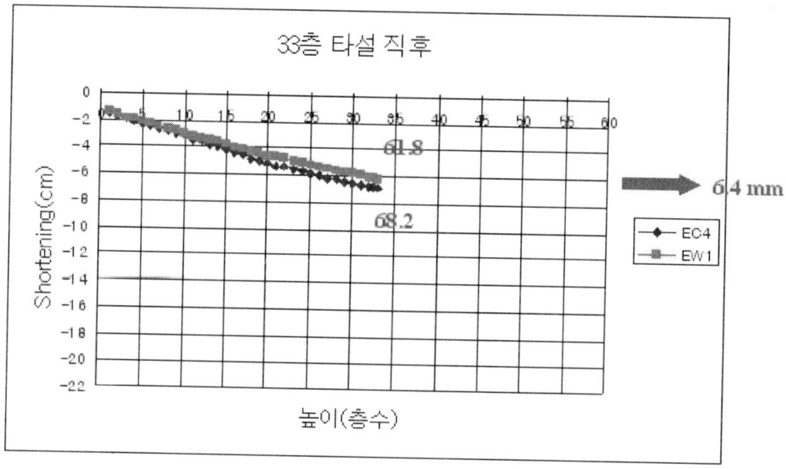

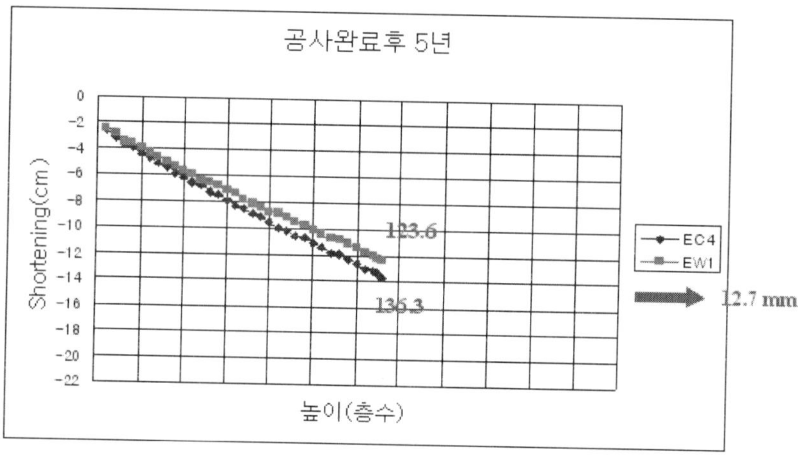

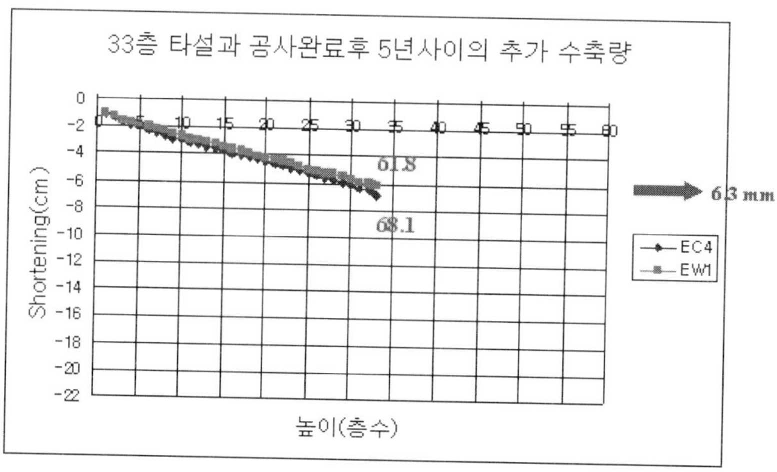

6.2.2 2차 해석 및 2차 골조 보정

▲ EC4 & Core Wall의 축소량 비교

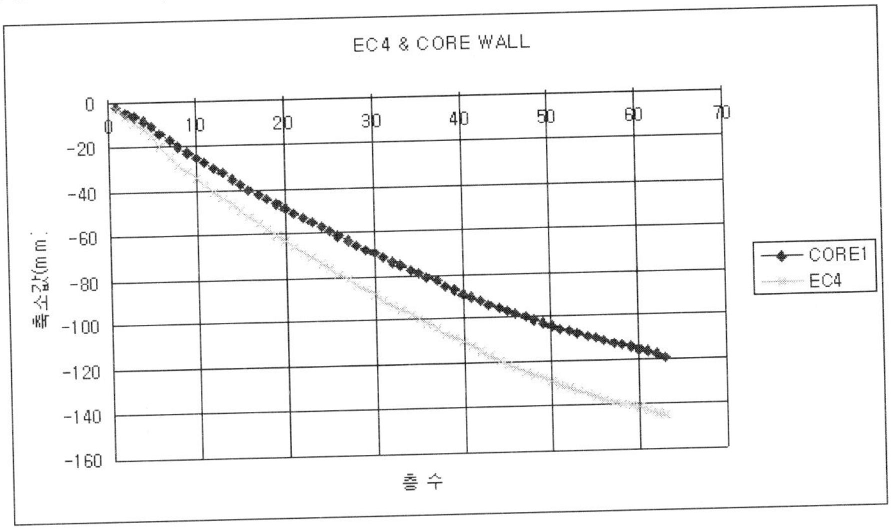

▲ 축소량 2차 해석(현장 시험결과 반영, 자중+마감하중, 1년 후 기준)

EC4 & CORE WALL 상대처짐

56층 : Δ2−Δ1=25.87mm

50층 : Δ2−Δ1=26.65mm

40층 : Δ2−Δ1=24.91mm

30층 : Δ2−Δ1=21.41mm

20층 : Δ2−Δ1=17.40mm

10층 : Δ2−Δ1=13.16mm

*절대축소량이 1차해석보다 약 20% 감소

*상대축소량이 1차해석보다 약 10~30% 감소

6.2.3 3차 해석 및 3차 골조 보정

▲ EC4 & Core Wall의 축소량 비교

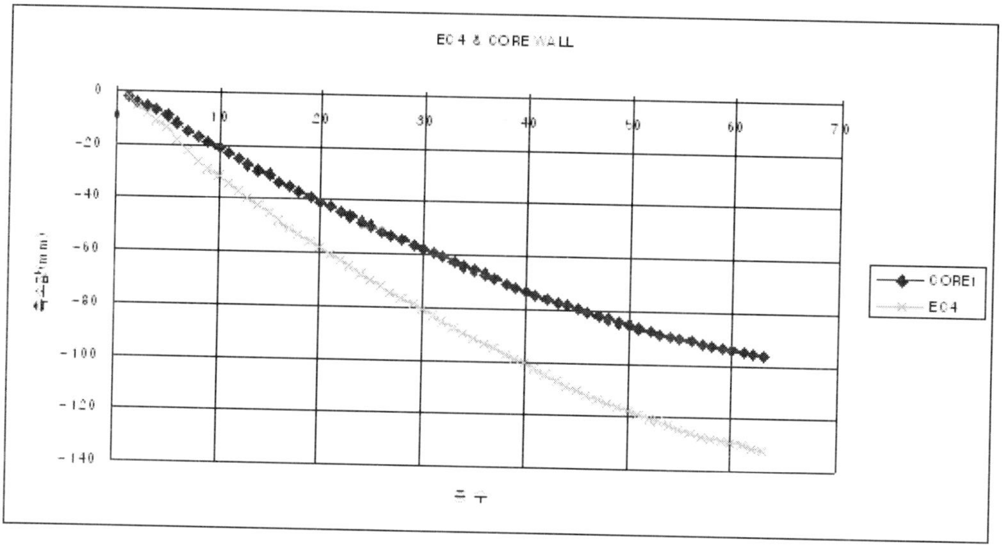

▲ 축소량 3차 해석(Creep 및 Shrinkage 시험결과 반영, 자중+마감하중, 1년 후 기준)

EC4 & CORE WALL 상대처짐

56층 : (Δ1-1)-(Δ2-1)=25.57mm

50층 : (Δ1-2)-(Δ2-2)=27.09mm

40층 : (Δ1-3)-(Δ2-3)=26.31mm

30층 : (Δ1-4)-(Δ2-4)=23.93mm

20층 : (Δ1-5)-(Δ2-5)=20.15mm

10층 : (Δ1-6)-(Δ2-6)=16.01mm

*절대축소량이 1차해석보다 약 35%
2차해석보다 약 15% 감소

*상대축소량이 1차해석보다 약 10~30%
감소하나 2차해석과는 별 차이가 없음

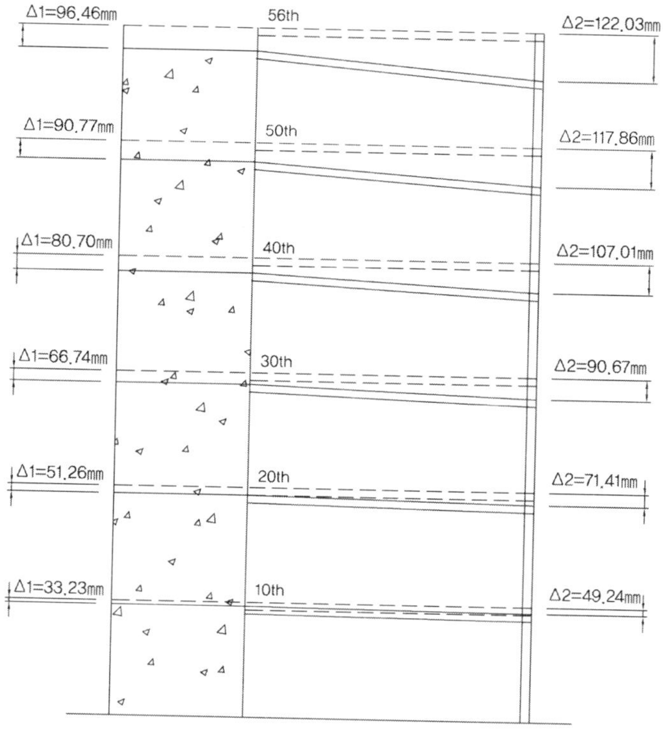

6.3 수축량 보정 및 현장 적용 방안

6.3.1 1차 골조 보정안 및 현장 적용 방안

▲ Core Wall(전단벽) 1차 현장 적용 방안

- 전단벽은 지하층에 설정된 기준선에서 매 층당 2.5㎜씩 보정하는 것을 원칙으로 한다.
- 임의층의 전단벽이 타설 후, 그 상부층이 타설됨에 따라 시공 중에도 수축이 발생될 수 있으나 그 수축량은 보정하지 않는다.
- 매 층마다 적용한 보정값은 그 양이 작으므로 약 3개 층마다 시공된 길이를 측정하여 설정된 보정값과 비교한 후 차이가 있을 경우에는 그 상부층에 반영한다.
- 3개 층의 타설 중에도 수축이 발생될 수 있으나 그 양이 작으므로 이는 무시한다.

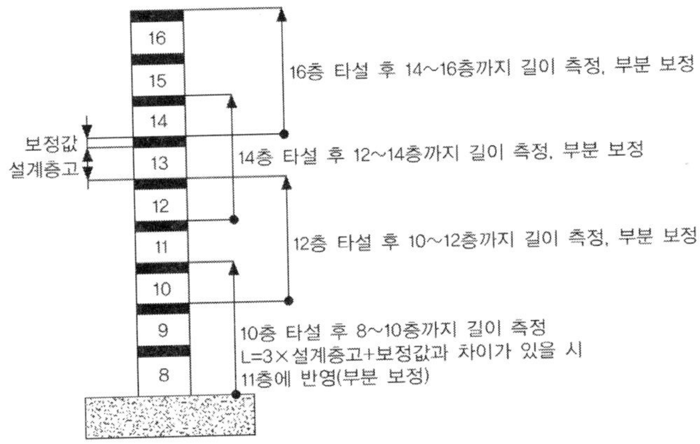

그림 B-6-1 Core Wall Shortening 보정 방법

▲ SRC 기둥 1차 현장 적용 방안

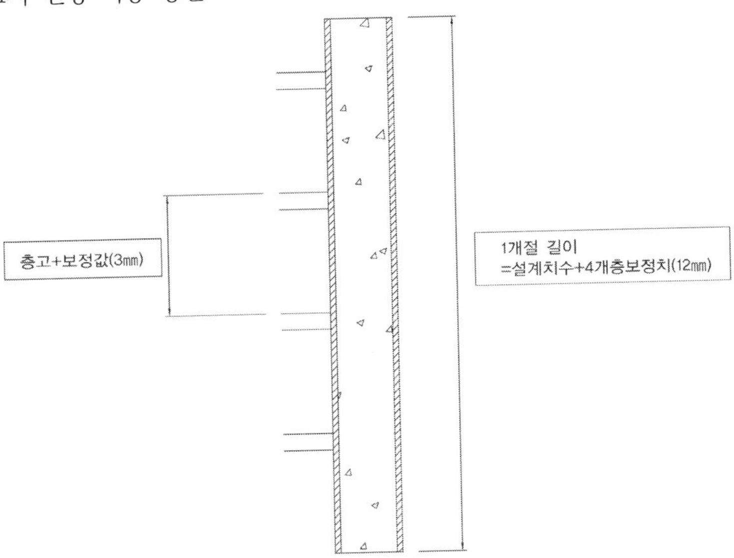

- 매 층마다 3mm씩 보정하는 것을 원칙으로 하고, 공장에서 미리 제작하여 현장에 설치하므로 별도 작업이 불필요하다.

▲ 내부 Steel Beam의 설치

- SRC기둥인 철골은 공장제작시에 보정값을 적용하여 Shear Tab(gusset plate)을 설치하므로 자동으로 Level이 설정됨.
- Core Wall측의 Embed plate에 용접되는 Shear Tab은 각층에 설정된 기준선(보정값이 반영됨)을 기준으로 철골 보의 Level을 계산하여 설치함.
- 위의 Core Wall 및 S.R.C기둥 보정방법으로 Core wall과 SRC기둥측에 설치된 Shear Tab에 보를 설치하게 되면 보는 SRC 기둥측에서 Core wall측으로 약간 하향 경사가 있게 됨.
- 슬래브는 경사에 따라서 동일한 두께로 타설함. 따라서 시공 중 건물 내에 물이 유입될 경우는 Core wall 주변으로 모이게 됨.

▲ 1차 해석에 의한 골조 보정치 최종 현장 적용 방안

- 지상 7층까지 Shortening값을 무시한 건축 Elevation 높이를 맞추어 공사하였고 8층 이상의 골조는 1차 해석 Shortening양을 전층 같은 양으로 분배하여 반영하였다.(1층부터 반영하려 하였으나 철골제작이 7층까지 완료됨에 따라 8층부터 고려하였다.)
- SRC Column은 각 층당 3mm, Core wall은 각 층당 2.5mm를 둠.
- 상기 적용하는 Shortening값은 가정된 이론치이므로 시공 중 계측, 측량 및 재분석(2, 3차 해석)을 통한 시공 단계 보정을 실시함.

6.3.2 1,2,3차 해석 및 계측, 측량에 의한 현장 적용 부재별 보정치

▲ 표 B-6-3 부재별 보정치

위치		층	1차 보정치	2차 보정치	3차 보정치
C5		8TH-41TH	3.0mm	3.0mm	3.0mm
		42TH-ROOF	3.0mm	1.5mm	1.5mm
C7		8TH-41TH	3.0mm	3.0mm	3.0mm
		42TH-ROOF	3.0mm	2.0mm	2.0mm
C8		8TH-41TH	3.0mm	3.0mm	3.0mm
		42TH-ROOF	3.0mm	1.5mm	1.5mm
기타 기둥		8TH-ROOF	3.0mm	3.0mm	3.0mm
CORE	E동	8TH-ROOF	2.5mm	2.5mm	2.5mm
	F동	8TH-38TH	2.5mm	2.5mm	2.5mm
		39TH-42TH	2.5mm	2.0mm	2.0mm
		43TH-ROOF	2.5mm	2.5mm	2.5mm

6.4 Shortening 현장 계측 및 현장 측량

6.4.1 Shortening 현장 계측

▲ 계측 목적

초고층 구조 설계의 핵심사항인 건물 수직부재의 부등축소량 문제를 해결하기 위하여 시공단계에서 계측 및 측량을 하여 시공 과정 및 준공 후의 구조안정성 및 사용성을 사전에 검증토록 한다. 그리하여 설계단계에서 내포될 수밖에 없는 불확실성으로 인한 현장 시공 상의 구조적인 문제점을 파악하고, 필요시 시공 단계에서 보정 시공토록 안전하고, 쾌적한 초고층 주거용 건물의 시공이 이루어지도록 한다.

또한, 계측관리 및 현장측량을 수행하여 이론치인 현재 Shortening값과 건물의 실제 Shortening의 일치성에 대한 검토를 수행하고자 하는데 목적이 있다.

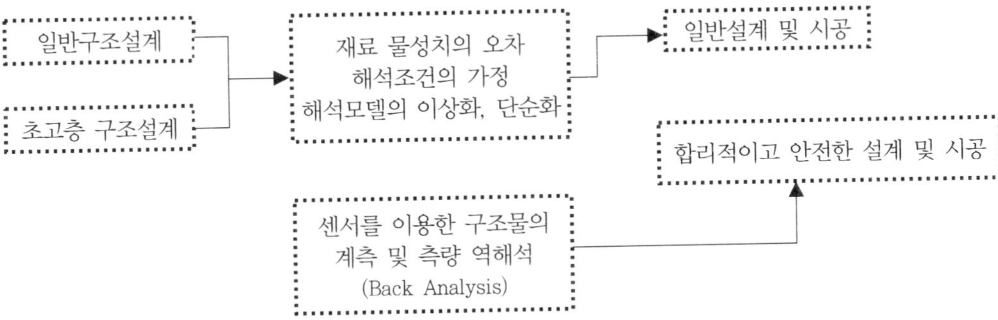

6.4.2 계측 관리

▲ 계측 개요 및 계측 위치

- 기둥과 전단벽의 축소량을 측정하는 센서는 Strain gauge를 사용하여, 측정위치의 접근성을 고려하고, 주기적이고, 정밀한 계측치를 얻기 위하여 자동화 계측시스템을 사용토록 한다.
  측정위치는 13층과 아우트리거 설치 상, 하층(32층, 33층) 및 48개 층에 총 4개 층으로 하였고, 층별 설치개소는 기둥 3개소, 전단벽 2개소로서 총 5개소로 하였다.

▲ 계측 측정 주기

위치	기간	측정주기	측정횟수	비고
13층, 32층 33층, 48층	설치~7일	12시간	14회	각 센서 80회 측정
	7일~28일	24시간	22회	
	28일~6개월	5일	30회	
	6개월~1년	1개월	6회	
	1년~3년	3개월	8회	

▲ 계측기 설치 방법

- 기둥은 철골 시공이 먼저 진행되고 철골 공사 후 콘크리트를 타설하여 합성기둥으로 시공되는 관계로 합성기둥이 전의 축소량과 이후의 축소량 측정이 연속적으로 이루어져야 함으로 철골 기둥에 용접으로 센서를 부착하고, SRC기둥의 정확한 축소량 예측을 위하여 기둥 콘크리트 매립용 센서를 추가로 12개소 설치하였다.

전단벽은 철근 콘크리트구조로 시공되므로 콘크리트 타설 이전에 철근 조립 후 콘크리트 매립형 센서를 철근과 철근 사이에 와이어로 고정 배치한다. 센서의 측정 케이블은 외부 충격에 의한 파손 방지를 보호관으로 보호하였고, 센서의 측정 관리를 위하여 전단벽 시공에 지장이 없는 위치를 현장과 협의 후 선정하여 배전하였다.

[300(L)×300[H)×200(W)]을 설치하여 측정케이블 및 측정 Data Logger를 보호 관리하여 측정하였다.

▲ 작업 순서도

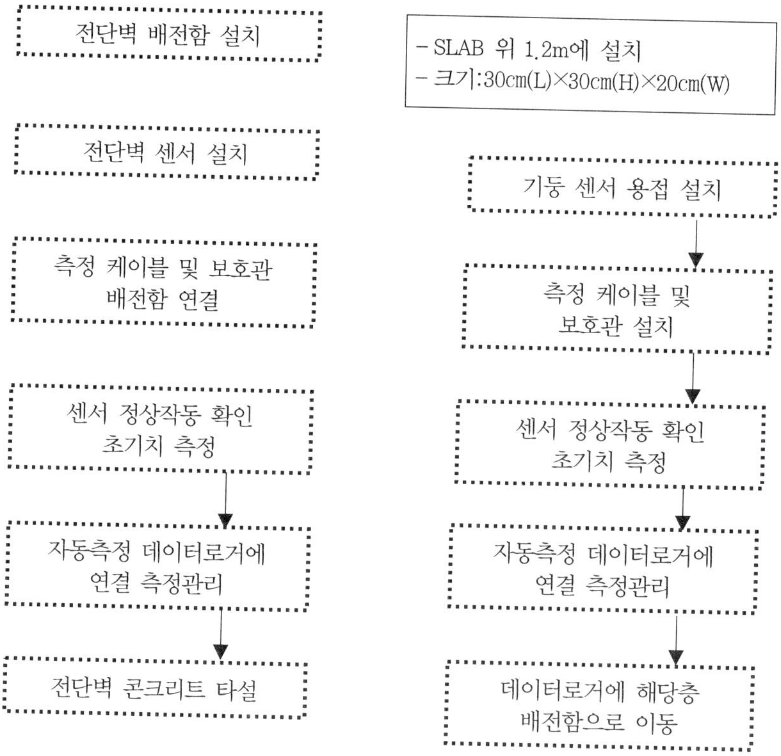

▲ 계측 스트레인 게이지 및 Data Logger 설치사진

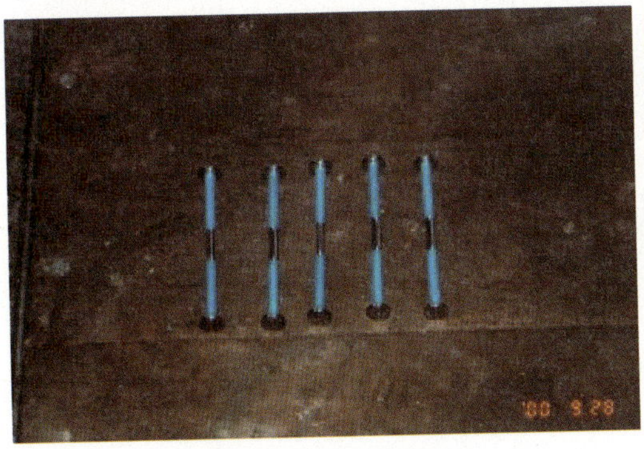

매립형 스트레인 게이지
(Core Wall 및 SRC 기둥에 사용)

자동적으로 data를 전송받기 위해
Data Logger를 벽에 설치

매립형 스트레인 게이지 설치된 상태

SRC 기둥의 Concrete 매립형 스트레인 게이지

Data Logger에 케이블 연결

SRC기둥의 철골 부착형 스트레인 게이지

6.4.3 Shortening 현장 측량

a) 측량 목적

S.R.C기둥과 전단벽(CoreWall) 공사 진행 중의 축소량과 공사 후의 총 축소량을 파악하기 위하여 측량을 실시하였다.

b) 측량관리

▲ 측량 측정 주기

- 측량은 3층부터 3개층 단위로 측량 하였으며,
- 측정층의 상부가 콘크리트 타설이 완료 후 해당층에 대해 2회/월측량을 실시하였다.
- 측정층당 6개소 측정

▲ 측량 방법

- 측량하고자 하는 각층의 기준레벨을 설정하였다. (측정하고자 하는 층의 위치(Core Wall 및 S.R.C기둥)에 기존건물(군인공제회빌딩)을 절대점으로 하여 그 층의 기준레벨을 설정)

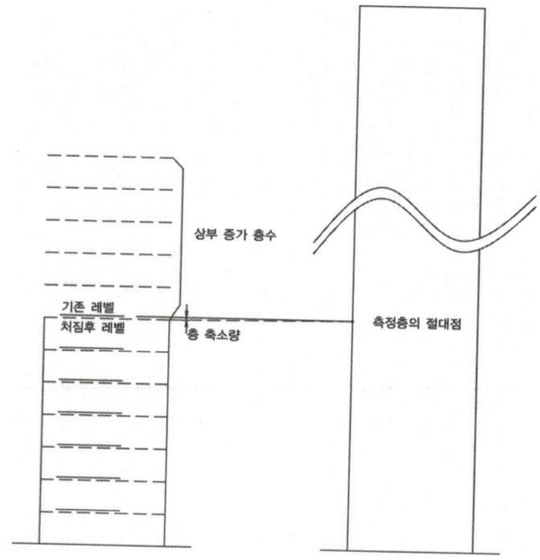

그림 B-6-2 Shortening 현장 측량 방법

- 주변 기존 건물의 수축 현상이 거의 완료된 것으로 간주함.
- 2회/월 측정하고자 하는 층의 미리 정한 기준 레벨과 기존 건물의 절대점에 새로 선정한 레벨 차이를 기록하여 분석용 DATA를 작성하였다.

군인공제회관 측량 기준점 확인

SRC기둥의 상대 Shortening 측량

6.4.4 Shortening 현장 계측 및 측량 Data 분석

a) 계측 Data 분석

▲ SRC기둥 EC4 13층, 48층 콘크리트 매립형 및 철골 부착형 Data 분석

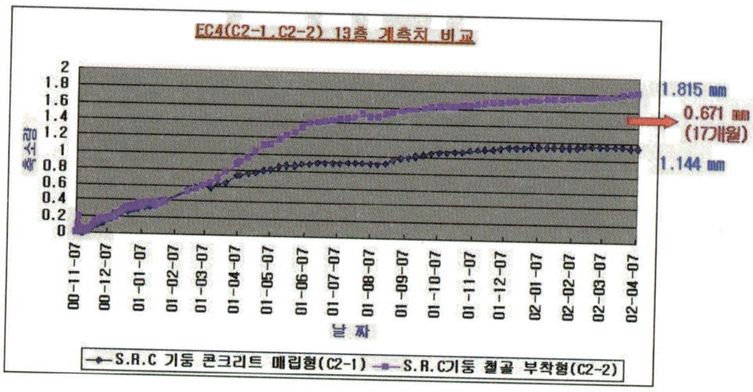

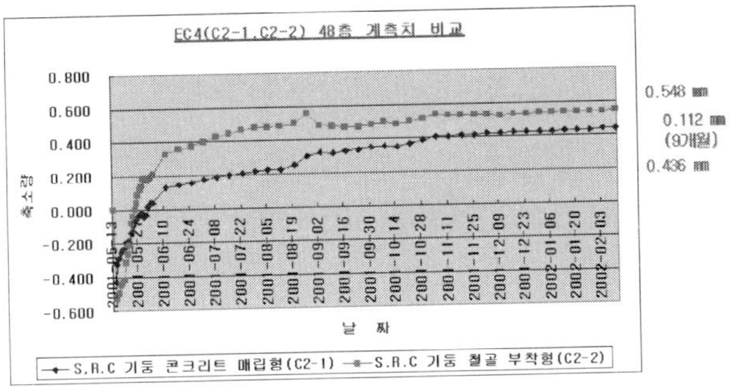

공사 시점

- 골조공사 시작 시점 : 2000년 5월 4일(E동 S쪽 Core)
- 32층 Outrigger 공사 시점 : 2000년 11월 15일
- 32층 Outrigger 완전 체결 시점 : 2001년 6월말
- 2001년 6월 12일 Heliport층 타설로 전층 slab 타설 완료

▲ SRC기둥 EC4 32, 33층 Outrigger층 콘크리트 매립형 및 철골 부착형 Data 분석

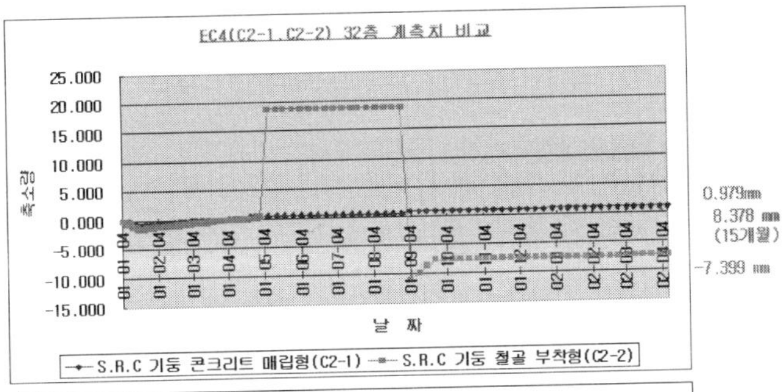

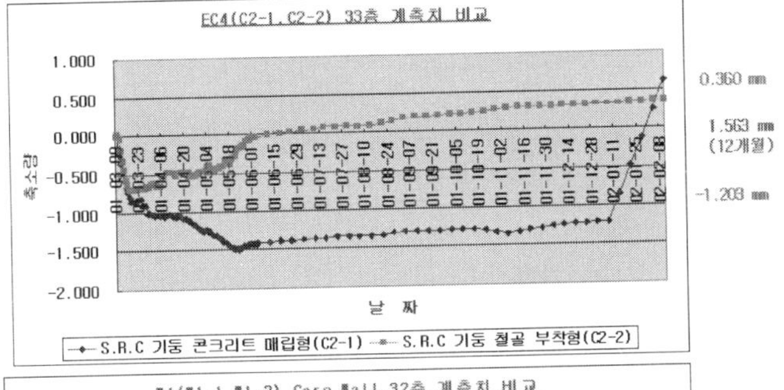

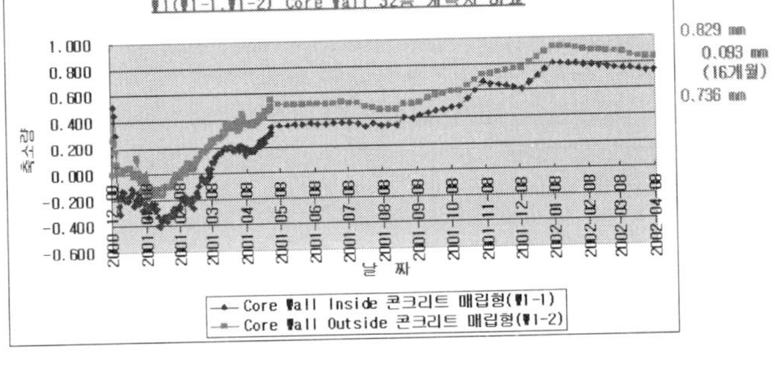

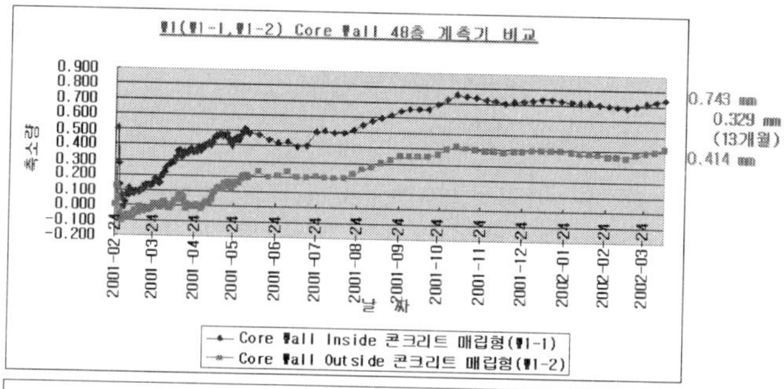
W1(W1-1,W1-2) Core Wall 48층 계측기 비교
축소량
날 짜
Core Wall Inside 콘크리트 매립형(W1-1)
Core Wall Outside 콘크리트 매립형(W1-2)
0.743 mm
0.329 mm
(13개월)
0.414 mm

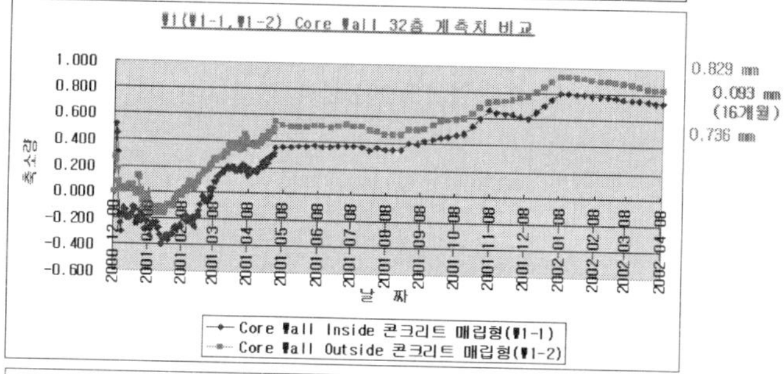
W1(W1-1,W1-2) Core Wall 32층 계측치 비교
축소량
날 짜
Core Wall Inside 콘크리트 매립형(W1-1)
Core Wall Outside 콘크리트 매립형(W1-2)
0.829 mm
0.093 mm
(16개월)
0.736 mm

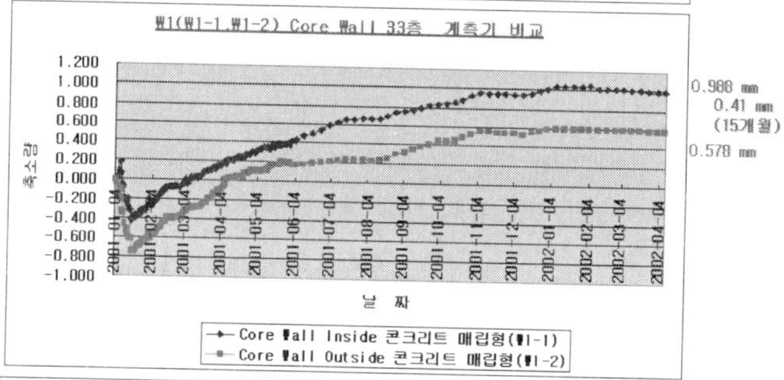
W1(W1-1,W1-2) Core Wall 33층 계측기 비교
축소량
날 짜
Core Wall Inside 콘크리트 매립형(W1-1)
Core Wall Outside 콘크리트 매립형(W1-2)
0.988 mm
0.41 mm
(15개월)
0.578 mm

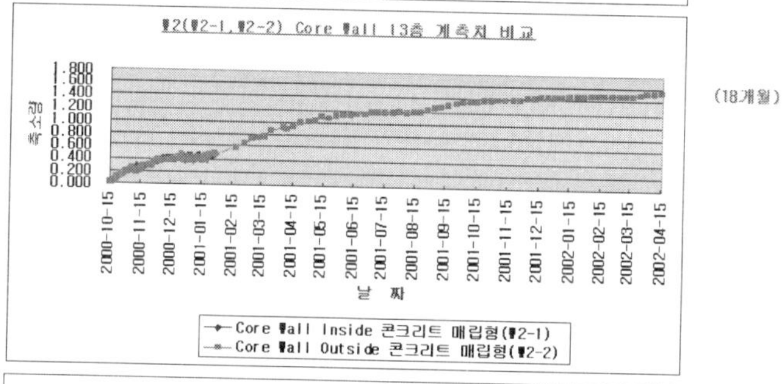
W2(W2-1,W2-2) Core Wall 13층 계측치 비교
축소량
날 짜
Core Wall Inside 콘크리트 매립형(W2-1)
Core Wall Outside 콘크리트 매립형(W2-2)
(18개월)

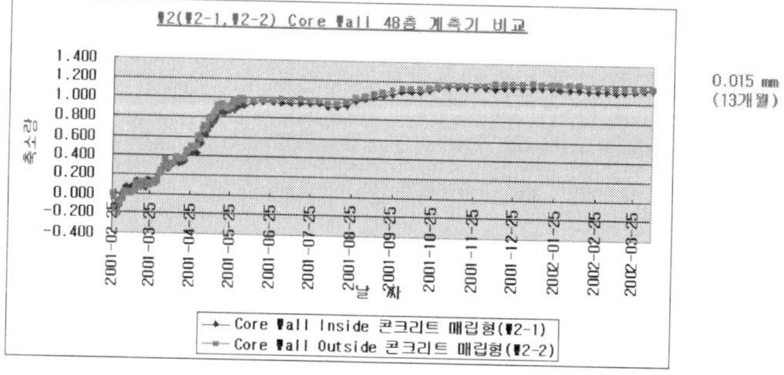
W2(W2-1,W2-2) Core Wall 48층 계측기 비교
축소량
날 짜
Core Wall Inside 콘크리트 매립형(W2-1)
Core Wall Outside 콘크리트 매립형(W2-2)
0.015 mm
(13개월)

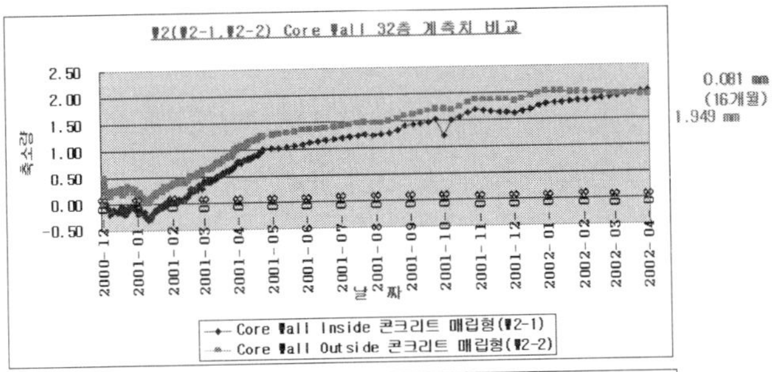
W2(W2-1,W2-2) Core Wall 32층 계측치 비교
축소량
날 짜
Core Wall Inside 콘크리트 매립형(W2-1)
Core Wall Outside 콘크리트 매립형(W2-2)
0.081 mm
(16개월)
1.949 mm

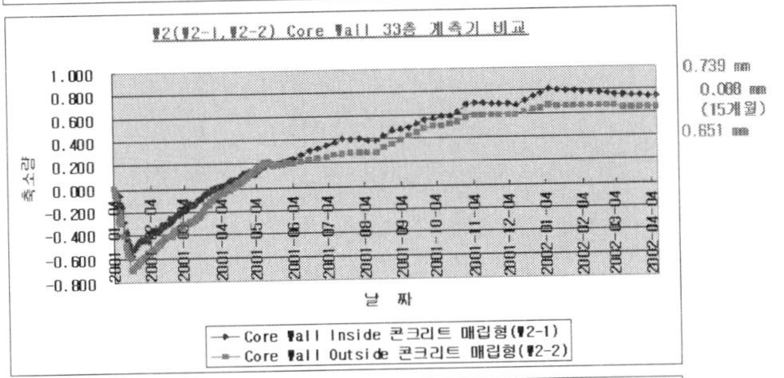
W2(W2-1,W2-2) Core Wall 33층 계측기 비교
축소량
날 짜
Core Wall Inside 콘크리트 매립형(W2-1)
Core Wall Outside 콘크리트 매립형(W2-2)
0.739 mm
0.088 mm
(15개월)
0.651 mm

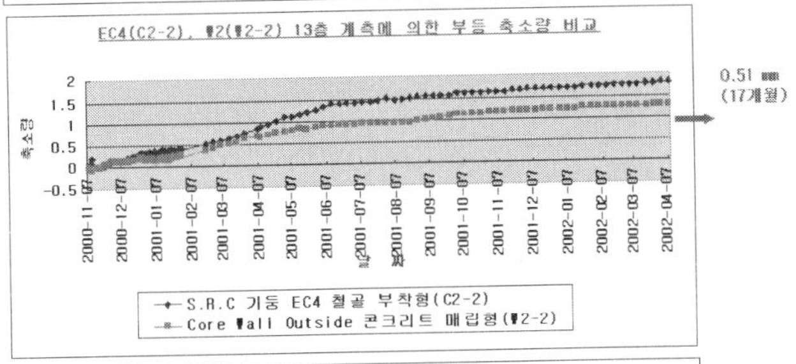
EC4(C2-2), W2(W2-2) 13층 계측에 의한 부등 축소량 비교
축소량
S.R.C 기둥 EC4 철골 부착형(C2-2)
Core Wall Outside 콘크리트 매립형(W2-2)
0.51 mm
(17개월)

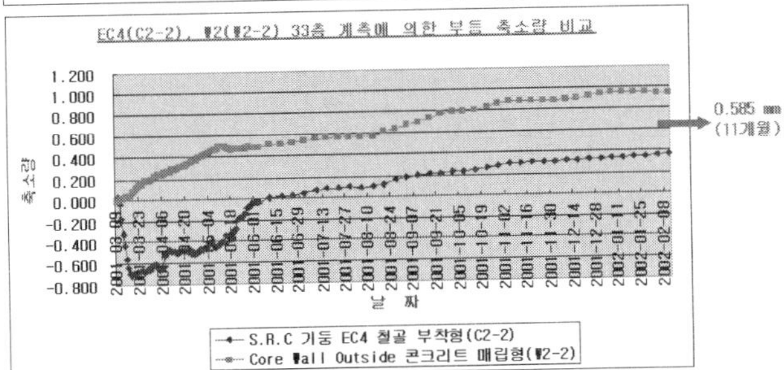
EC4(C2-2), W2(W2-2) 33층 계측에 의한 부등 축소량 비교
축소량
날 짜
S.R.C 기둥 EC4 철골 부착형(C2-2)
Core Wall Outside 콘크리트 매립형(W2-2)
0.585 mm
(11개월)

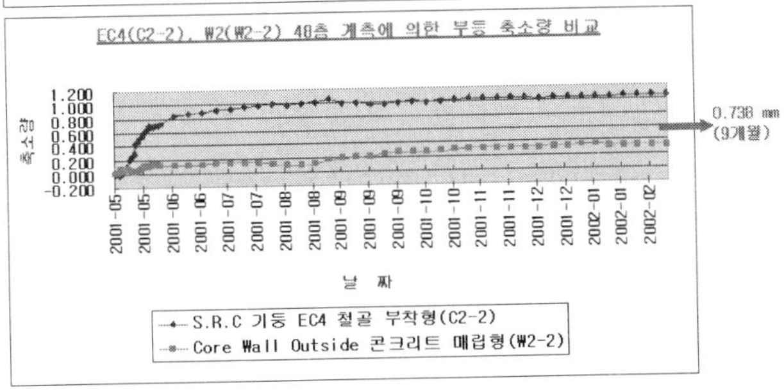
EC4(C2-2), W2(W2-2) 48층 계측에 의한 부등 축소량 비교
축소량
날 짜
S.R.C 기둥 EC4 철골 부착형(C2-2)
Core Wall Outside 콘크리트 매립형(W2-2)
0.738 mm
(9개월)

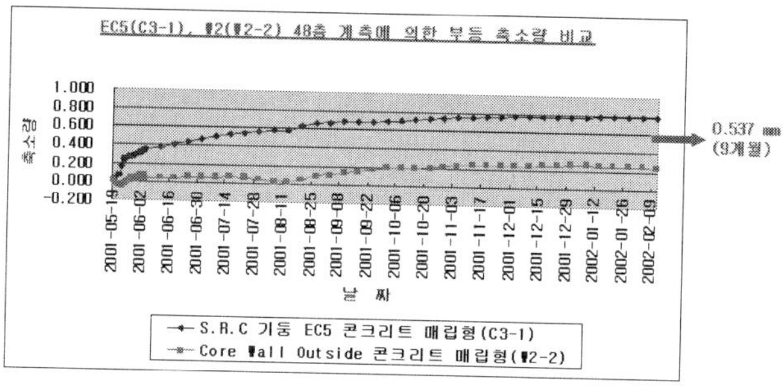

b) 측량 Data 분석

▲ 층별 측량 결과

- 각 층별 측량 시작 시점에서부터 2000년 6월 1일까지의 측량기간 동안의 Data임.
- 2001년 6월 1일 Slab 타설은 54층까지 이루어졌음.
- 각 층 측량 시작 시점의 Data는 시작 시점의 아래층(3개 층 하부 부분) Data를 초기치로 함.

위치(기준고)	Core wall 축소량		S.R.C 기둥 축소량					각 층별 측량시간 시점 및 측량 기간
	W1(No.1)	W2(No.2)	EC5(No.3)	EC4(No.4)	EC4(No.5)	EC5(No.6)	No.7	
3층(EL+11,950m)	8.50	8.50	13.00	13.50	13.50			2000/10/02(8개월)
6층(EL+21,780m)	13.00	13.00	16.50	18.00	18.50			2000/10/16(7.5개월)
9층(EL+31,245m)	14.50	15.50	20.50	21.00	20.50			2000/11/01(7개월)
13층(EL+44,617m)	15.00	16.00	21.00	21.50	21.00	19.50		2000/11/17(6.5개월)
15층(EL+50,750m)	18.00	18.50	22.50	22.50	23.00	19.50		2000/11/30(6개월)
18층(EL+60,305m)	20.00	20.00	25.00	26.00	25.50	21.50		2000/12/08(5.7개월)
21층(EL+70,305m)	21.50	22.50	27.00	27.00	27.00	23.00		2000/12/23(5.2개월)
24층(EL+80,035m)	22.00	23.00	29.00	29.00	29.00	25.00		2001/01/03(5개월)
27층(EL+88,995m)	23.50	24.50	31.50	31.50	30.00	26.00		2001/02/02(4개월)
30층(EL+98,735m)	24.50	24.50	32.00	32.50	30.50	26.50		2001/03/02(3개월)
33층(EL+110,650m)	24.50	24.50	32.00	32.50	31.00	26.50	23.00	2001/04/01(2개월)
36층(EL+120,558m)	24.50	24.50	32.50	33.00	31.00	27.00	23.50	2001/04/01(2개월)
39층(EL+130,315m)	24.50	24.50	33.00	34.00	32.00	28.00	24.50	2001/04/16(1.5개월)
42층(EL+139,494m)	25.50	25.50	35.00	35.00	33.00	29.00	25.00	2001/04/30(1개월)
45층(EL+149,342m)	27.00	27.00	37.00	37.00	35.50	31.50	27.50	2001/04/30(1개월)

▲ 측량에 의한 EC4와 Core Wall의 축소량, 상대처짐 비교

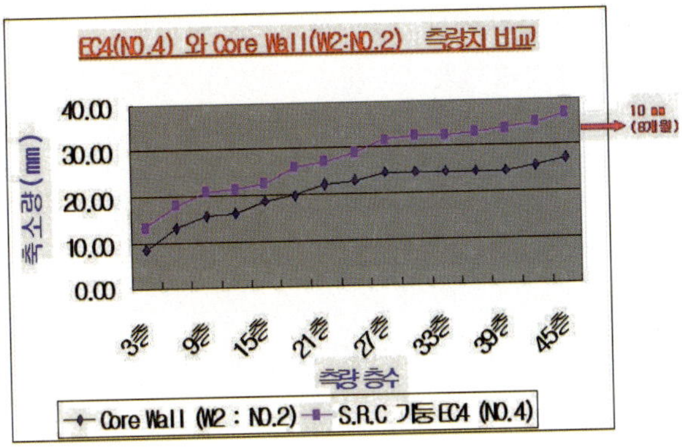

공사 시점

- 골조 공사 시작시점 : 2000년 5월 4일(Eehd S쪽 Core)
- 32층 Outrigger 공사 시점 : 2000년 11월 15일
- 32층 Outrigger 완전 체결시점 : 2001년 6월말
- 2001년 6월 12일 Heliport층 타설로 전층 slab 타설 완료됨.

측량 기간

- 2000년 10월 2일부터 2001년 6월 2일까지 8개월에 대한 측량값임.

EC4 & CORE WALL 상대처짐

45층 : Δ2-Δ1=10mm

33층 : Δ2-Δ1=8mm

24층 : Δ2-Δ1=6mm

13층 : Δ2-Δ1=5.5mm

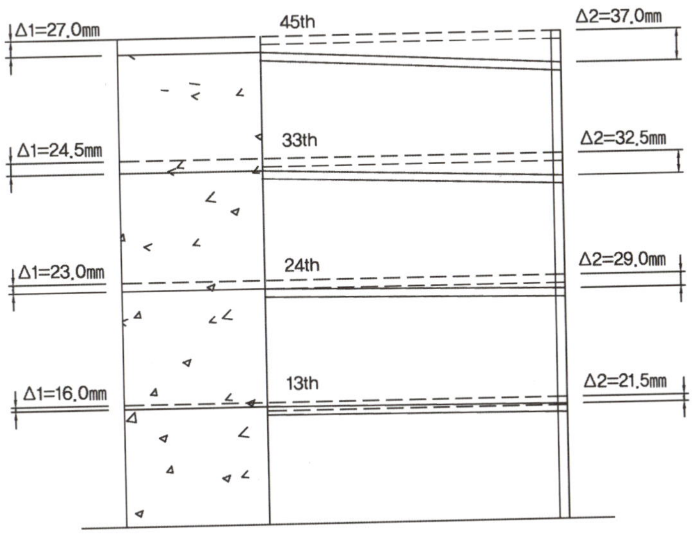

6.4.5 측량치 및 계측치 Data 비교

▲ S.R.C 기둥(EC4), Core Wall 13층 측량치 및 계측치 비교

- 비교 기간: 2000년 11월 17일부터 2001년 6월 2일까지(5.5개월)
- 13층 측량 시작 시점의 DATA는 9층 측량치 DATA에 계측 초기치 DATA를 합하여 초기치로 함.
  (비교 기간 동안의 상대 비교를 위하여 측량 및 계측 초기치를 같게 하기 위함.)

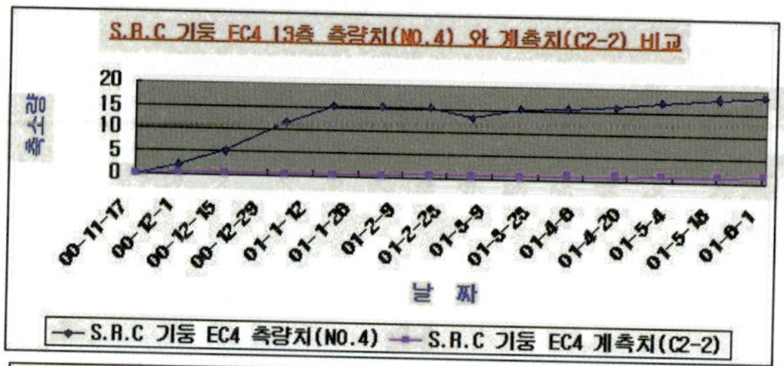

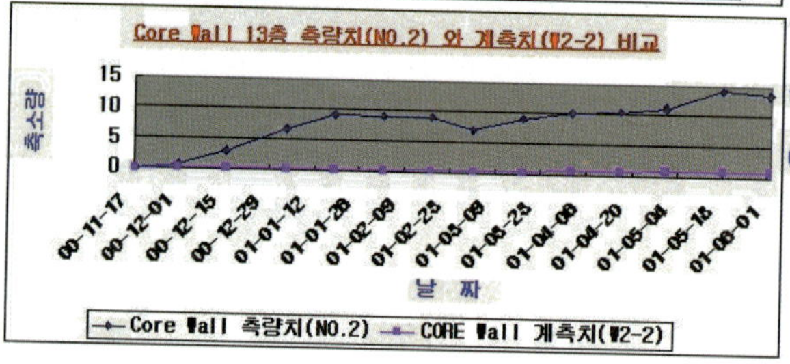

6.5 Shortening을 고려한 Curtain Wall, Panel Heating, 전기 및 설비 보정 방안

6.5.1 Curtain Wall의 보정

▶ 절대 수축에 대한 보정

- 현장 시공 시 보정된 Level로 시공하여 절대 수축량의 발생을 막는다.
  (General Size : 1650×3200, 1800×3200 Bent size : 900–1000×3200)
- Unit간 Tolerence를 감안하여 시공한다.(제작 대각 오차 : 3㎜, 수직 수평 제작 오차:2㎜)

▶ 부등변위에 대한 보정

- Unit간 최대 2㎜내의 단차로 시공(시공오차).
- Unit간에 Curtain Wall을 완전 분리 시공함으로써 부등변위에 따른 뒤틀림을 예방한다.
  HORIZONTAL JOINT : 8㎜(H/400=3200/400), VERTICAL JOINT(STACK JOINT) : 12㎜)

6.5.2 Panel Heating의 보정

- Panel Heating 공사를 위해 Core Wall과 외곽 기둥과의 부재별 상대 축소량의 차이 기준을 15㎜ (L/650 : L = span 길이) 이하로 보았을 때 시공 공정상 큰 무리가 없었다.

6.5.3 전기 BUS DUCT의 보정

- 10개 층마다 BUS DUCT 내에 Flexible한 구리연선으로 된 E.J(Expansion Joint)를 설치하여 수직 및 수평에 대한 변위를 흡수할 수 있게 하였다.
- 수평 제어 범위 : 약 100㎜ 정도
- 수직 제어 범위 : 약 150㎜ 정도

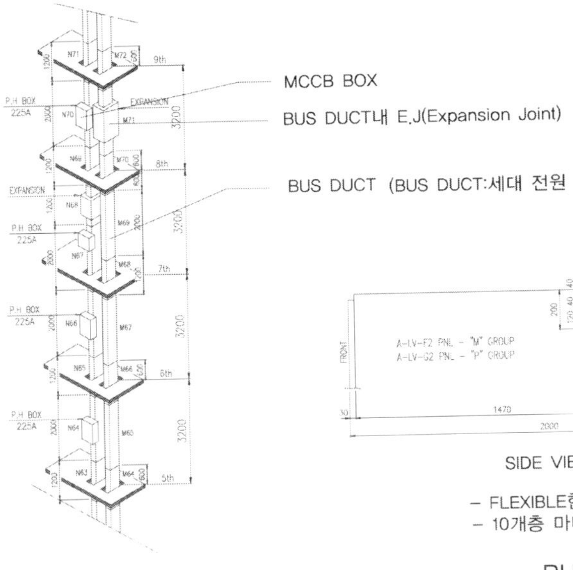

F동 EPS-N

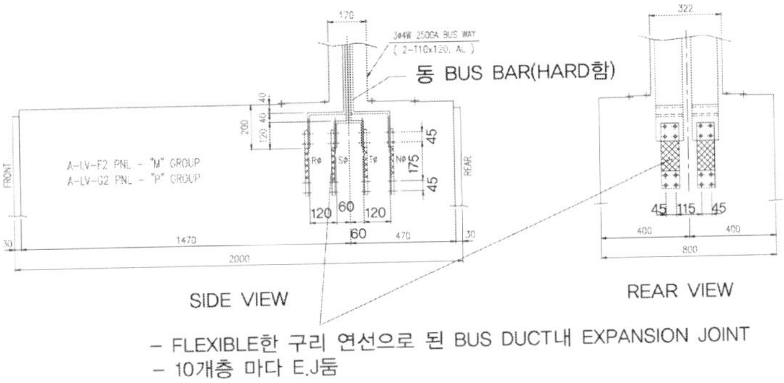

BUS DUCT내 E.J

6.5.4 설비 배관의 보정

- 설비배관은 절대수축에 의해서 Duct에 설치되는 수직배관의 변형이 일어나게 되고, 부등변위에 의해서는 바닥에 설치된 배관의 역구배 현상에 의해 곤란을 겪게 된다. 따라서 이러한 변형을 흡수할 수 있도록 배관을 설치할 필요가 있다.

커튼월 고정 Frame

중온수관 고정

- 중온수관의 경우 Slip Joint를 두어 온도에 의한 배관 신축에 대해 150mm, 건물 Shortening에 대해 87mm 총 237mm의 변위제어 능력을 가지는 Multi Joint를 사용하여 변위를 흡수할 수 있도록 하였다.
- 오배수관은 재질상 주철관과 백강관으로 나누어지는데, 주철관은 층별 26mm의 신축을 허용할 수 있는 고무 Padding을 가진 Mechanical Joint를 설치하였으며, 백강관은 136mm의 축 변위 제어를 할 수 있는 Flexible Joint 두었다.

6.6 해석단계 및 방법

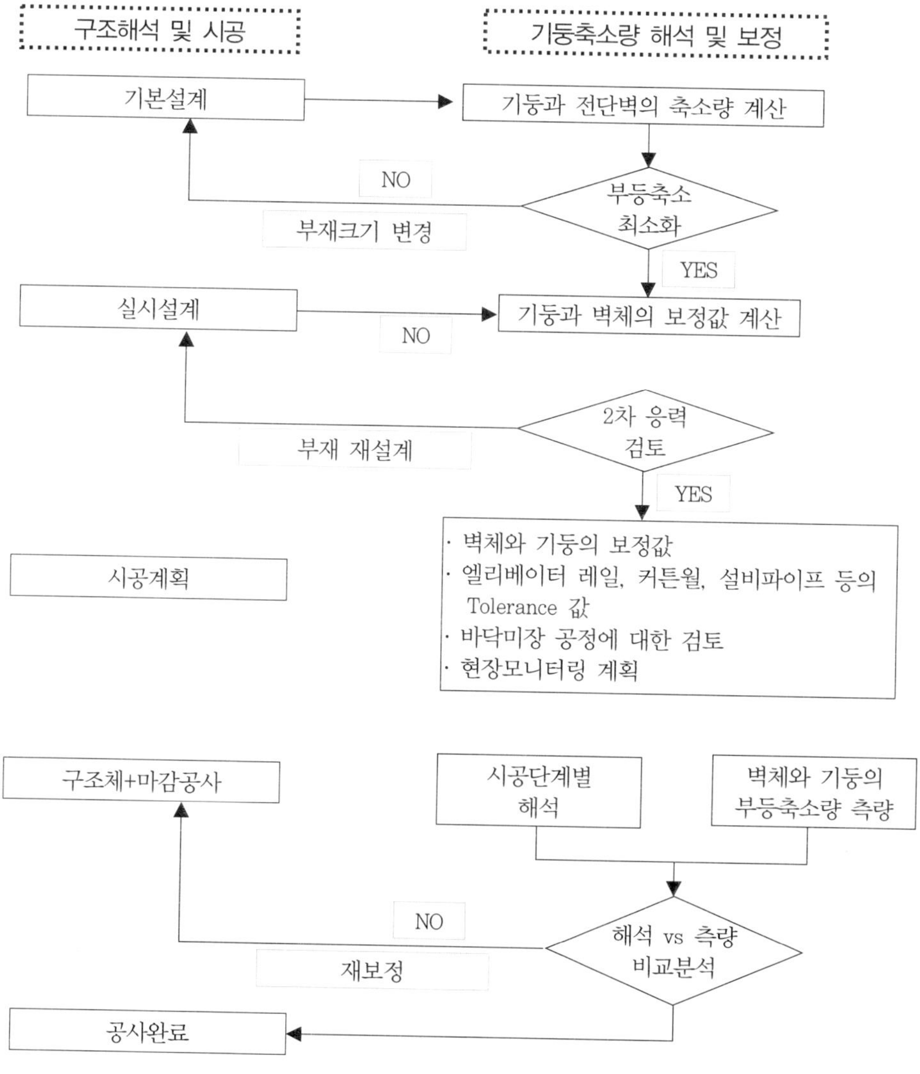

참고사항 : ACI 209

(creep and shrinkage prediction model for analysis and design of concrete structures model B3-Report by ACI committee 209, creep and shrinkage in concrete 참조)

Model B3

$\varepsilon(t) = J(t,t')\sigma + \varepsilon SH(t,t0)$

t = time, representing the age of concrete, in days

t' = age at loading, in days

t0 = age when drying begins, in days(only $t0 \leq t'$ is considered)

J(t,t') = compliance function = strain(creep plus elastic) at time t caused by a unit uniaxial constant stress applied at age t'(always given in 10^{-6}z/psi)

$\varepsilon(t)$ = creep and shrinkage strain at time t

$\varepsilon SH(t,t0)$ = shrinkage strain at time t

σ = uniaxial stress

limitation

concrete strength : $2500 \leq f'c \leq 10000$psi

water/cement ratio : $0.3 \leq w/c \leq 0.85$

cement content of concrete : $10 \leq c \leq 45$ lb/ft^3

aggregate/cement ratio : $2.5 \leq a/c \leq 13.5$

Creep

$J(t,t') = q1 + C0(t,t') + Cd(t,t',t0)$

q1 = instantaneous strain due to stress = 1/E0

E0 = asymptotic modulus = 1.5E28(E28 = $57000\sqrt{f_{ck}}$)

C0(t,t') = compliance function for basic creep only

$C0(t,t') = q2Q(t,t') + q3\ln[1+(t-t')^{n}] + q4\ln(t/t')$

$q2 = 451.1c^{0.5}f'c^{-0.9}$; n = 0.1 ; m = 0.5

$q3 = 0.29(w/c)^4 q2$; $q4 = 0.14(a/c)^{-0.7}$

$Q(t,t') = Qf(t')[1 + \{Qf(t')/Z(t,t')\}^{r(t')}]^{-1/r(t')}$

여기서, $r(t') = 1.7(t')^{0.12} + 8$

$Z(t,t') = (t')^{-m}\ln[1+(t-t')^{n}]$

$Qf(t') = [0.086(t')^{2/9} + 1.21(t')^{4/9}]^{-1}$

Cd(t,t',t0) = compliance function for additional creep due to drying

$Cd(t,t',t0) = q5[\exp\{-8H(t)\} - \exp\{-8H(t')\}]^{1/2}$, for $t' \geq t0$

$q5 = 7.57 \times 10^5 f'c^{-1} \mid \varepsilon SH\infty \mid^{-0.6}$ (f'c단위:psi)

$H(t) = 1-(1-h)S(t)$: spatial average of pore relative humidity within the cross section

$S(t) = \tanh\sqrt{[(t-t0)/\tau SH]}$: time function for shrinkage

τSH = shrinkage half-time in days

h = relative humidity of the environment$(0 \leq h \leq 1.0)$

Shrinkage

$\varepsilon SH(t,t0) = \varepsilon SH\infty KhS(t)$

$\varepsilon SH\infty$ = ultimate(final) shrinkage strain(always given in 10^{-6})

$S(t) = \tan h\sqrt{[(t-t_0)/\tau SH]}$: time function for shrinkage

$\tau SH = Kt(KsD)^2$: shrinkage half-time in days

D = 2v/s : v/s=volume/surface ratio in inchs

Ks = 1.25(rectangular column)

$Kt = 190.8t0^{-0.08} f'c^{-1/4}$ DAY/in^2

Kh = 1−h3 for $h \leq 0.98$

= −0.2 for h=1.0

= linear interpolation for 0.98 〈h 〈1.0

$\varepsilon SH\infty = \varepsilon S\infty\ [E(607)/E(t0+\tau SH)]$ $E(t) = E28[t/(4+0.85t)]^{1/2}$

$\varepsilon S\infty = \alpha 1\alpha 2[26w^{2.1} f'c^{-0.28} + 270](10^{-6})$

α1 : cement type ; = 1.0type I ; = 0.85type II ; = 1.1 typeIII

α2 : curing method ; = 0.75 steam cure

; = 1.2 sealed during cured

; = 1.0 cured in water or h=100%

7. 시공 오차

7.1 시공 허용오차

시공 허용오차는 다음에 의하나 특별한 사유로 인하여 조정이 필요한 경우 별도의 기준을 감리자와 협의 작성하여 승인을 득한다.

▶ 수직 오차

a. 기둥, 벽면의 면과 선 그리고 모서리에서

- 고층 : 3m당 6㎜, 전체 길이에 대한 최대값: 25㎜
- 저층 : 3m당 6㎜, 전체 길이에 대한 최대값: 20㎜

b. 노출 모서리 기둥, 조절 조인트 홈, 기타 눈에 잘 띄는 선 6m 당: 6㎜, 전체 길이에 대한 최대값 : 13㎜

▶ 도면에 표시된 수평이나 구배로 부터의 오차

a. 지주의 제거 전에 측정된 슬래브 밑면, 천정, 보밑, 모서리에서 3m당: 6㎜, 베이에서 또는 6m당 : 10㎜, 전체 길이에 대한 최대값: 20㎜

b. 노출 창대, 인방, 파라펫, 수평 홈, 기타 다른 눈에 잘 띄는 선 모든 수평구간 또는 6m 당: 6㎜, 전체 길이에 대한 최대값 : 13㎜

c. 슬래브에서 쇠톱자름(sawcuts)이나 줄눈, 그리고 매설물로 인해 약화된 면: 19㎜이하

▶ 표고오차

a. 슬래브 상부면

- 지반면에 접한 슬래브 : 19㎜이하
- 동바리를 제거하지 않은 기준층 슬래브 : 19㎜이하

b. 동바리를 제거하지 않은 부재 : 19㎜ 이하

c. 인방보, 창대, 파라펫, 수평 홈 그리고 현저히 눈에 띄는 선 : 13㎜이하

▶ 평면도에서 지정된 건축선의 오차

a. 6m 당: 13㎜

b. 최대: 25㎜

▶ 벽체, 기둥, 파티션 사이의 거리 오차

a. 거리 3m당 6㎜, 수평구간에서 13㎜ 이하, 총 오차는 25㎜ 이내

▶ 슬리브, 바닥 개구부, 벽체 개구부의 크기와 위치 오차

a. 6㎜, b. +6㎜

▶ 기둥과 보의 단면 수치, 슬래브와 벽체의 두께 오차

a. 6㎜, b. +13㎜

▶ 기 초

a. 평면의 치수 오차 13mm , +50mm , 거푸집을 설치하지 않은 곳: 75mm

b. 편심오차: 잘못된 위치의 방향으로 기초폭의 2%, 그러나 50mm이하

c. 두께의 감소: 지정된 두께의 - 5%

▶ 계단에서의 편차

a. 직선 계단, 챌판: 3mm 이내, 디딤판: 6mm 이내,

b. 연속 계단, 챌판: 2mm 이내, 디딤판: 3mm 이내

▶ 거실의 평탄성 오차 : 1m당 3mm이내

▶ 조적벽의 수직 : 3m당 6mm이내

▶ 세대 현관문틀/창틀/문틀 수평오차 : 3mm이내

▶ 거푸집면 또는 선의 기울기는 3m당 측정하여 다음의 오차 범위 이내이어야 한다.

- 노출된 기둥의 모서리 수직선, 노출 콘크리트에 있는 조절 줄눈의 홈: 6mm(1/480)
- 기타의 경우 : 9mm(1/320)

▶ 인접한 거푸집의 어긋남은 표면 평탄하기 등급에 따라 다음의 오차 범위 이내이어야 한다.

- A급 : 3mm
- B급 : 6mm
- C급 : 13mm

▶ 부재를 관통하는 개구부

- 개구부의 크기 : +25mm, -6mm
- 개구부의 중심선 위치 : ±3mm

▶ 기타

- 선홈통의 수직오차: 층당 ±6mm, 전체: 고층±30mm, 저층±20mm
- 발코니 난간설치 높이 오차 :(1,145mm)-45mm, +5mm
- 복도 난간높이 오차 :(1,135mm)-35mm, +5mm
- 온, 냉수전 배관수평 오차 : ±4mm
- 싱크용 수전 높이 오차 : ±15mm
- 각종 함류(양수기함, 소화전함 등) 설치의 수직, 수평오차 : ±3mm
- 양변기 배수관 중심선 오차 : ±10mm
- 전기 세대 분전함, 계량기함의 수직, 수평오차 : ±2mm
- 보안등, 가로등 주 설치의 수직오차 : ±5mm
- 승강기와 승강장 문턱과의 이격거리 오차 : 20mm±10mm
- 승강기 정지층의 착상거리 : ±10mm

7.2 건물의 기울기, 건물 평면의 휨, Story drift, Column, 보, Camber의 시공 허용 오차

1. 건물의 기울기	e/H≤500 또는 e/25mm 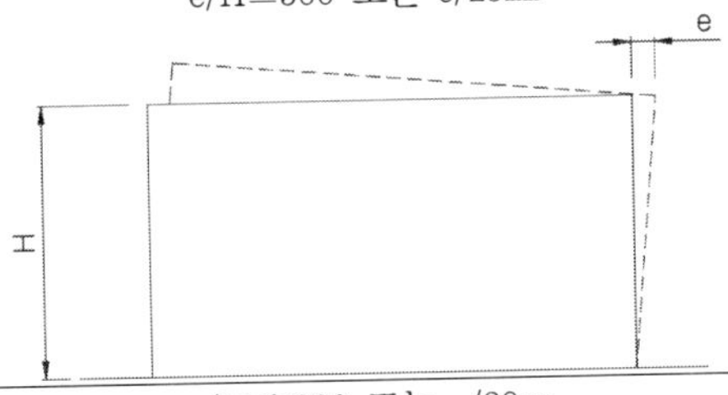
2. 건물평면의 휨	e/H≤1200 또는 e/30mm 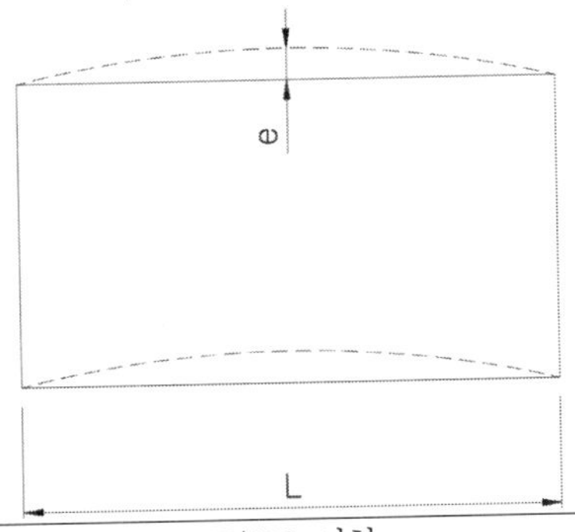
3. Story Drift	H/400 이하
4. Column	기둥 상호간의 오차 - 인접 기둥간의 기준고 오차≤30mm 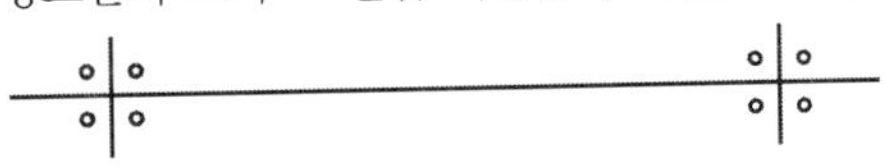 Column 상부 Center Line 오차 L≤5mm(두 기둥 수직간), e≤25mm(기둥수직) 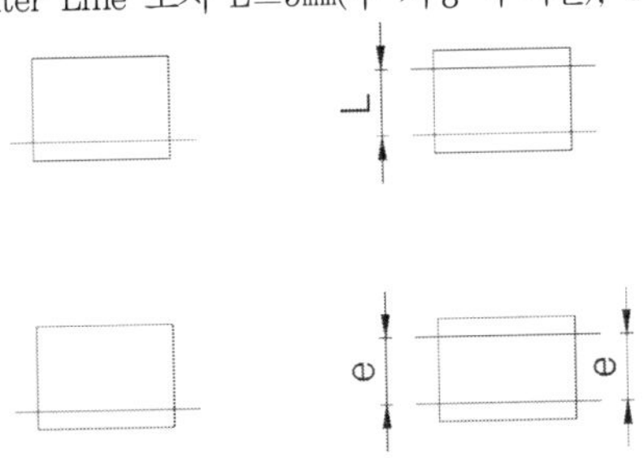 기둥의 기울기 e/H≤1/500 또는 e/25mm 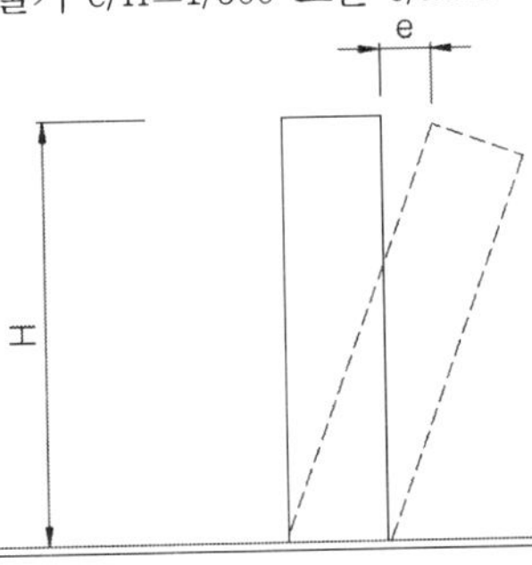

5. 보	보의 수평도(d/L)≤1/1000 또는 d≤5mm 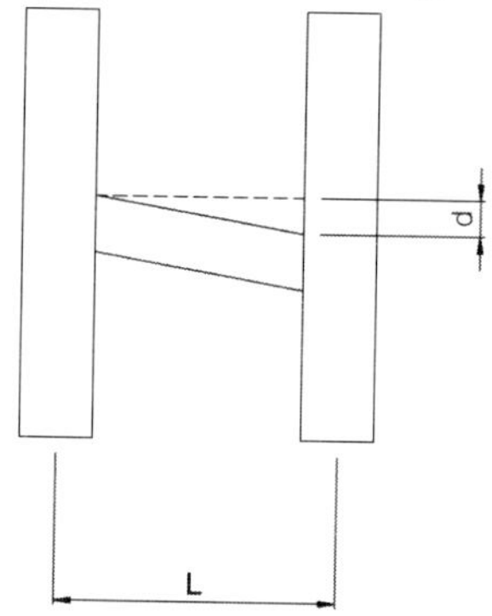 보의 휨(d/L)≤1/1000 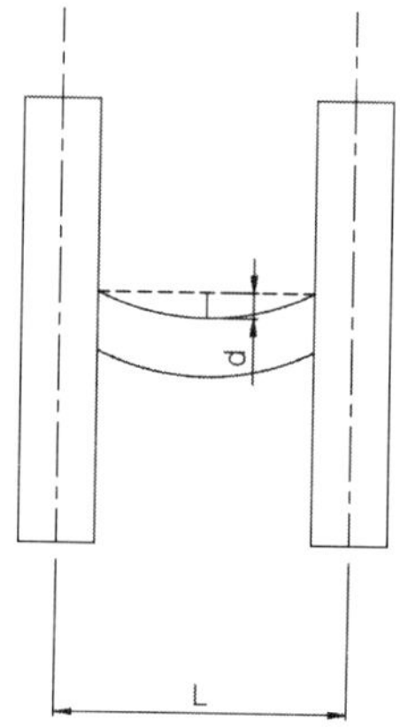 Support Level e≤10mm 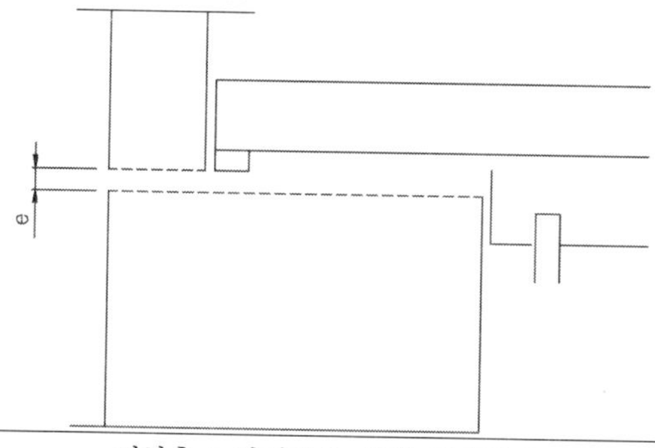
6. Camber	지하층 : 감리자와 협의 결정한다. 지상층 : 구조 도면에 표기된 부분을 참조하며, 2.5cm(1인치)를 기준으로 한다.

8. 지하 기초 설계

8.1 지하 바닥판 다이아프램 설계

8.1.1 지하층 바닥판의 기능

- 지하층 외곽의 지하 옹벽을 지지하는 구조체 역할.
- 상부 구조물의 수평하중을 지지하기 위한 강막(rigid diaphragm) 작용.
- 본 프로젝트는 상부 구조물에 비해 상대적으로 넓은 저층부가 2개 동의 타워를 동시에 지지하고 있기 때문에, 강막 작용과 건조수축 및 온도에 의한 2차 효과를 고려하여 지하층 바닥판을 설계하였다.

8.1.2 상부 구조물에 대한 Diaphragm 구속 효과

지하층 바닥판의 강막 작용에 의한 구속 효과는 전체 바닥판 구조물에 대한 유한요소 해석(Finite Element Analysis)을 통하여 검토하였다.

Step 1. 구속강성을 구하기 위해 각 타워부분의 슬라브에 단위하중 작용

Step 2. 4방향(+X, −X, +Y, −Y)에 대한 구속강성 계산

Step 3. 구해진 구속강성을 상부 구조물 모델에 적용(구속 스프링)

Step 4. 상부 구조물 해석결과로부터 슬라브에 작용하는 하중계산(구속력)

Step 5. 이러한 하중을 지하층 바닥판 모델에 입력하여 바닥판 설계

8.1.3 2차 효과

바닥판 슬래브에 대한 2차 효과는 Shrinkage, Creep, 온도 영향을 포함함

1) Shrinkage : 바닥 슬라브의 건조수축에 대한 영향은 Delay Joint 및 타워의 Movement Joint에 의해 감소 가능
2) Creep : 건조수축에 비해 영향이 적음. 장기 거동 시 건조수축 영향을 완화시키는 역할.
3) 온도 효과 : 온도차에 의해 슬라브에 발생하는 인장력을 FEM모델로 검토.

8.2 지반-구조물 상호작용을 고려한 MAT기초 설계

8.2.1 MAT 기초의 기능

- 상부 구조물에서 전달되는 수직 및 수평하중을 지반에 전달.
- 초고층 건물과 같이 전달되는 하중의 크기가 매우 크고 각 수직 부재에서 기초로 전달되는 하

중의 차이가 클 경우, 기초 상호간의 부등침하에 의한 구조물 손상을 최소화.

- 본 프로젝트는 저층부는 독립 기초, 타워부는 Mat 기초(THK.=2500㎜)로 계획되고 있으며 경암 또는 연암 위에 설치하도록 하였다.
- 상부 구조물의 안전성 및 사용성을 위하여 Mat 기초는 허용 지내력, 허용 비틀림 변형각, 허용 침하량을 기준치 내에서 설계하였다. 이를 위해 지반강성계수의 산정이 매우 중요함.(지반조사시 별도로 조사함)

8.2.2 반복해석법을 이용한 Mat 기초 설계

- Mat 기초 설계를 위한 해석은 기초 저면의 지반을 스프링으로 치환하여 모델링을 하는 것이 일반적 설계방법이다.
- 스프링의 강성계수는 지반강성계수를 의미하며 구조물을 지지하는 지반의 강성을 적합하게 표현할 수 있는 값을 구하여 사용하였다.
- 지반과 구조물의 상호작용 효과를 고려하여 기초가 얹혀지는 지반의 변위와 기초저면의 변위 형상이 서로 일치하도록 반복하여 작업하였다.
- 지반조사를 통하여 얻어진 지반의 물성치를 이용하여 3차원 지반해석 프로그램(FLAC 3D, iFEM)을 이용하여 지반강성계수를 구한 후 이를 이용하여 Mat 기초에 대한 스프링 상수로 치환하여 MAT설계에 반영하였다.

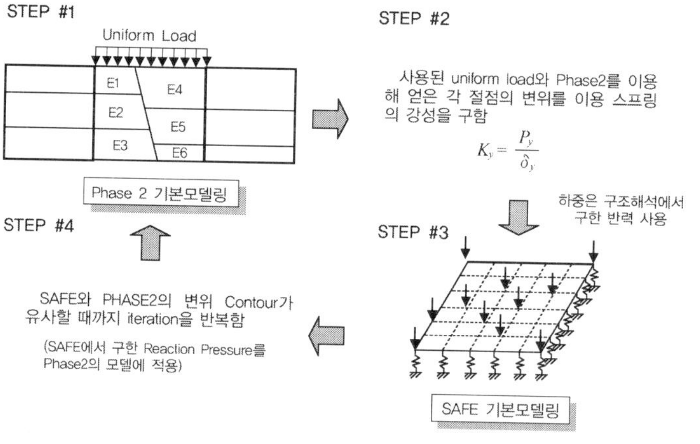

8.3 비탄성 해석을 이용한 내진안전성 평가

8.3.1 개요

- 구조물의 내진설계는 지진하중의 크기를 구조물의 변형 능력을 고려한 반응수정계수 R로 나누어 실제 지진하중보다 작게 설계를 함.
- 재현주기에 따른 실제 지진하중에 대해 구조물이 가정한 변형 능력을 충분히 발휘할 수 있는

가에 대한 여부를 검토하여야 함.

8.3.2 목적 및 필요성

- 비탄성 내진해석의 목적은 구조물의 강도와 변형능력이 단계별 내진수요에 대한 성 능 목표에 적합한 가를 평가하여 내진안전성을 확보하는데 있다.
  가) 현행 내진규준은 탄성 해석에 의한 등가정적법을 기본으로 하고 있어 구조물의 비정형성과 고차모드의 영향을 고려할 수 없음.
  나) 탄성 해석에 의한 내진해석은 부재의 비탄성 거동을 표현할 수 없음.
  다) 현행 내진규준은 인명안전에 대한 기본적인 성능목표만을 규정하고 있기 때문에 실제 건물이 보유하고 있는 단계별 성능을 확인할 수 없음.

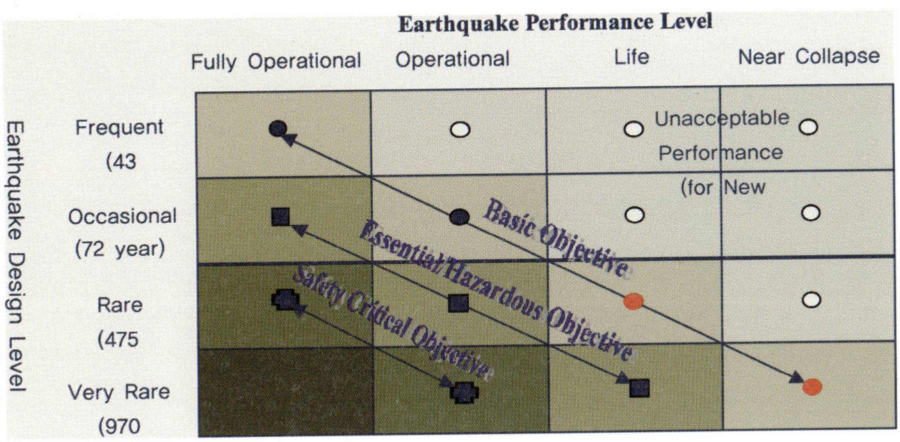

〈구조물의 단계별 성능 목표〉

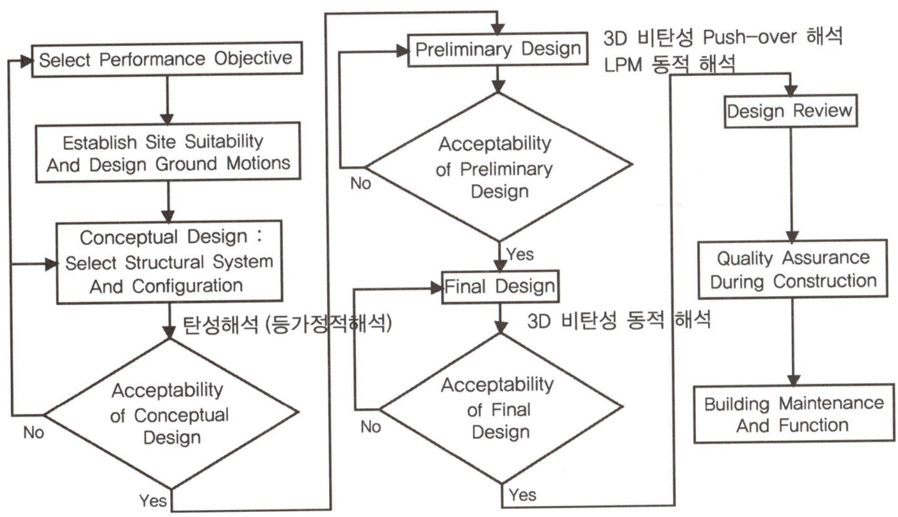

〈설계 단계별 내진 안정성 검토 방법〉

[참 고]

무근콘크리트 기초 vs. 철근콘크리트 기초 설계 비교

무근 콘크리트 기초 설계

※ 단위계 변경

① $ksf = kips/ft^2 \fallingdotseq 47.8kN/㎡$

② $psi = lb/in^2 \fallingdotseq 0.006882N/㎟ = 6.882kN/㎡$

$(1kips = 1{,}000lb \fallingdotseq 453kgf \fallingdotseq 4.44kN)$

$(1ft = 12in \fallingdotseq 30.48㎝)$

※ 기본 설계 조건

① D.L=3,200kN, L.L=2,400kN

P_s=D.L+L.L=5,600kN, P_u=1.2D.L+1.6L.L=7,680kN

② pedestal size = 600㎜×800㎜

③ 허용지내력(f_e, q_s) = 400kN/㎡

④ 콘크리트 강도 f_{ck}=24MPa

⑤ 철근 강도 f_y=400MPa

※ 기초 크기 결정

$\frac{P_s}{f_e} = \frac{5{,}600kN}{400kN/㎡} = 14㎡$ → 기초크기:3.8m×3.8m = 14.44㎡

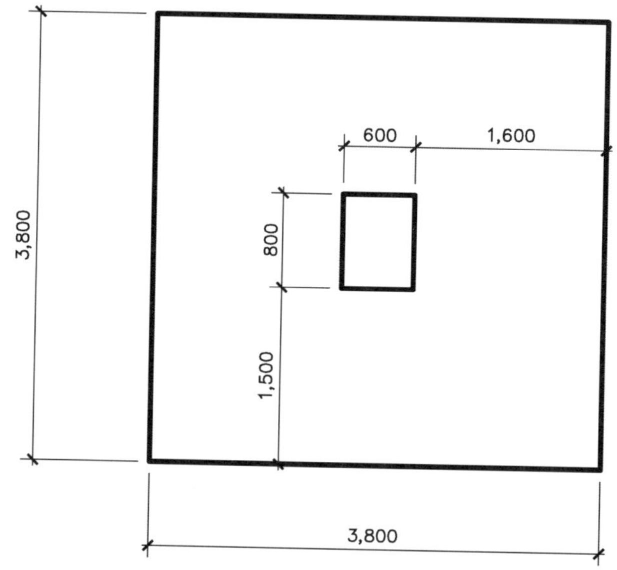

Case 1. 철근 콘크리트 기초

(1) 설계용 하중과 지반반력

$$q_u = \frac{P_u}{A_f} = \frac{7{,}680}{14.44} = 531.9kN/㎡$$

(2) 기초판의 깊이(두께) 설계

① 1방향 전단

$V_u = 531.9 \times (1.6 - d) \times 3.8 = (3{,}234 - 2{,}021d)kN$

$\phi V_c = 0.75 \times (\frac{1}{6}\sqrt{24} \times 4 \times d) \times 10^3 = 2{,}450kN$

$\phi V_c \geq V_u$

$2{,}450d + 2{,}021d - 3{,}234 \geq 0 \Rightarrow d \geq 0.723m$

② 2방향 전단

$$\begin{aligned} V_u &= 531.9 \times (3.8 \times 3.8) - (0.8 + d)(0.6 + d) \\ &= 531.9 \times (13.96 - 1.4d - d^2)kN \end{aligned}$$

$b_0 = 2 \times (0.6 + 0.8) + 4d = (2.8 + 4d)m$

$\phi V_c = 0.75 \times \frac{1}{3} \times \sqrt{24} \times (2.8 + 4d) \times d \times 10^3 = 3{,}430d + 4{,}899d^2 kN$

$\phi V_c \geq V_u$

$3{,}430d + 4{,}175d^2 \geq 7{,}426 - 745d - 531.9d^2 \Rightarrow 5{,}431d^2 + 4{,}175d - 7{,}426 \geq 0$

$d \geq \dfrac{-4{,}175 + \sqrt{4{,}175^2 + 4 \times 5{,}431 \times 7{,}426}}{2 \times 5{,}431} = 0.847m$ ......(지배)

③ 기초 깊이

$h = d + \dfrac{d_b}{2} + 피복두께(80㎜) = 847 + \dfrac{25}{2} + 80 = 939.5㎜ \Rightarrow 950㎜(d = 850㎜)$

(3) 휨철근량 산정

$M_u = 531.9 \times 3.8 \times \dfrac{1.6^2}{2} = 2{,}587.2kN.m$

$R_n = \dfrac{M_u}{\phi bd^2} = \dfrac{2{,}587.2 \times 10^6}{0.85 \times 3{,}800 \times 850^2} = 1.109N/㎟$

$\rho = 0.85\dfrac{f_{ck}}{f_y}[1 - \sqrt{1 - \dfrac{2R_n}{0.85f_{ck}}}] = 0.85 \times \dfrac{24}{400} \times [1 - \sqrt{1 - \dfrac{2 \times 1.109}{0.85 \times 24}}] = 0.00285$

$\rho_{\max} = 0.625\rho_b = 0.625 \times 0.85\beta_1\dfrac{f_{ck}}{f_y} \times \dfrac{600}{600 + f_y} = 0.0163 > \rho$ ...... O.K

$A_{s(req)} = \rho bd = 0.00285 \times 3{,}800 \times 850 = 9{,}205.5㎟$ ......(지배)

$A_{s(\min)} = 0.002 \times 3{,}800 \times 950 = 7{,}220㎟$

∴ 필요 철근 개수 = 9,205.5/506.7 = 18.2개(D25) → 20-D25(B, 양방향)

Case 2. 무근 콘크리트 기초(국내기준)

(1) 기초 두께 결정

$$M_u = 531.9 \times \frac{1.6^2}{2} = 680.8kN.m/m$$

$$\phi M_n = \phi 0.42\sqrt{f_{ck}}S = 0.55 \times 0.42 \times \sqrt{24} \times \frac{h^2}{6} \geq M_u = 680.8 \times 10^3$$

$$h \geq \sqrt{\frac{680.8 \times 10^3 \times 6}{0.55 \times 0.42 \times \sqrt{24}}} = 1{,}890\text{㎜} \Rightarrow \text{기초두께} = 1{,}890 + 50 = 1{,}940\text{㎜} \Rightarrow h = 1{,}950\text{㎜}$$

(2) 전단에 대한 검토

① 1방향 전단

$V_u = 531.9 \times 3.8 \times (\frac{3.8}{2} - \frac{0.6}{2} - 1.9) = -606.4kN$ ...... 1방향 전단 작용 없음

$\phi V_n = \phi 0.11\sqrt{f_{ck}}bh,\ \phi = 0.55$

② 2방향 전단

$$V_u = 531.9 \times (3.8 \times 3.8) - (0.6 + 1.9)(0.8 + 1.9) = 4{,}091kN$$

$$\phi V_n = \phi(0.11 + \frac{0.22}{\beta_1})\sqrt{f_{ck}}b_0h$$

$$= 0.55 \times 0.22 \times \sqrt{24} \times 2 \times (600 + 1{,}900) + (800 + 1{,}900) \times 1{,}900 \times 10^{-3}$$

$$= 11{,}713\text{kN} > V_u = 4{,}091\text{kN}$$

(여기서, $\beta_1 = 1.0,\ 0.11 + \frac{0.22}{\beta_1} = 0.33 > 0.22$이므로 0.22적용)

Case 3. One-step Thickness Design for Plain Footings

(Simplified Design, PCA)

(1) $f_{ck} = 3{,}000psi \fallingdotseq 21MPa,\quad h = 4.5c\sqrt{\frac{P_u}{A_f}} + 2in.$

$f_{ck} = 4{,}000psi \fallingdotseq 27.5MPa,\quad h = 4.15c\sqrt{\frac{P_u}{A_f}} + 2in.$

$f_{ck} = 3{,}500psi \fallingdotseq 24MPa,\quad h = 4.3c\sqrt{\frac{P_u}{A_f}} + 2in.$

(2) 기초 두께 결정

$$h = 4.3 \times 63in \times \sqrt{\frac{1{,}730kips}{150in \times 150in}} + 2in = 77.1in = 1{,}959\text{㎜} \Rightarrow h = 2{,}000\text{㎜}$$

※ Bearing on Column,

$$Allowable\ Bearing\ Load = 0.85 \times \phi f_{ck} \times A_g$$
$$= 0.85 \times 0.55 \times 3.5 \times 23.6 \times 31.5$$
$$= 1{,}043kips < P_u = 1{,}730kips$$

→부족한 지압에 대해서는 Dowel Bar가 필요

Case 4. ACI 318-71 Sec.15.7.2

(1) $q_s = 400kN/m^2 \fallingdotseq 8.4ksf$

$f_{ck} = 24MPa \fallingdotseq 3{,}500psi$

(2) $K_d = 2.53\sqrt{\dfrac{q_s}{\sqrt{f_{ck}}}} = 2.53 \times \sqrt{\dfrac{8.4}{\sqrt{3{,}500}}} \fallingdotseq 0.96$

(3) $h_f = K_d \cdot a_p = 0.96 \times 1{,}600 = 1{,}536$㎜ $\Rightarrow h = 1{,}550$㎜

결과 비교

※(조건)

D.L = 3,200kN

L.L = 2,400kN

pedestal size = 600㎜×800㎜

f_{ck} = 24MPa

f_y = 400MPa

구분		철근 콘크리트	무근 콘크리트			비고
			국내기준	Simplified Design(PCA)	ACI 318-71	
기초크기		3,800×3,800×950㎜	3,800×3,800 ×1,950㎜	3,800×3,800 ×2,000㎜	3,800×3,800 ×1,550㎜	
보강재(철근)		20-D25(B), 양방향	-	-	-	
물량 비교	con'c	13.8m³	28.2m³	28.9m³	22.4m³	
	철근	580kgf	-	-	-	

[검토 의견]

① 지내력이 작은 지반에서는 기초판 크기가 커져서 무근콘크리트 기초인 경우는 두께가 상당하게 커지기 때문에 비경제적일 수 있다.

② 지내력이 큰 지반(연암, 경암반 등)에서 기초판 크기가 작은 기초인 경우에는 무근콘크리트 기초의 적용성이 높다고 판단되며, 좀 더 정확한 자료를 위해서는 추가의 예제 검토를 통하여 확인이 필요하다.

※ 구조용 무근콘크리트는 부재에 철근이 없거나 규준에서 정의하는 최소 철근비 미만으로 철근이 배근된 경우를 말한다.

8.3.3 ONE–STEP THICKNESS DESIGN FOR PLAIN FOOTINGS

Depending on the magnitude of the loads and the soil conditions, plain concrete footings may be an economical alternative to reinforced concrete footings. Structural plain concrete members are designed according to ACI 318–02, Chapter 22. For plain concrete, the maximum moment design strength is $5\phi\sqrt{f_{ck}}S$ (ACI Eq. 22–2).

With $\phi = 0.55$ (ACI 318.1, Section 9.3.5)

A simplified one–step thickness design equation can be derived as follows (see Fig. 7–10)

$$M_u \le 5\phi\sqrt{f_{ck}}S$$

For a one–foot design strip :

$$q_u\left(\frac{c^2}{2}\right) \le 5\phi\sqrt{f_{ck}}\left(\frac{h^2}{6}\right)$$

$$h_{reqd}^2 = 3q_u\frac{c^2}{5\phi\sqrt{f_{ck}}} = \frac{0.6P_uc^2}{A_f\phi\sqrt{f_{ck}}}$$

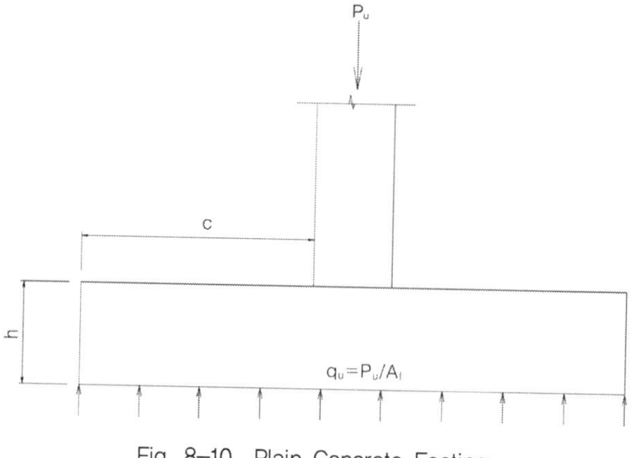

Fig. 8–10 Plain Concrete Footing

To allow for unevenness of excavation and for some contamination of the concrete adjacent to the soil, an additional 2 in. in overall thickness is required for plain concrete footings (ACI 318.1, Section 6.3.5); thus,

For $f_{ck} = 3{,}000psi$: $h = 4.5c\sqrt{\dfrac{P_u}{A_f}} + 2in.$

For $f_{ck} = 4{,}000psi$: $h = 4.15c\sqrt{\dfrac{P_u}{A_f}} + 2in.$

The above footing thickness equations are in mixed units;

P_u =factored column load, kips

A_f =base area of footing, sq ft

c =greatest distance from face of column to edge of footing, ft(ACI 318.1, Section 7.2.5)

h =overall thickness of footing, in. > 8in.(ACI 318.1, Section 7.2.4)

Thickness of plain concrete footings will be controlled by flexural strength rather than shear strength for the usual proportions of plain concrete footings. Shear rarely will control. For those cases where shear may cause concern, the nominal shear strength is given in ACI 22.5.4.

8.3.4 Example : Plain Concrete Footing Design

For the interior columns of Building NO.2, (Braced Frame), design a plain concrete footing.

$A_f = 9ft\_10in. \times 9ft\_10in. = 96.7\,sqft$

$P_u = 501\,kips$

$c = footing projection = 4.25\,ft$

For $f_{ck} = 3{,}000psi$:

$$h = 4.5c\sqrt{\frac{P_u}{A_f}} + 2in. = 4.5(4.25)\sqrt{\frac{501}{96.7}} + 2 = 44 + 2 = 45.5in.$$

Bearing on column :

Allowable bearing load = $0.85\phi f_{ck} A_g$, $\phi = 0.55$ ACI 318.1, Section 6.2.1

$= 0.85 \times 0.55 \times 4 \times 16^2 = 479\,kips < P_u = 501\,kips$

The excess compression must be transferred to the footing by reinforcement consisting of extended column bars or dowels (calculations not show).

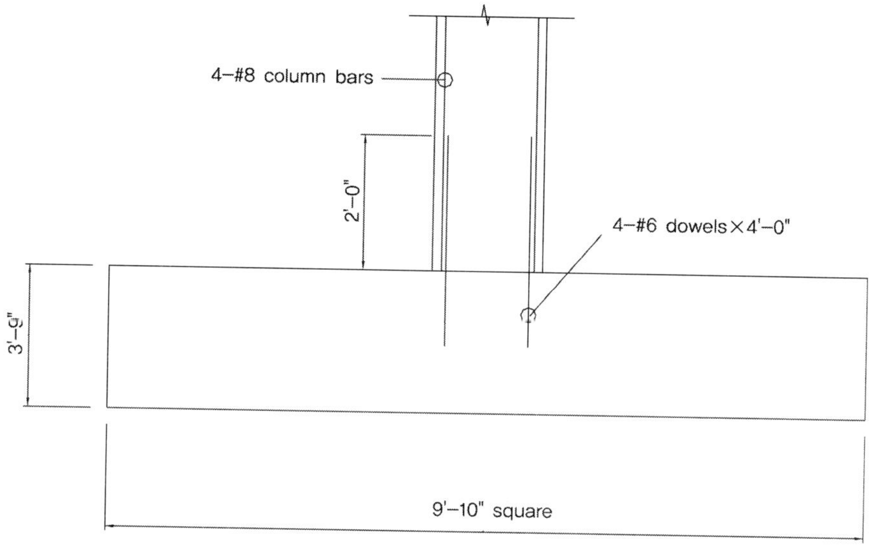

Fig. 8-11 Plain Concrete Footing for Interior Column of Building No.2(Non-sway Frame)

9. MASS 콘크리트 관리 및 설계

9.1 Mass con'c의 정의

국 가	관련 기관	정의 및 범위
한 국	콘크리트 표준시방서	● 두께 80cm 이상의 Slab ● 하단이 구속된 두께 50cm 이상의 벽체
	건축공사 표준시방서	● 부재단면의 최소치수가 80cm 이상이고, 수화열에 의한 콘크리트의 내부 최고 온도와 외기 온도와의 차이가 25℃ 이상으로 예상되는 콘크리트
미국	ACI207	● 열발생에 따른 체적변화에 의해 균열 발생이 예상되는 현장 타설 콘크리트
	ACI301	● 최소단면이 75cm 이상의 콘크리트
일본	토목콘크리트 표준시방서	● 부재단면의 최소치수가 50cm 경우 단열온도상승 특성 평가 후 온도해석 수행
	건축공사 표준사양서	● 부재치수 80cm 이상으로서 수화열에 따른 내부의 최고 온도와 외기와의 차가 25℃ 이상으로 예상되는 콘크리트

9.2 매트기초 수화열 제어

9.2.1 목적

- 초고층 빌딩 공사에서 매트기초 콘크리트 공사는 전체 공정에 영향을 미칠 수 있는 중요한 공사이다.
- 단면이 두껍고 고강도인 매트기초에서 온도균열을 최소화 또는 방지함으로써 내구성 증진과 함께 균열 보수시간을 단축시키거나 공정을 제거하는 것이 중요하다.
- 고강도화에 따른 높은 수화열과 두꺼운 부재에서의 느린 열 방출은 장기적인 온도제어 양생기간의 요인이므로 이에 대한 단축이 필요하다.

9.2.2 수화열에 의한 온도제어 PROCESS

● 시공 전 단계에서의 검토

수화열 해석 부분

· 부재도면 및 지반상태 조사 : 구속도 평가
· 기상 조건 검토
· 타설 구획 검토 : 시공성, 외부구속 저감 고려
· 최대상승온도 및 도달시점 계산
· 각 부위별 온도응력 및 인장강도 계산
· 온도균열지수 계산
· 균열발생 확률 계산
· 최대균열폭 예측
· 최종 타설 계획 및 양생 방안 결정
· 온도센서 매립위치 설정 및 설치

콘크리트 배합 부분

· 레미콘 업체에 대한 검토
· 결합재 종류에 대한 검토
· 압축강도 관리 재령에 대한 고려
· 물-시멘트 비에 대한 검토
· 저발열 콘크리트 최적 배합비 결정
· 콘크리트 탄성계수 측정
· 콘크리트 인장강도 측정
· 콘크리트 단열온도 상승실험
· 저발열 콘크리트 레미콘 pilot test
· 레미콘 품질관리 계획안 작성

● 시공단계에서의 검토

• 시공 시 레미콘 품질 관리
• 본 구조물 타설 시의 온도계측을 통한 양생 관리
• 콘크리트 양생에 대한 최종적인 조사 및 검토

● 시공 후 단계에서의 검토

• 계측된 온도결과를 바탕으로 보온양생 증감 여부 및 최종 보온양생 일정의 제시
• 콘크리트 압축강도 시험 결과에 대한 검토
• 최종 보고서 제출

9.3 균열 저감 방안

균열 저감

설계적 측면

• 균열 유발줄눈의 설치
 - 적절한 방수조치
• 온도철근의 배근 및 균열폭 제어
• 부재단면 및 설계기준 강도 고려

재료 및 배합

• 발열량이 적은 시멘트 사용
• 적정량의 혼합재 사용
• 배합상의 저감 방안
 - 단위 시멘트량을 적게 함
 - 슬럼프를 작게 함
 - 잔골재율을 작게 함
 - 양질의 고감수제를 사용함

수화열 해석

• 양생 방법
 - 파이프 쿨링 방법
 - 외부열 이용 방법
 - steam 양생
• 양생 온도 조건
• 양생 시기 및 기간

시공 관리

• 타설 온도를 낮게 함
 - 프리쿨링에 의한 온도제어
• 블록 및 리프트 나누기에 대한 고려
• 타설 시기 및 방법(거푸집 회전)

9.3.1 설계적인 측면 검토(온도철근비에 따른 최대 균열폭)

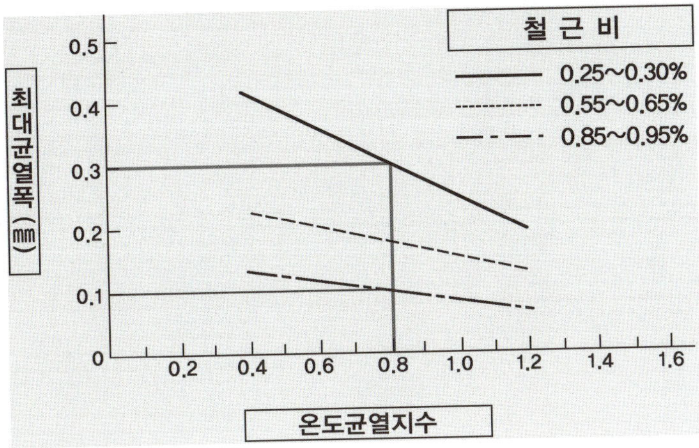

9.3.2 재료적인 측면 검토

● 광물 조성 및 수화열 특성

시멘트 종류	광물 조성(%)				수화열(cal/g)		
	C_3S	C_2S	C_9A	C_4AF	7일	28일	91일
1종(보 통)	49	23	10	9	81	92	99
2종(중용열)	42	37	6	12	63	76	84
3종(조 강)	65	11	12	8	85	100	120
4종(저 열)	29	50	3	9	55	67	78
5종(내황산염)	46	52	4	13	65	80	90

● 시멘트 종류별 단열온도 상승곡선

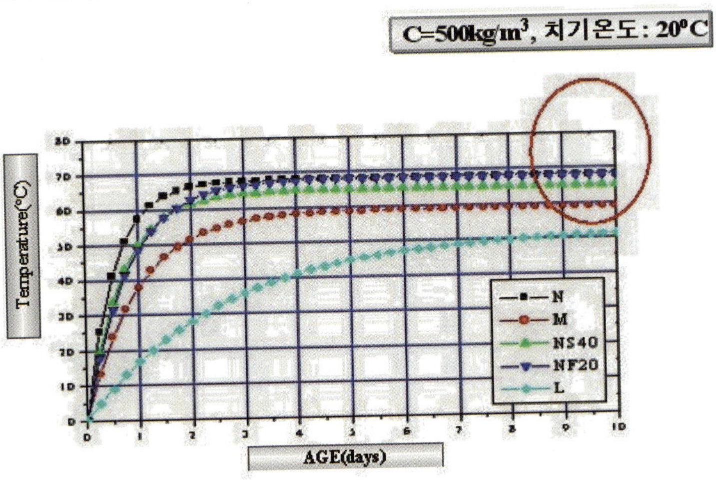

● 배합에 대한 비교검토

	OPC+F/A 15~25%	저열시멘트	OPC+고로슬래그+F/A15%
단위수량 저감효과	약 3kg/㎥	약 5~8kg/㎥	약 3~5kg/㎥
블 리 딩	억제능력 좋음 저온 시 증대	억제 능력 좋음 저온 시 증대	감소시킴 저온 시 증대
공 기 량	감 소	유 지	감 소
초기응결	보 통	지 연	지 연
수화열 상승온도	빠 름	가장 늦음	늦 음
수화열 최고온도	보 통	가장 낮음	50% 이하 치환시 가장 높음

	OPC+F/A 15~25%	저열시멘트	OPC+고로슬래그+F/A15%
초기 강도	보 통	지 연	지 연
중 성 화	보 통	늦 음	빠 름
탄성 계수	증가(장기)	증가(장기)	약간 증가
온도 균열	저 감	저감 효과 극대	50% 이하 치환 시 효과적임
수축 균열	발생확률 적음	발생확률 매우 적음	발생확률 있음
내 구 성	양 호	우 수	염해에 탁월

9.3.3 Mass 콘크리트 수화열 해석

a) 온도분포

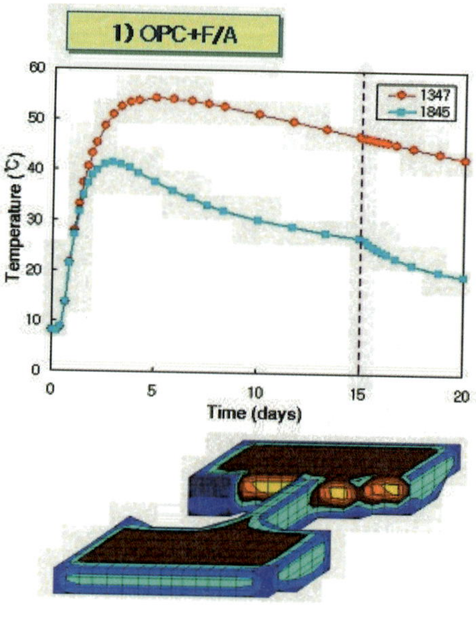

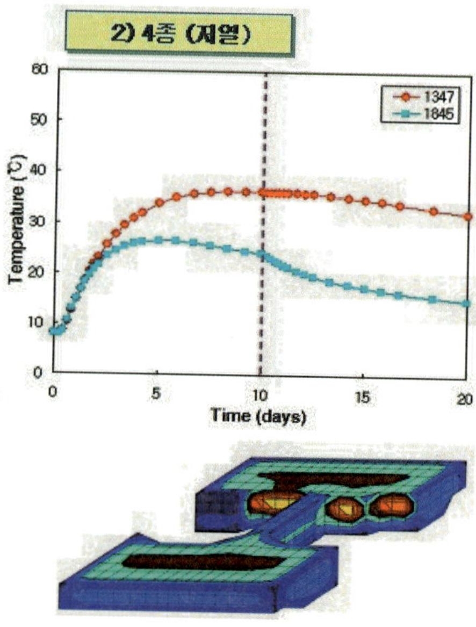

b) 응력분포

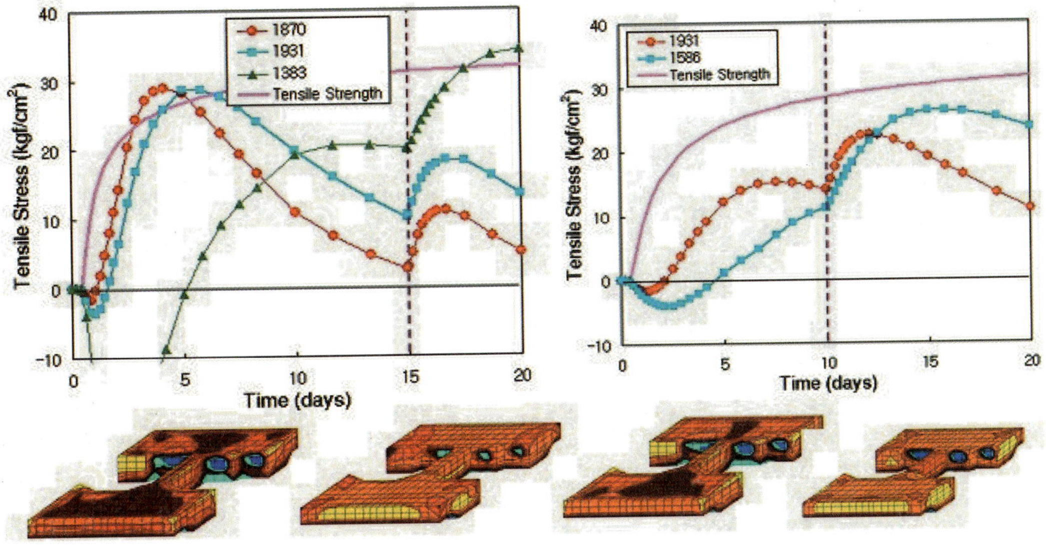
Tensile Stress (kgf/cm²)
Time (days)
1870
1931
1383
Tensile Strength
1931
1586
Tensile Strength

c) 균열지수

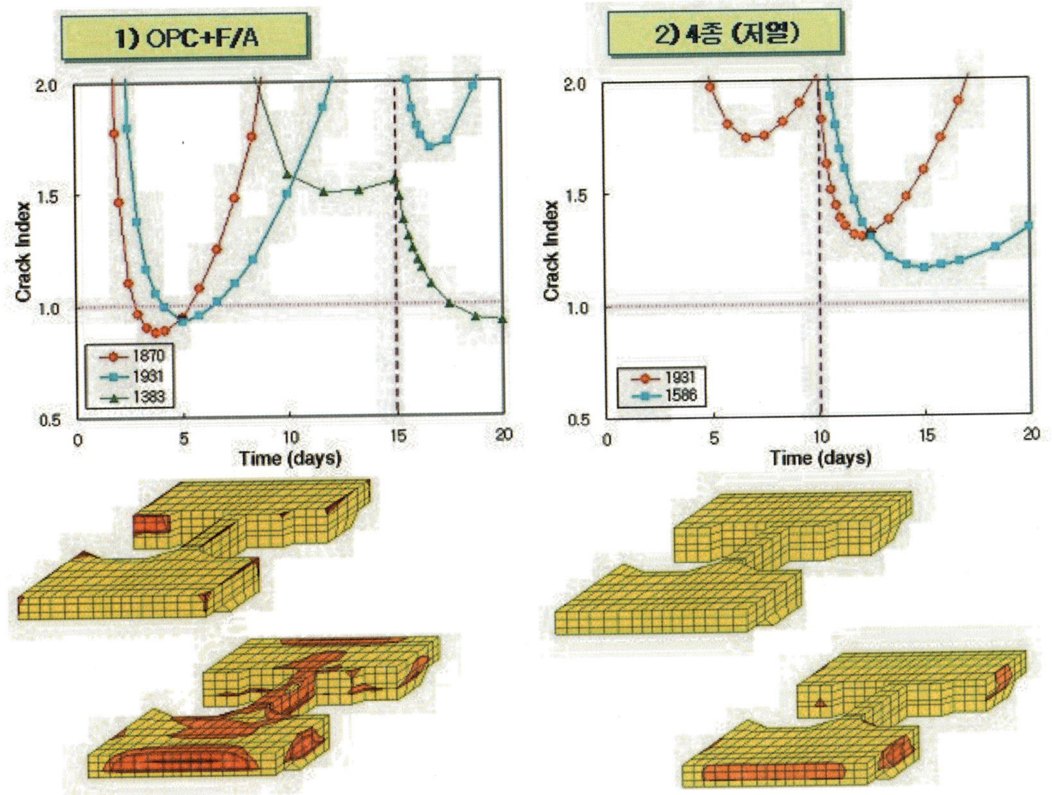
1) OPC+F/A
2) 4종 (저열)
Crack Index
Time (days)
1870
1931
1383
1931
1586

d) 온도 균열지수

온도균열지수	온도균열 발생 여부
1.5 이상	균열을 방지할 경우
1.2 이상 1.5 미만	균열 발생을 제한할 경우
0.7 이상 1.2 미만	유해한 균열 발생을 제한할 경우
0.7 미만	유해한 균열 발생

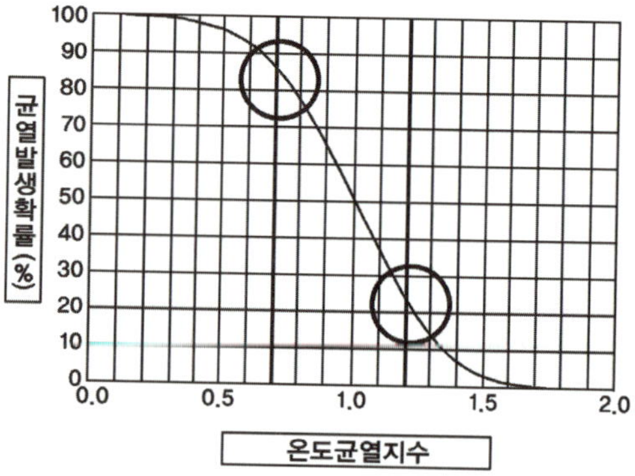

9.4 Mass 콘크리트 균열의 종류

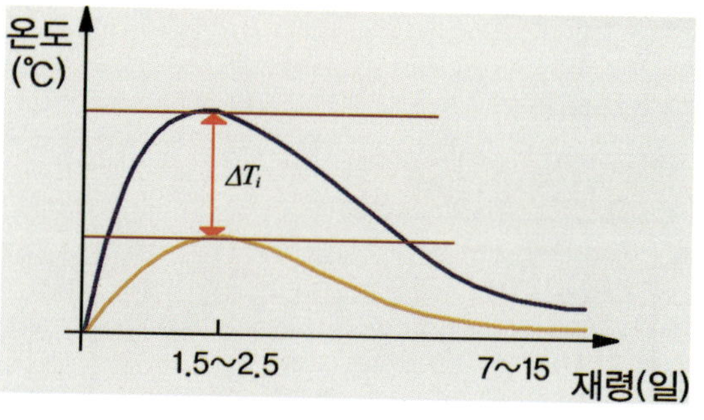

9.4.1 내부 구속 균열

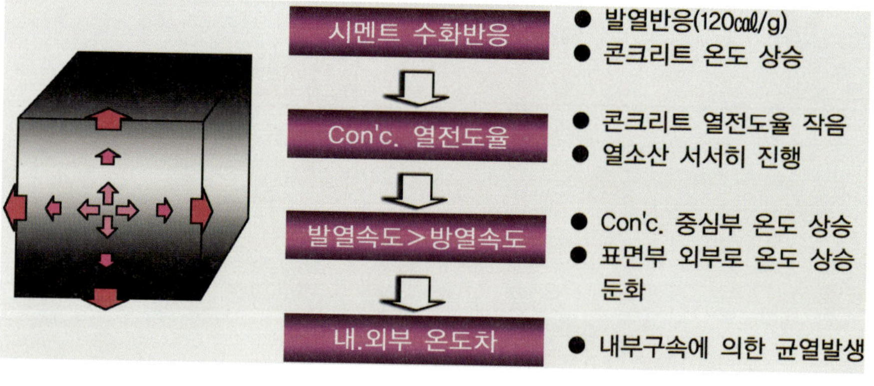

9.4.2 외부 구속 균열

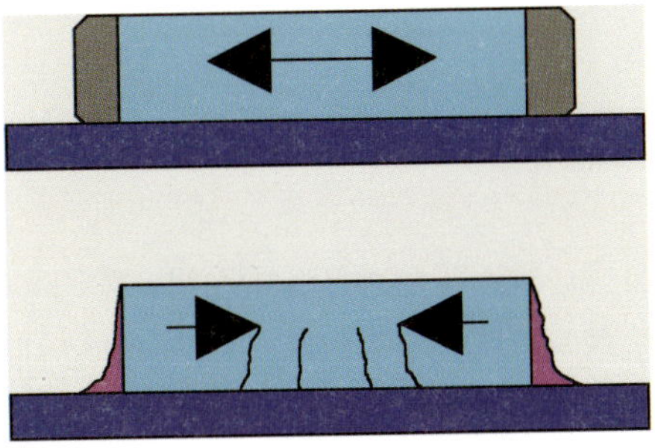

콘크리트 최고 온도
- 최고 온도 도달 후 온도 하강
- 팽창 후 콘크리트 수축

↓

하강 시 수축
- 약 5일 이후

↓

하 단 구 속
- 기 타설 콘크리트

↓

인 장 응 력
- 기 타설 콘크리트

9.4.3 Mass 콘크리트 균열의 발생 시기

구분	타설 후 수시간	수시간~1일	타설 후 수일	시공 후 수개월	수년~
하중 및 외력작용				작용하중의 재하조건	
수축에 의한 균열	소성균열 ←→				
		경화수축 균열 ←	→	→	
		건조수축 균열 ←	→	→	→
온도변화에 의한 균열			수화열에 의한 온도균열 ←→		
				자연조건에 의한 온도변화 (온도균열) ←	→
콘크리트의 분리	침하균열 ←→				
철근의 부식			환경조건에 의한 균열 ←	→	→

10. 고강도콘크리트 관리 및 설계

10.1 고강도콘크리트의 정의

고성능 혼화제, 혼화재(F/A, 고로슬래그 파우더, 실리카흄 등) 재료와 일반콘크리트 재료를 사용하여 단위수량을 감소하고 workability를 확보한 유동성이 큰 콘크리트로서 압축강도, 인장강도, 내구성 등 콘크리트의 제 성질을 개선한 것.

기초품질 : 내구성확보를 위한 최소한의 공기연행 시공성 확보를 위한 유동성 콘크리트 제조

10.2 고강도콘크리트의 시방규정

국가	기준	콘크리트 강도(N/㎟)
한국	콘크리트 표준시방서(2003년)	40 이상
일본	JASS 5-1997(철근콘크리트 공사 표준시방서)	36 이상
	일본 토목학회	60~80
미국	ACI 363	42 이상
영국	BS 8110	30 ~ 50

10.3 고강도콘크리트의 장단점

10.3.1 장점

- 고강도증가에 따른 부재단면의 감소 및 공간활용 극대화
- 자중감소로 초고층 설계에 유리
- 빠른 조기강도 확보로 시공 Cycle 단축
- SRC 조에 비해 원가 절감
- 구조물의 내구성능 증진

10.3.2 단점

- 골재(Gmax, 강도, 품질 등)의 선정 문제
- 단위수량 최소화 및 고성능 혼화제 사용에 따라 점성이 높음
- 부배합에 따른 수축 균열
- 조직의 치밀성에 의한 내화성능 취약

- 레미콘 트럭 기사들의 운반 기피
- 레미콘 생산 공장의 연간 계획량 달성을 위한 생산 회피

10.4 포틀랜드 시멘트 주요화합물량

포틀랜드 시멘트의 종류	Alite(C_3S)	Belite(C_2S)	Aluminate(C_3A)	Felite(C_4AF)
보통 포틀랜드 시멘트	50	25	9	9
조강 포틀랜드 시멘트	65	11	8	8
초조강 포틀랜드 시멘트	68	6	8	8
중용열 포틀랜드 시멘트	42	36	3	12
내황산염 포틀랜드 시멘트	63	15	1	15

10.5 시멘트의 응결과 경화

10.5.1 수화반응

시멘트중의 화합물이 물과 반응해서 「새로운 화합물(수화물)」을 만드는 것.

10.5.2 응결

시멘트풀이 시간이 경과함에 따라 수화에 의하여 유동성과 점성을 상실하고 고화하는 현상.

10.5.3 경화

응결이 끝난 후 시멘트 입자 사이가 침상, 박편상의 시멘트 겔 결정이 서로 응집하여 망상구조를 형성하고 반응이 진행됨에 따라 강도가 발현되는 현상.

- 시멘트 중의 각 화합물이나 석고가 물과 화합해서 새로운 화합물을 주위의 온도에 영향을 받는다. 추울 때는 반응의 진행이 늦고, 더울 때는 빨라진다.

10.6 고강도콘크리트 혼화재 검토

10.6.1 혼화재료의 정의

시멘트, 골재, 혼합수 이외의 재료로서 모르터나 콘크리트에 특별한 품질을 부여 또는 개선, 향상의 목적으로 사용

- 혼화재

사용량이 시멘트 중량의 5% 이상으로 전체용적에 계산되는 것

Ex) 고로 슬래그 미분말, Flyash, 급결재 등

사용량이 시멘트 중량의 5% 이하로 전체용적에 계산되지 않는 것

Ex) AE제 감수제 유동화제 등

10.6.2 화학성분에의한 분류

- 리그닌계

  리그닌 설폰산염 감수제 AE 감수제 사용

- 나프탈렌계

  나프탈렌 설폰산 포르말린 축합물 염(포르말린매개체) → 유동화제, 고성능 AE 감수제 사용

- 멜라민계

  멜라민 설폰산과 변형리그닌 → 유동화제, 고성능 감수제 사용

- 폴리카르본산계

  폴리카르본산 에테르 복합물 → 고성능 AE 감수제 사용

10.6.3 나프탈렌계와 폴리카르본산계의 특성비교

구분	나프탈렌계	폴리카르본산계
감수율	●	●
공기연행성	⊙	●
재료분리성	●	⊙
블리딩	●	⊙
과다지연	⊙	⊙
슬럼프로스	●	⊙
콘크리트 점도	●	⊙
조기강도	●	▲
장기강도	▲	●
기포형성	●	⊙
건조수축	▲	⊙
콘크리트색상변화	●	⊙
가격	⊙	●

●: 높음, ▲: 보통, ⊙: 낮음

10.6.4 고성능 AE 감수제

- KS F 2560에 1997년 삽입 개정, 1998년 1월 시행
- 높은 감수능력(감수율 18% 이상)과 슬럼프 유지능력
- 일반강도, 일반 슬럼프의 콘크리트에서 고강도 고유동 슬럼프까지 적용 및 사용
- 주로 고강도 고유동(고성능)콘크리트에 사용

10.6.5 FLYASH

- 석탄을 미분말 형태의 연료로 사용하는 발전소에서 이를 연소할 때, 굴뚝을 통해 대기 중으로 확산되는 미립자(비회)를 집진 장치(Botton Ash : 10~15%, Cinder Ash : 5%, Fly Ash : 75~90%)로 포집한 것.
- 물리적 특성

  형태 : 다공성 구형입자

  진비중 : 1.9~2.3(시멘트비중의 2/3 정도)

  입도 : 1~100㎛(평균 : 20~30㎛)

  비표면적 : 2000~4000 ㎠/g
- 주성분 : SIO_2, AL_2O_3, Fe_2O_3(75~90% F≥70%)

10.6.6 FLYASH의 사용효과

- 장기강도 및 수밀성의 증진

  조기강도는 낮으나 장기강도 증진률은 Pozzolan 반응성에 의해 높게 나타남.
- 작업성(Workability)개선

  Flyash는 입자가 구형으로 되어 있어 콘크리트에 혼합 시 볼베어링 유동성을 증가시킴
- 수화열 감소

  시멘트량의 Flyash로 치환됨에 따라 시멘트 사용량이 줄어들어 수화열이 감소되고, 따라서 콘크리트의 단열온도 상승도 낮아짐
- 알칼리 골재반응 억제
- 건조수축 감소
- 원가절감효과

  Flyash 콘크리트는 일정량의 시멘트가 Flyash로 치환되므로 시멘트 비용이 줄어들어 전체적인 비용이 감소됨.

10.6.7 고로슬래그 미분말

- 정의

  용광로의 선철과 동시에 생성하는 용융상태의 고로슬래그를 물에 의해 급냉시킨 고로수쇄슬래그를 미분쇄한 것.

  잠재수경성 + 포졸란

  치환율 30, 50, 70% , 분말도 4000, 6000, 8000급
- 사용목적

  염분 차폐성 수밀성, 장기강도 향상, 알칼리 골재반응 억제

  황산염 저항성 및 내약품성 우수

- 사용 시 고려사항

  초기강도 및 재령 28일 강도(치환율 50% 이상)

  중성화

  고강도(치환율 50% 이상)

  블리딩(치환율 70% 이상)

10.6.8 관리항목

- 시멘트의 입도분포에 의한 충진성

  Blaine ; 3,300±100㎠/g, 44㎛ 잔사 8.0±2.0%
- 고성능 감수제와의 초기 수화물 생성
- 석회석의 입도 및 함량 영향에 의한 초기유동성 및 압축강도
- F/CaO → 1% 이하
- 간이 페이스트 플로우 측정

10.7 고강도콘크리트의 적용

10.7.1 층수에 따른 강도적용(예)

- 30층 이하 → 300kgf/㎠
- 30~35층 → 360-480kgf/㎠
- 35~55층 → 480-600kgf/㎠

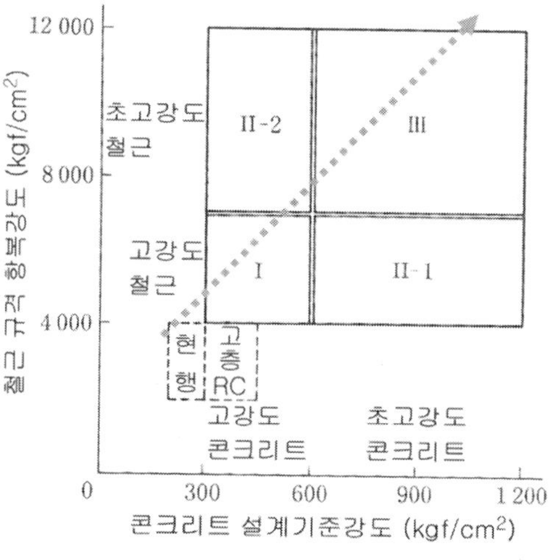

10.7.2 고강도콘크리트 실험 Flow

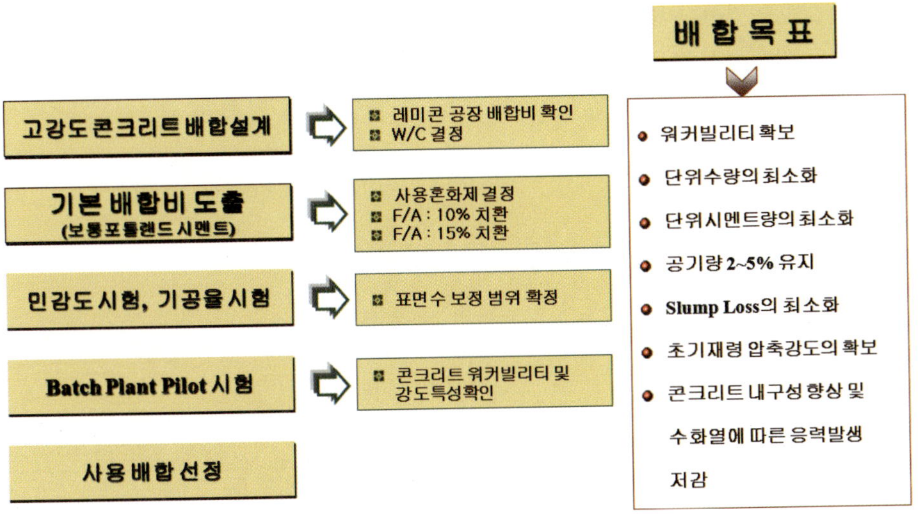

10.7.3 고강도콘크리트 생산 Flow

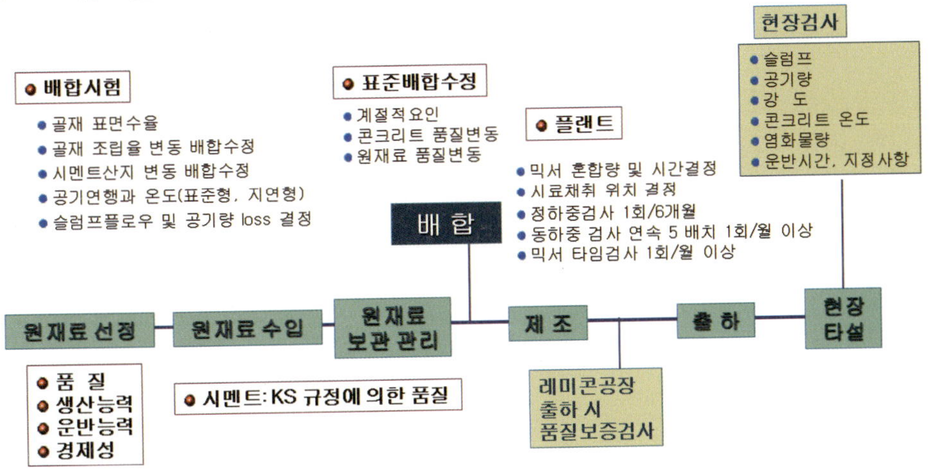

10.7.4 고강도콘크리트 제조시 주의사항

a) 레미콘 공장의 선정

- 레미콘 공장 조사 : 운송거리 60분 이내 대상
  골재산지 및 종류, 믹서형식, 출하능력, 고강도콘크리트 생산실적, 운송거리, 제조설비(Silo, 계량방식, 혼화제 탱크, 옥외저장설비 등)

b) 고강도콘크리트 제조

- 강제형 2축 믹서 사용
- 골재의 표면수 관리 : 별도의 저장 사이로 확보 콘크리트의 유동성 관리(고성능감수제 사용량 관리)

- 재료투입순서(결합재 + 잔골재 + 물) + 굵은 골재 + 혼화제
- 비빔시간 : 90초(믹서 부하전류 확인), 일반콘크리트의 1.5~2배 정도
- 에지테이터 트럭 내부의 잔수, 잔량 제거

c) 생산 시 고강도콘크리트 품질평가

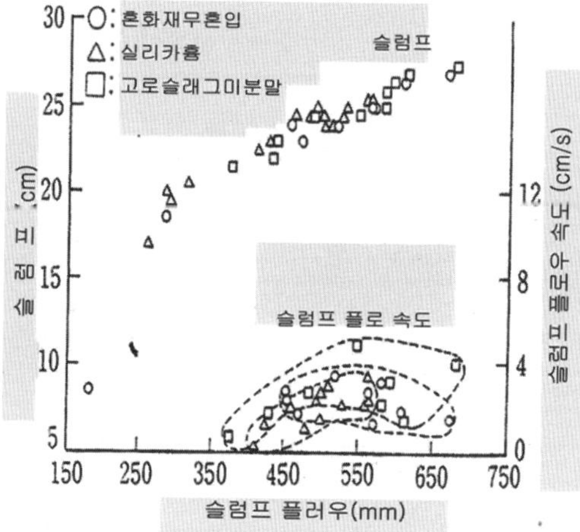

- 슬럼프
- 슬럼프 Flow
- 슬럼프플로우 속도
- 재료분리 저항성
- 일반관리사항

  공기량

  염화물

d) 시공 전 검토사항

- 타설 시기(외기조건, 환경조건)
- 레미콘공장위치, 생산 및 공급 능력
- 현장 내 차량 동선 및 장비위치 선정
- 일일타설량
- 타설 순서 및 타설 장비(펌프카, 관경, Vab.)
- 타설 인원(점검인원, 유도원 포함)
- 부재형상 및 치수에 따른 타설 구획
- 시공조인트 지연조인트, 수축줄눈의 검토
- 운반 및 타설 지연 시 대책
- 다짐 마무리 및 양생계획
- 품질관리계획
- 매설물 확인
- 교통조건 도로사용허가.
- 소음 등 환경 등 민원대책 모델 KVM31/27

  Boom길이:27m

  총중량 : 6,300kg

10.7.5 코아월 균열예상검토

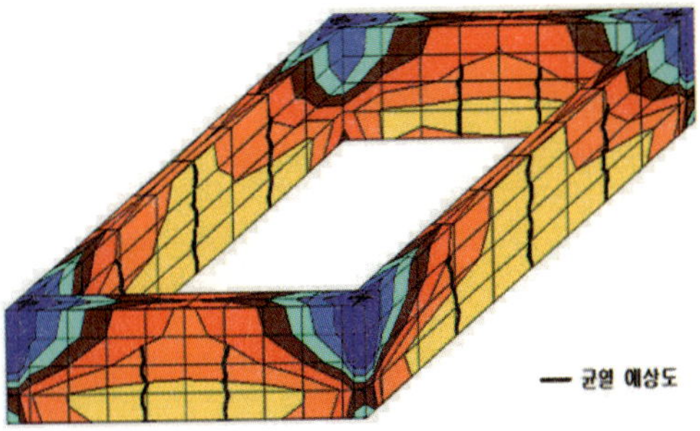

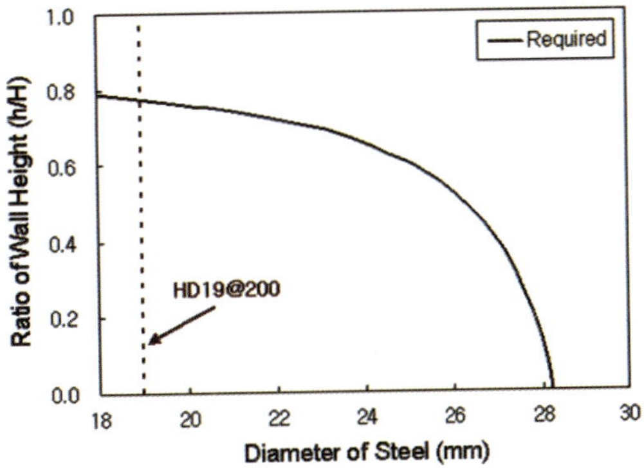

10.7.6 적산온도에 의한 초기강도 관리

구조물의 온도이력

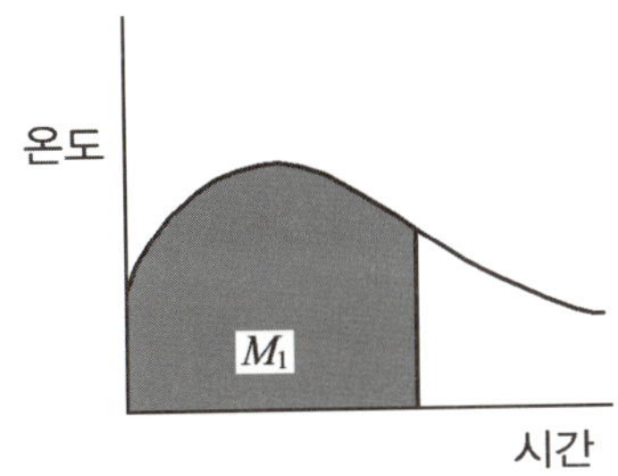

공시체의 온도이력

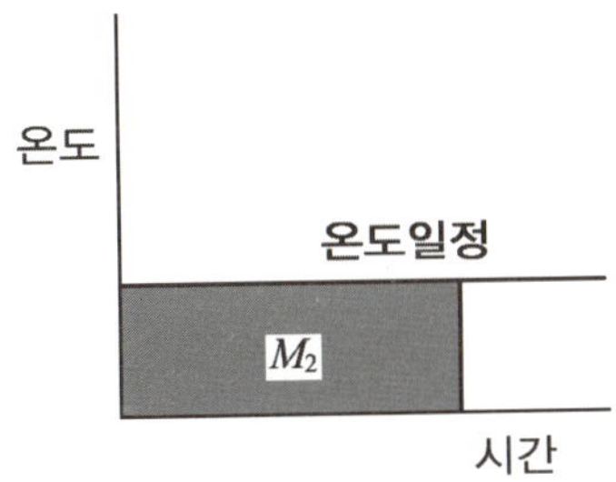

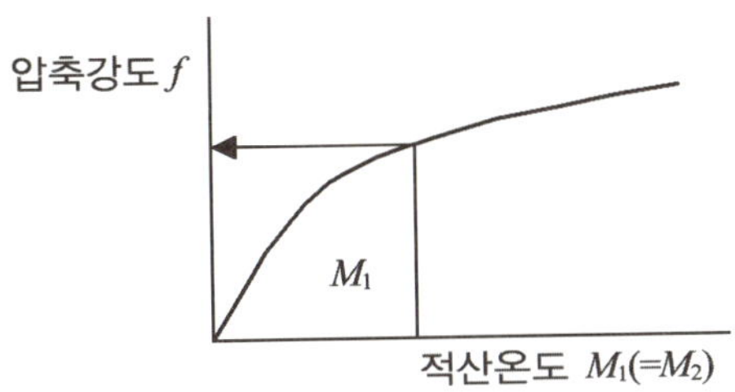

$M(\text{maturity}) = \sum (T - T_0)\Delta t$

T : 콘크리트 양생온도(℃)

T_0 : 기준온도(℃, 보통 −10)

Δt : 양생기간(hour 또는 day)

11. 기타 설계

11.1 FOUNDATION SETTLEMENT

Based on Mueser Rutledge Consulting Engineer's memorandum dated February 28(see attachment), 2000, the settlement from six bearing tests at maximum loading of 1,075 t/m² varied from 10.45mm to 2.29mm, with an average value of 4.98mm.

The amount of settlement is insignificant and will not cause any concern.

The test results were analyzed using four different analytical methods;

(1) P–S curve analysis,

(2) log P vs. log S analysis,

(3) S vs. Log T analysis and

(4) P vs. ds/d(log t). A safety factor of 3 was applied to the maximum load to obtain allowable bearing capacity.

The test results are summarized in the table below

Test No.	Maximum load applied(t/m²)	Settlement(mm)	F.S. Applied	Allowable Bearing Capacity(t/m²)
PBT–1(P–6)	1,075	10.45	3.0	358.3
PBT–2(P–3)	1,075	5.26	3.0	358.3
PBT–3(P–1)	1,075	4.31	3.0	358.3
PBT–4(P–2)	1,075	3.67	3.0	358.3
PBT–5(P–4)	1,075	3.52	3.0	358.3
PBT–6(P–5)	1,075	2.69	3.0	358.3

Note: Conversion–10t/m²=1tsf

11.2 COLUMN DESIGN AT OUTRIGGER LEVEL(32ND FLOOR)

The column design at 32nd floor is kind of complicated due to big moment caused by outrigger. We feel that the engineering judgment is necessary in design of column at this floor. We want to present our design approach here, and open to Samsung engineers for discussion.

The final goal is still the same : to achieve a safe and economical design for our clint Due to the time restraint, please send your feedback to us as soon as possible so that we can modify our final design.

The load : the uneven elastic shortening due to gravity load causes large amount of moment in columns at the 32nd floor. It is our opinion that only the live load will be in effect because we will weld the outrigger connection at the end of construction.

Therefore the moment we used is due to combination of live load and wind load.

The axial load in column is worst case of all load combinations.

The design : the moment apparently is big for the columns at 32nd floor when the steel members are small(corner columns). We believe that when a steel member is small comparing to the overall composite column, the reinforce concrete column will resist most of the moment.

For this reason, we did some analysis utilizing only reinforced concrete column to take all the loads, and the results show that the concrete column along with a little heavier reinforcing will be enough to take the load. We also find if we use steel member to take the moment, we have to make the steel member much bigger, and we don't think that is necessary.

Attached is a copy of analysis of column FC2A(reinforced concrete column analysis), FC8, FC3A and mark up on 32nd floor column design.

Again the above is our opinion. We welcome our Korean colleague to give their opinion on this subject.

11.3 EXPANSION JOINT AT 1ST FLOOR AND BASEMENT FLOORS

Expansion joints are normally used to reduce the stresses in a structure due to temperature, creep and shrinkage, etc. In Samsung Dogok project, the plaza area is relatively large and using expansion joints will evidently help reduce aforementioned stresses, therefore reduce the cracks in floors. Despite the positive effects of the expansion joint, the feasibility of having an expansion joint for every different project requires study.

In the ongoing Samsung Dogok project, we suggest not using any expansion joint.

The reasons are :

1. All basement floors and first floor are integrally pure together with foundation walls. The foundation walls will restrain any expansion joint in slab and it will be difficult to achieve the expected effects of an expansion joint.
2. The temperature change for basement floor is mild because the basement floors are not exposed to weather. On the first floor, there are thick finishes that will protect the floor from weather and hide cracks, and there are many opening on first floor that will release the aforementioned stresses.

3. Delay joints will minimize the crack due to creep and shrinkage.

To reduce the amount and sizes of cracks, we suggest using 105 lb/yard fiber mesh in first and basement floors. We want to point it out again that it is not possible to eliminate all cracks. Cracks will always exist in concrete slab.

With some appropriate care, we can reduce them to acceptable level.

The above is our opinion on this issue, if you have any further questions, please feel free to call us to discuss.

11.4 CRACK CONTROL JOINTS

Sid Dein's recommendation is still to introduce fiber mesh as we are doing right now. He said that he found it to be working well especially with walls.

He said that results of fiber mesh use in walls are observed to be better than in slabs.

In case the fiber mesh option is out, foundation wall concrete is to be poured at maximum 40 ft or 12 meters lengths, thus creating the vertical joints at those intervals.

Therefore, since the concern is minimizing random cracking of the foundation walls, and since fiber mesh is not being considered.

we can spaced at 40 ft or 12 meters, center to center.(Reinforcing that cross the joints will limit the cracks and may likely result in cracks eventually forming elsewhere between our specified joints. Therefore, as our detail shows, they should stop before the joints.)

11.5 FAÇADE STRENGTH AND DETAIL

Based on the façade specification(attached with comments)that we received from Samoo, we reviewed the strength of the curtain wall anchorage and the details.

The recommended anchor age is F5540 with three anchors(H=140 LG). The strength based on the maximum load 1700kg is sufficient at the top of 135 ㎜ slab

Horizontal and vertical expansion joints are required to accommodate the structure deformations. The horizontal expansion joints shall allow for 30㎜ vertical movement between upper and lower curtain wall next to each other at each floor The 30㎜ vertical movement includes : drift and racking due to lateral load, future long term column shortening, deflection at exterior edges due to live and variations in long term creep and shrinkage and temperature expansion(or contraction)of the curtain wall.

The vertical expansion joints shall allow for 13㎜ horizontal relative movement in each direction between curtain walls next to each other for lateral critical story sway due to wind or seismic loads .

11.6 SYSTEM ANALYSIS SUMMARY

ETABS ANALYSIS SUMMARY

DATE	No.	File Name	Stage	Analysis Type	Input Condition	Displacement	Period(Seconds)		
							1st	2nd	3rd
3/2/00	24	dogok24n	permanent	wind tunnel	- same as dogok23n except 1. outrigger truss (32f) included 2. stiffer beam (56f) included	δ_{max} = 34.8cm δ/H(195.2m)=1/560	6.4	5.7	4.2
3/2/00	25	dogok24p	permanent	Selsmic	- same as dogok23p except 1. outrigger truss (32f) included 2. stiffer beam (56f) included	δ_{max} = 16.7×S.F = 37.96cm δ/H(195.2m)=1/514 V_{tr} = 828.7t V_{sr} = 1883.6t S.F = 2.273	7.2	6.7	4.7
3/8/00	26	dogok24n	permanent	wind tunnel	- same as dogok24n except 1. outrigger truss depth (2.5m) revised from samoo ducument(3/8/2000) 2. outrigger truss(32f)link beam opening revised from Samoo ducument 3. without stiff beam	δ_{max} = 36.37cm δ/H(195.2m)=1/536	6.6	5.9	4.2
3/8/00	27	dogok24p	permanent	Selsmic	- same as dogok24p except 1. outrigger truss depth (2.5m) revised from samoo document(3/8/2000) 2. outrigger truss(32f)link beam opening revised from samoo ducument 3. without stiff beam	δ_{max} = 17.48×S.F = 4.03cm δ/H(195.2m)=1/484 V_{tr} = 815.8t V_{sr} = 1883.6t S.F = 2.309	7.5	6.9	4.2
3/8/00	28	dogok25n1	permanent	wind tunnel	- same as dogok 25n except considering column shortening of program				
3/8/00	29	dogok25p1	permanent	Selsmic	- same as dogok 25n except considering column shortening of program				

-LOAD COMBINATION FOR DRIFT

1) FOR WIND TUNNEL

	DL	LL	Wx	Wy	Wx	Sx	Sy
load case1	1.0	1.0	0	0	0	0	0
load case2	0	1.0	1.0	0.56	0.6	0	0
load case3	0	1.0	-1.0	-0.65	-0.6	0	0

2) FOR SEISMIC

	DL	LL	Wx	Wy	Wx	Sx	Sy
load case1	1.0	0	0	0	0	1.0	0
load case2	1.0	0	0	0	0	0	1.0

-LOAD COMBINATION FOR MEMBER DESIGN

-FOR WIND

1. DL+LL
2. 0.67(DL+LL+WL)
3. 0.67(DL+LL+WL)
4. 1.4D+1.7L
5. 0.75(1.4D+1.7L-1.7W)
6. 0.75(1.4D+1.7L+1.7W)
7. 0.9D-1.3W
8. 0.9D-1.3W

-FOR SELSMIC

1. DL+LL
2. 0.67(DL+LL+E*SF)
3. 0.67(DL+LL+E*SF)
4. 1.4D+1.7L
5. 0.75(1.4D+1.7L+1.7*1.1*SF*E)
6. 0.75(1.4D+1.7L+1.7*1.1*SF*E)
7. 0.9D+1.3*1.1*SF*E
8. 0.9D+1.3*1.1*SF*E

*WIND LOAD CASE(RW NO.8 Load Combination)

X	Y	MZ
-100%	-65%	-60%

11.7 신축 줄눈(Expansion Joint)

11.7.1 신축 줄눈(Expansion Joint) 계산

식 : $\delta_{1,2} = a \times \Delta t \times L$　　$a = 1.2 \times 10^{-5}/℃$

$\Delta t = 50℃$, $L_1 = 45.5\text{m}$, $L_2 = 52.74\text{m}$

$\delta_1 = a \times \Delta t \times L_1 + \text{lateral drift} = 1.2 \times 10^{-5} \times 50 \times 45{,}500 + 6\text{mm} = 33.3\text{mm}$

$\delta_2 = a \times \Delta t \times L_2 + \text{lateral drift} = 1.2 \times 10^{-5} \times 50 \times 52{,}740 + 6\text{mm} = 37.65\text{mm}$

$\delta_{1,2} = \delta_1 + \delta_2 = 70.95\text{mm} \rightarrow 60\text{mm}^2$

11.7.2 신축 줄눈(Expansion Joint) 현장 측정

- 측정 결과는 약 3~5개월간 20.5 C 의 온도 변화에 대한 측정치임.
- 마감 공사 시작 전까지의 결과(즉, 순수 SLAB의 변화치)이므로 실제 마감이 완료된 상태의 온도 변화에 따른 신축은 더 감소할 것으로 예상됨.

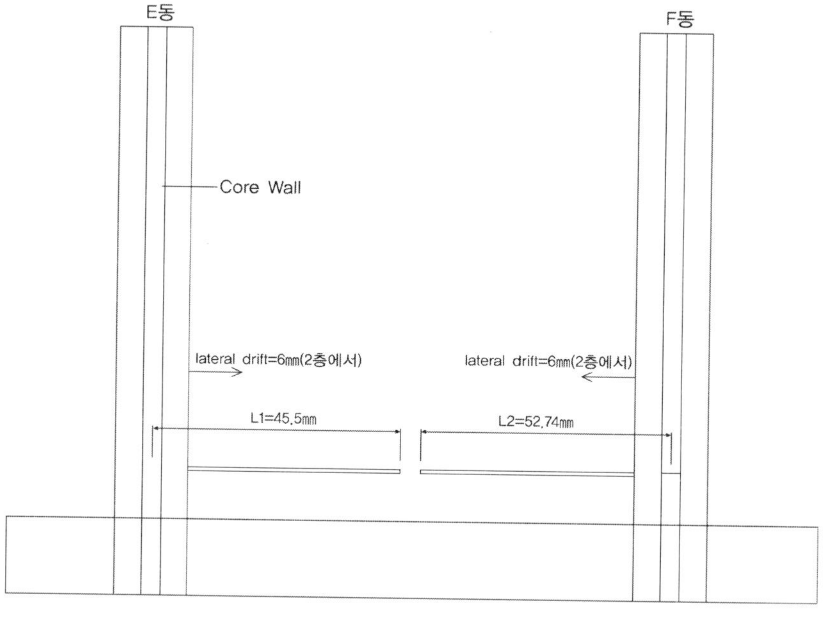

11.7.3 신축 줄눈(Expansion Joint) 현장사진

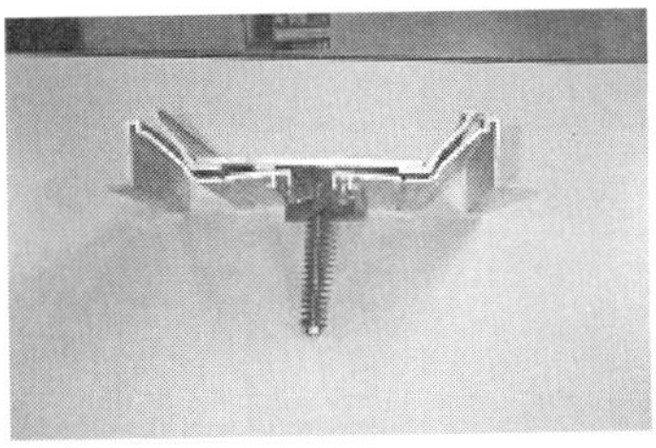

〈Joint 부분 : 에버조트〉 〈Joint 부분 : 하부에 하이퍼런 Sheet 사용〉

측정일	측 정 지 점						비고 (측정 전 4일 평균 기온)
	No.1	No.2	No.3	No.4	No.5	No.6	
02.01.09	76.70	75.70	75.70	73.30	74.20	80.60	-3.2
02.02.07	68.40	67.50	68.00	66.20	67.30	74.60	4.70
02.02.11	72.30	71.20	71.60	69.40	70.50	77.50	-0.6
02.02.28	66.20	64.90	65.90	63.70	64.90	73.10	7.20
02.04.24	62.35	62.08	61.39	59.57	61.27	70.39	17.3

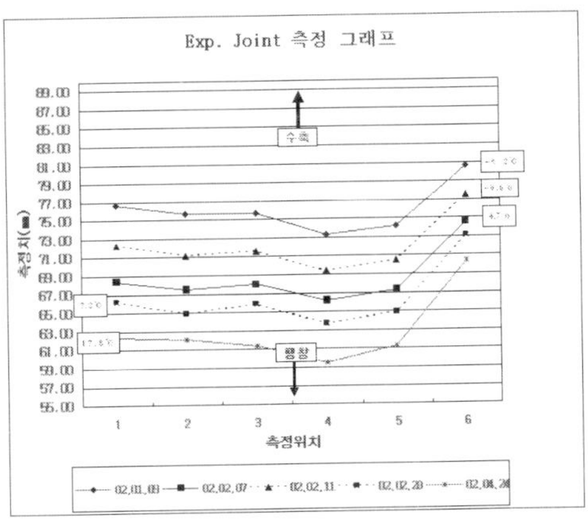

11.8 Base Wall Cold Joint 및 압축강도 추정

11.8.1 콘크리트 타설에 의한 온도구속

서울(최고 기온 ℃)

연도	1월	2월	3월	4월	5월	6월	7월	8월	9월	10월	11월	12월
1992	7.6	15.9	20.2	24.3	29.9	29.8	32.4	32.8	30.9	25.1	17.2	13.3
1993	8.4	14.2	16.6	23.5	31.9	29.2	31.1	30.6	30.5	25.0	20.9	10.0
1994	10.0	11.4	18.6	28.9	28.0	34.7	38.4	37.0	32.0	25.9	19.8	12.4
1995	10.3	9.9	17.1	25.2	29.0	29.6	33.6	33.7	28.4	25.6	18.6	6.9
1996	9.8	14.0	17.5	23.3	31.4	32.7	34.6	35.4	30.9	23.8	18.8	12.7
1997	8.0	15.1	20.2	22.3	27.9	35.0	36.1	34.1	31.9	26.3	20.2	12.8
1998	8.2	15.0	19.1	26.3	31.4	31.8	32.2	32.0	32.8	26.5	20.5	12.9
1999	12.4	10.2	18.8	28.2	28.1	33.6	34.9	35.4	32.0	24.0		

서울(최저 기온 ℃)

연도	1월	2월	3월	4월	5월	6월	7월	8월	9월	10월	11월	12월
1992	-2.4	0.2	6.3	8.9	14.5	20.7	22.5	22.5	17.7	11.5	-2.4	-3.7
1993	-4.6	-2.5	-1.0	6.2	17.6	18.6	20.6	21.6	19.8	7.9	-0.9	-4.4
1994	-4.2	-2.4	2.8	13.4	14.0	22.0	23.6	25.9	22.0	10.4	6.5	-4.2
1995	-3.2	1.4	4.3	8.0	12.9	18.3	21.4	22.9	20.2	10.4	5.3	-3.8
1996	-3.0	-4.7	4.4	7.7	17.1	21.0	24.3	20.0	20.8	11.0	0.8	-4.2
1997	-5.1	0.9	4.6	10.8	16.3	20.7	23.4	23.8	17.0	7.9	3.6	-3.8
1998	-7.9	-2.0	2.5	11.8	16.1	16.8	22.8	25.5	18.3	15.8	0.7	-1.0
1999	-5.6	-3.2	4.1	9.3	14.5	21.1	24.2	23.4	18.5	9.3		

● BASE WALL 타설 시 수화열에 의한 CRACK 방지 방법으로 여러 가지 방법이 있으나, 당 현장에서는 온도균열을 제어하기 위해서 균열 유발줄눈을 구조물의 방향에 일정 간격으로 단면을 감소하여 균열을 유도하여 시공에 반영하였다.
또한 WALL 타설 길이를 30~40m 기준으로 구간을 정하여 타설하였고 단부는 철망 거푸집을 이용하여 SHEAR KEY 두었다.

● CRACK 유발줄눈을 거푸집의 보온 및 부분 양생을 감안하여 3.0m 간격으로 적용하였다.
타설 후 crack을 확인한 결과 계산에 의한 치수보다도 적은 약 80%~85% 정도가 발생한 것으로 나타났다. 그 이유는 거푸집의 보양, 주변 환경, 배합설계 시 혼화재, wall의 수평 철근등 외부 요인에 의한 감소라 판단된다.
주의사항으로는 외벽을 합벽 시공할 경우 균열유발 줄눈을 wall 두께가 얇은 위치에서 형성하는 것이 바람직하고, 굴착 가시설 부재와의 접착을 방지하여 구속에 의한 crack을 방지하였고

(단 가시설을 구조부재료 사용 시 가시설 보강). 그리고 2면 고정 wall의 수평철근을 2단 간격으로 절단 배근하여 crack을 자연 유도하였다.

11.8.2 콘크리트 재령에 따른 압축강도 추정

$(f_{ck})t = t\times(f_{ck})28\ /(a + b\times t)$

$(f_{ck})t$ = 재령 t일일 때의 콘크리트 압축강도

$(f_{ck})28$ =재령 28일일 때의 콘크리트 압축강도

a = 시멘트 종류와 양생방법에 따라 결정되는 상수(0.05−9.25)

b = 시멘트 종류와 양생방법에 따라 결정되는 상수(0.67−0.98)

t = 콘크리트 재령 일(타설일)

시멘트Ⅰ = 보통 포틀랜드 시멘트

시멘트Ⅱ = 조강 포틀랜드 시멘트

(콘크리트 재령에 따른 압축강도 추정표)

TIME RATIO	양생 방법	시멘트 종류	상수 a, b	콘크리트 재령						
				일수(day)					연수(year)	
				3	7	14	21	28	1	10
(Fck)t / (Fck)28	습윤 양생	Ⅰ	a=4.00 b=0.85	0.46	0.70	0.88	0.96	1.00	1.16	1.17
		Ⅱ	a=2.30 b=0.92	0.59	0.80	0.92	0.97	1.00	1.08	1.09
	증기 양생	Ⅰ	a=1.00 b=0.95	0.78	0.91	0.98	1.00	1.00	1.05	1.05
		Ⅱ	a=0.70 b=0.98	0.82	0.93	0.97	0.99	1.00	1.02	1.02

※ 추정강도는 구성 재료, 배합, 시공방법, 양생방법 등의 변수 영향으로 실재 압축강도와 차이가 발생할 수 있음.
예) 일반 포틀랜드 시멘트를 사용하여 28일 압축강도가 240kg/㎠이며 습윤양생을 하였고, 타설 후 7 경과 시 추정강도는?
※ 풀이: a = 4.0b = 0.85t = 7, $(f_{ck})t = 7\times(f_{ck})28\ /(4 + 0.85\times7) = 0.7(f_{ck})28$ 그러므로, $(f_{ck})t = 0.7\times240 = 168$kg/㎠

11.9 주요 구조도면

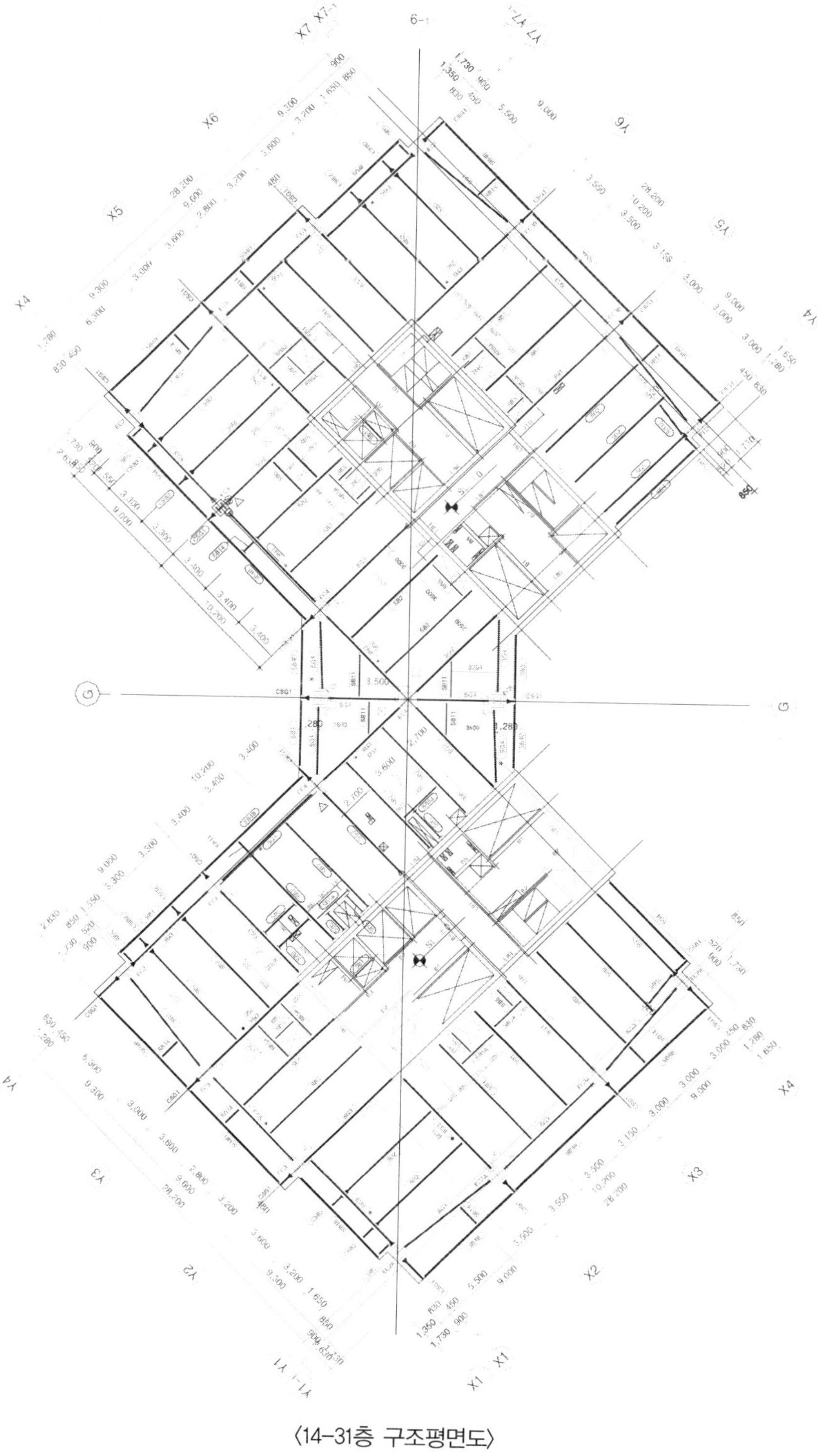

〈14-31층 구조평면도〉

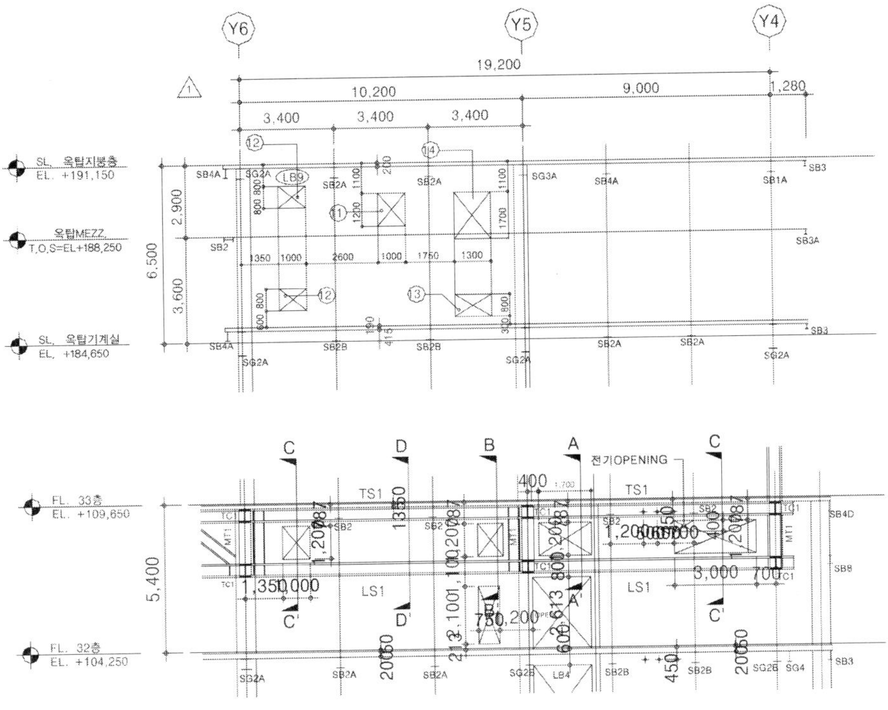

Core Wall Opening 상세도-1 (En)

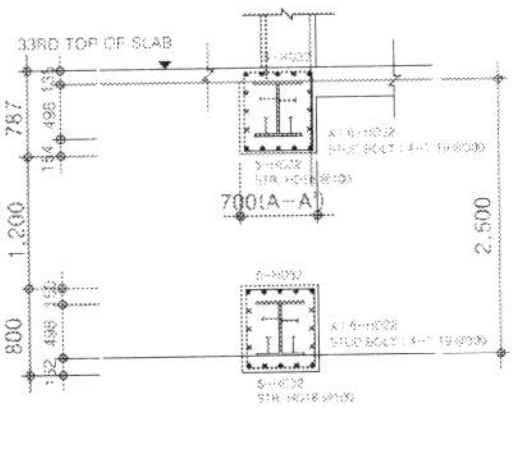

SECTION - A-A' (H-498X432X45X70)

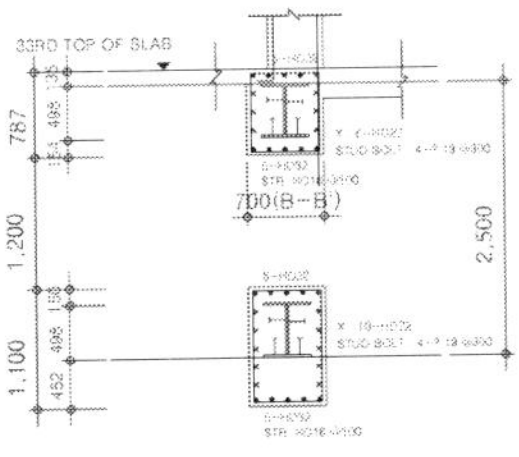

SECTION - B-B' (H-498X432X45X70)

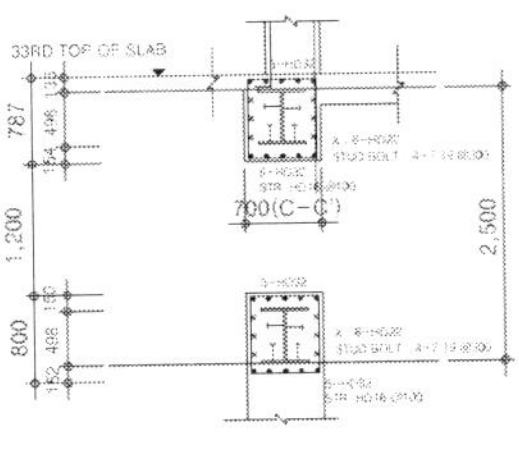

SECTION - C-C' (H-498X432X45X70)

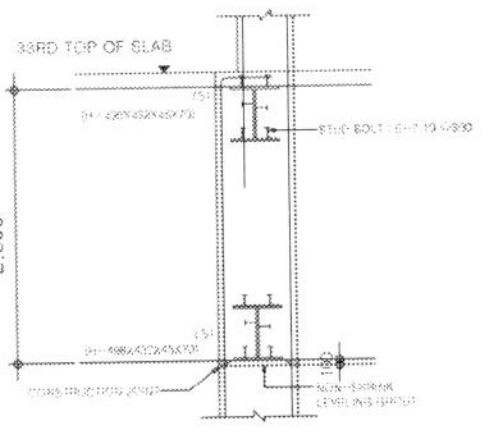

SECTION - D-D'

〈CORE WALL OPENING 상세도〉

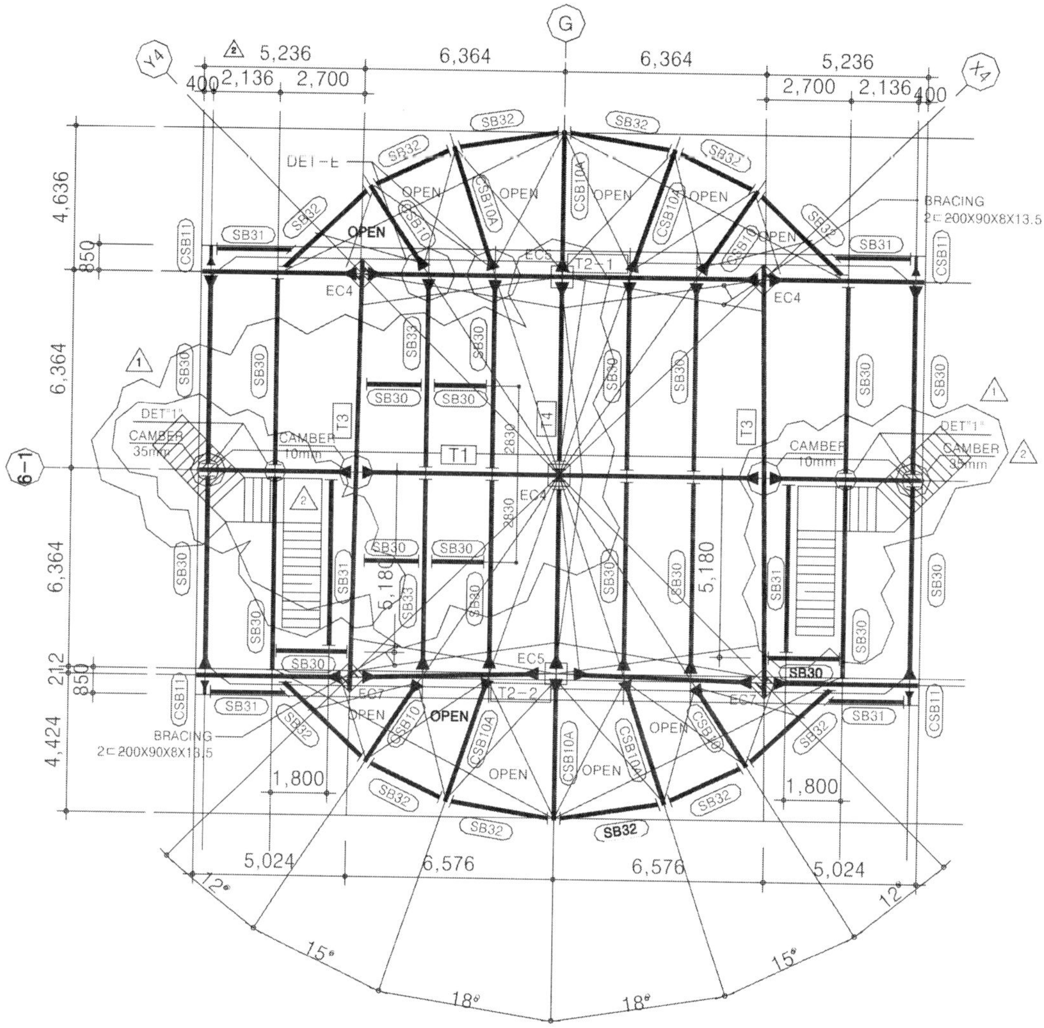

헬리포트 구조 평면도 (E동)

축척 :1/100

〈헬리포트 구조 평면도〉

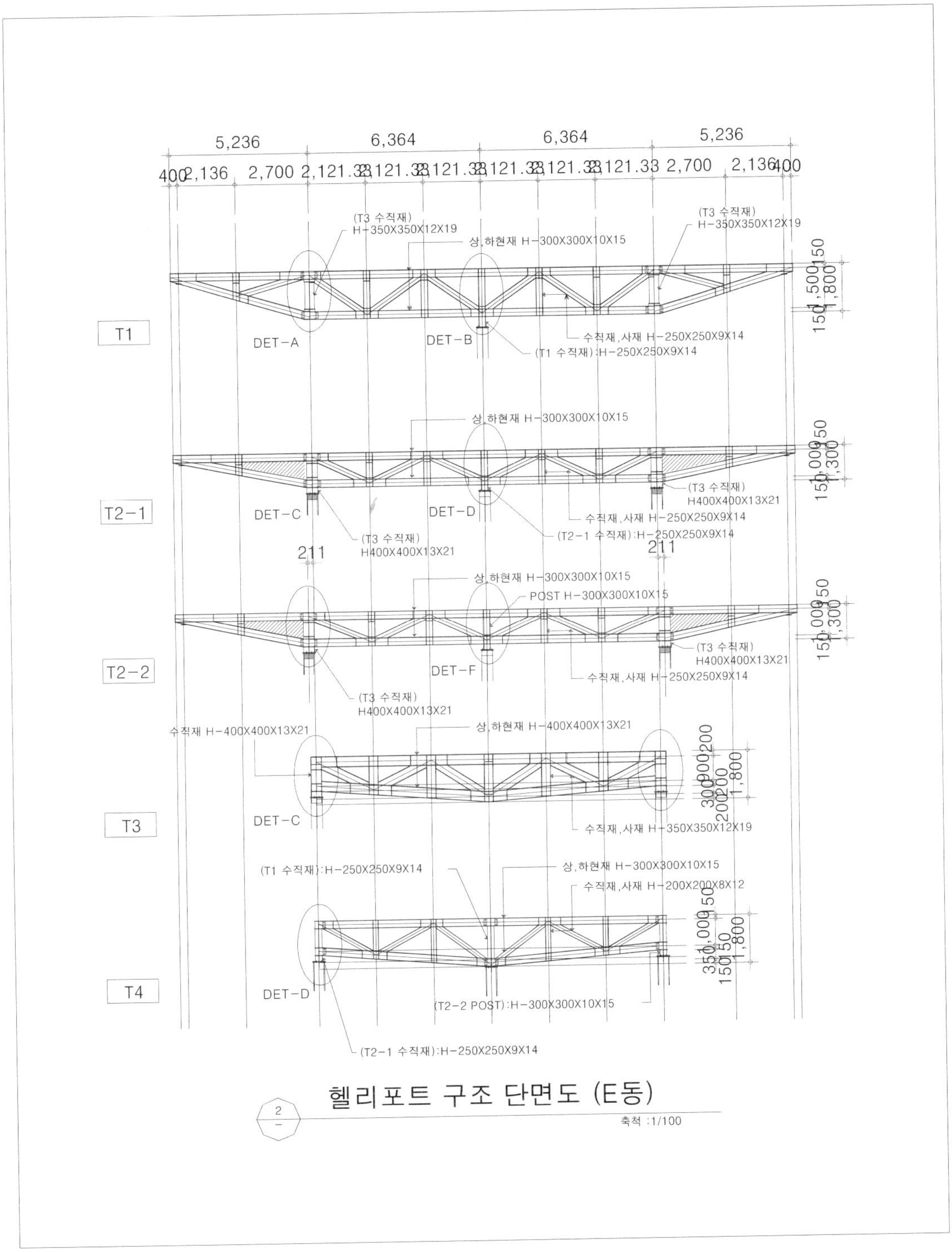

5,236
6,364
6,364
5,236
T1
T2-1
T2-2
T3
T4
DET-A
DET-B
DET-C
DET-D
DET-F
헬리포트 구조 단면도 (E동)
축척 :1/100

〈헬리포트 구조 단면도〉

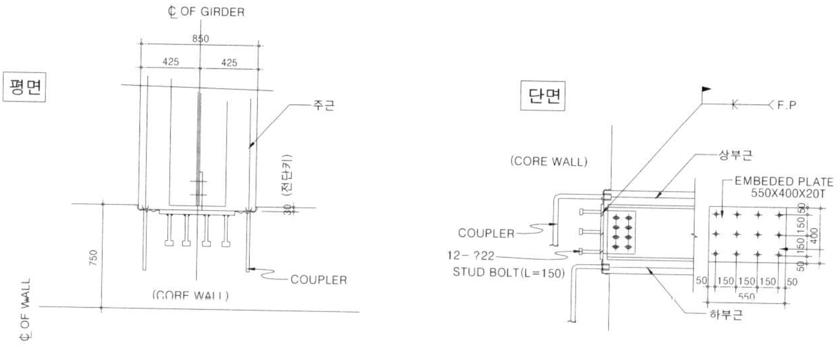

1 SRC보 EMBEDED PLATE 상세 1

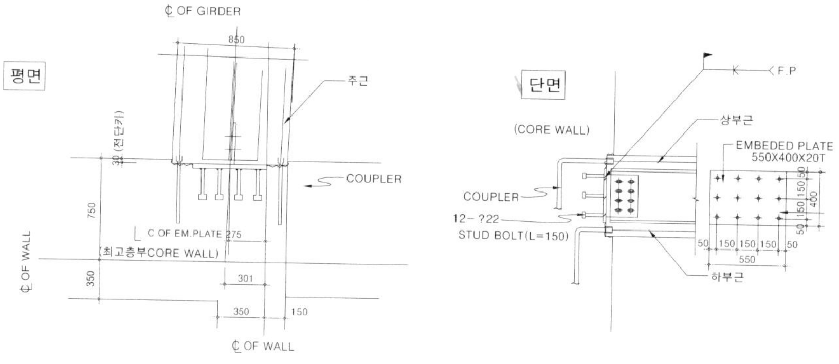

2 SRC보 EMBEDED PLATE 상세 2

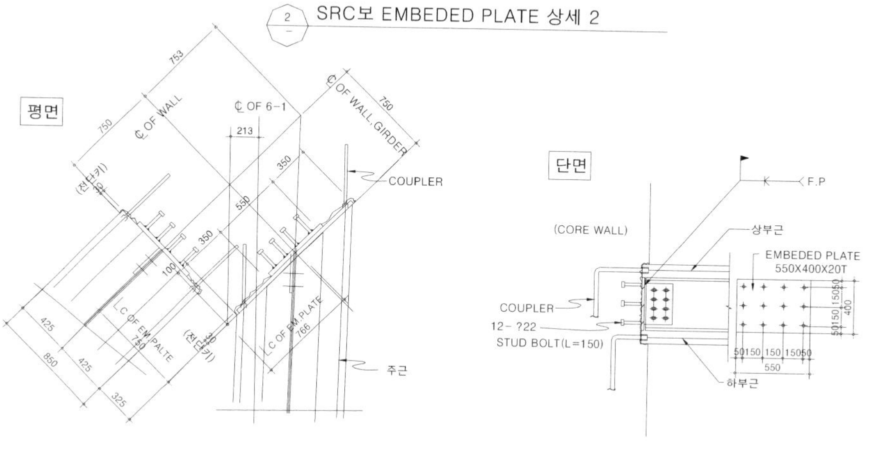

3 SRC보 EMBEDED PLATE 상세 3

〈EMBEDED PLATE 상세도-1〉

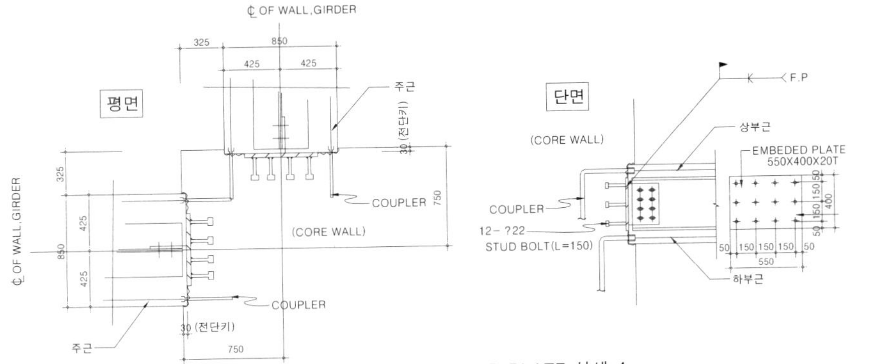

4 SRC보 EMBEDED PLATE 상세 4

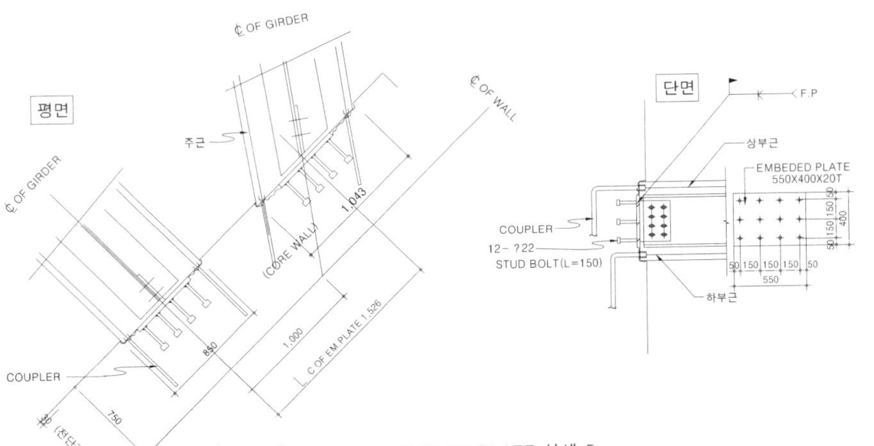

5 SRC보 EMBEDED PLATE 상세 5

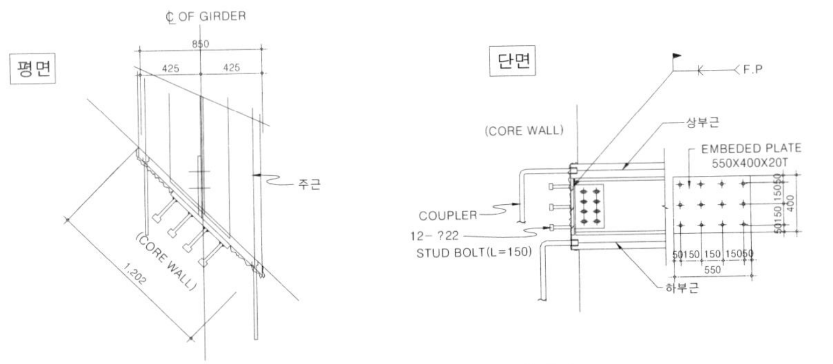

6 SRC보 EMBEDED PLATE 상세 6

〈EMBEDED PLATE 상세도-2〉

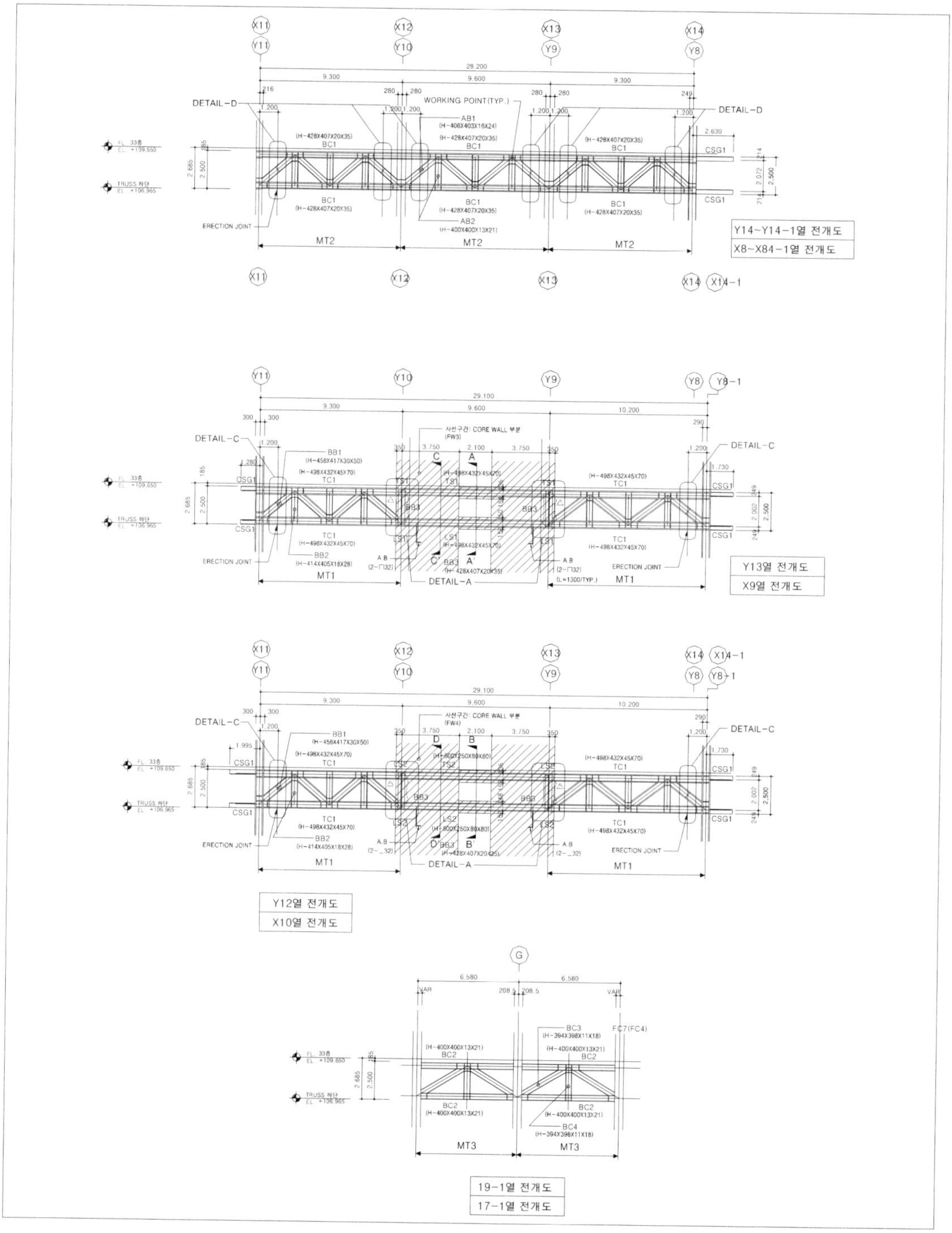

〈33층 OUTRIGGER TRUSS 전개도〉

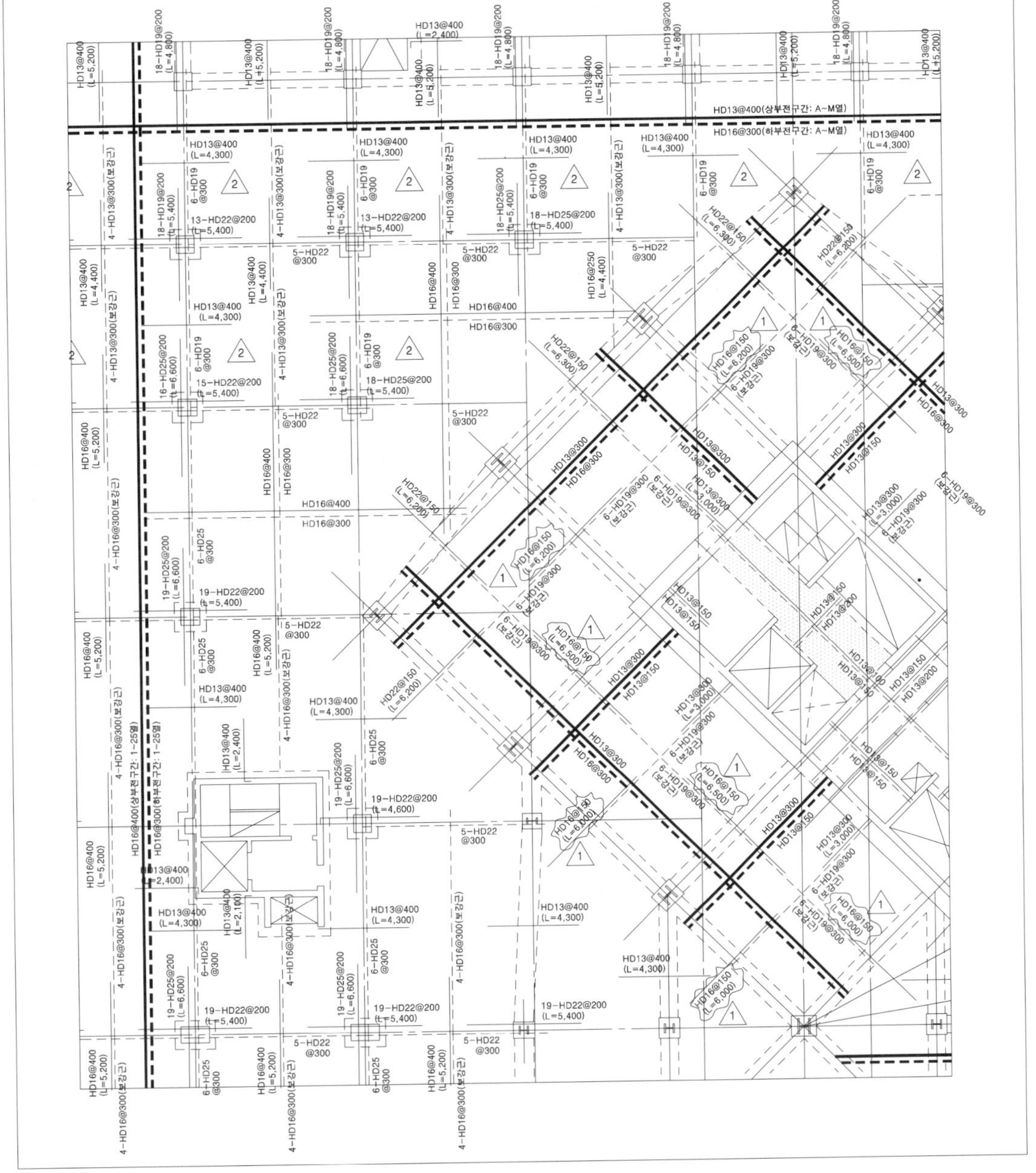

〈지하층 슬래브 배근도〉

11.10 현장 공사 사진

가설구대 전경(1)

가설구대 전경(2)

가설구대 전경(3)

가설구대 전경(4)

가설구대 전경(5)

독립기초(1)

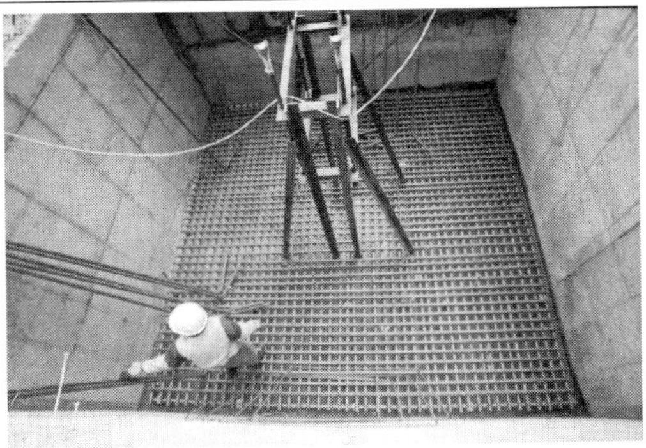

독립기초(2)

독립기초 버림Con'c

독립기초 터파기

타워크레인 기초 ROCK BOLT

Core 매트기초 배근

Core 매트기초 타설

타워크레인 매트기초 배근

합벽 시공(1)

합벽 시공(2)

Core 기초

SRC 기둥(1)

SRC 기둥(2)

SRC 기둥(3)

SRC 기둥(4)

SRC 기둥(5)

SRC 기둥(6)

SRC 기둥(7)

SRC 기둥(8)

SRC 기둥 형틀

현장 전경

Core 벽체 철근

Core 벽체 시공

Deck 공사(1)

Deck 공사(2)

Deck 공사(3)

Deck 공사(4) - 전기

Deck 공사(5) - 설비

Deck 공사(6) - 방풍막

Deck 공사(7) - 전기

Deck 공사(8) - 설비

B6F 슬래브 타설후 양생

지하층 Flat Slab 배근

지하층 Flat Slab

ACS 폼

ACS 폼 전경(1)

ACS 폼 전경(2)

지하층 공사 전경(1)

지하층 공사 전경(2)

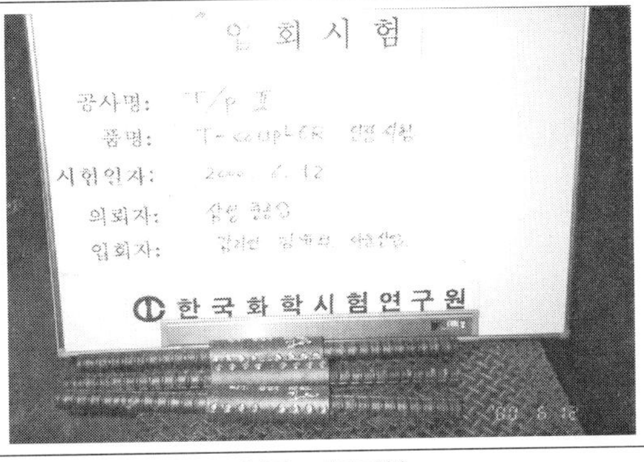

철근 커플러(1)

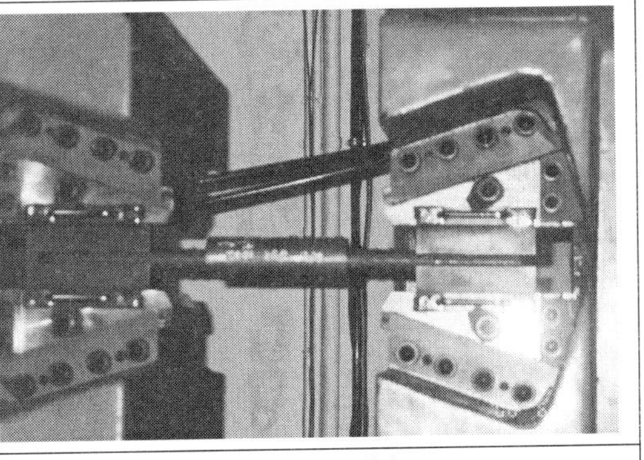

철근 커플러(2)

철골 아웃리거(1)

철골 아웃리거(2)

철골 아웃리거(3)

철골 아웃리거(4)

기둥 접합부

보 Web opening

철골 접합부(1)

철골 접합부(2)

철골 접합부(3)

철골접합부(4)

2000년 6월

2000년 8월

2000년 10월

2001년 1월

2001년 3월

2001년 5월

2001년 10월

2002년 9월

C. 부록

1. 고층 건축물

1.1 대규모 건물의 사회, 문화적 의미

건축물의 기능적인 측면으로서의 특성은 인간의 사회적 역사와 더불어 다양하게 진행되어 왔다. 이러한 진행에는 건축물이 인간 삶의 보호처로서 제공해주는 단순한 물리적 용도뿐만 아니라, 자연환경에 대응하여 성취해내는 인간적 승리의 의미를 나타내는 상징물로서도 자리매김하여 왔다.

여기에는 건축물의 물리적인 거주성과 더불어 인간이 가지고 있는 정신적인 요소로서의 사회, 문화적 특성에 있어서도 많은 진행과 발전이 이루어져 왔음을 알 수가 있다.

이러한 것은 흔히 자연에 대한 도전과 개척정신으로 나타났으며, 특히 대규모 건축물은 이러한 부분에서 역사적으로 주요한 의미를 부여하여 왔다. 그러므로 특정한 시기와 장소에 있어서 이루어진 대규모 건축물은 사회, 문화적인 측면에서 보다 많은 영향을 끼쳐 왔으며, 어느 시대를 막론하고 그 사회의 힘과 시대정신을 나타내기 위하여 건축물이 이용하여 왔음을 인류의 문명 역사가 잘 보여 주고 있다. 이러한 각 시대에 있어서 정치, 경제, 군사 그리고 종교적인 모든 사항들은 특별한 의미를 가지게 되며 이에 따라 한 국가의 시대적인 상징으로 나타나게 되는데, 특히 대규모 구조물과 타워 등은 사회, 문화적인 관점에서도 특별한 의미를 전달하곤 하였다. 높아진다는 것은 그 자체로서도 독특하고 강력한 힘을 발휘하는데 이것은 새로운 것에 대한 도전적인 긴장감과 특별한 영감을 유발시키게 한다. 이처럼 높게 솟아오른 구조물은 심리적인 영향도 끼치지만 멀리서도 인지될 수 있는 물리적인 Landmark로서의 의미도 높다고 할 수가 있다.

역사적으로 볼 때 타워와 같은 건축적인 상징성의 진행과정에 있어서 Campaniles, Steeples, Spires, Cathedral Towers, Obelisks, Minarets, Ziggurats와 같은 건축물들의 위대하고 경이로운 변화가 이루어져 왔음을 알 수가 있다.

Giza의 Pyramid, Tower of Babel, 프랑스 파리의 Eiffel Tower, 이탈리아 베니스의 St. Mark's Campanile, Ulm의 Cathedrals 등등 그리고 유럽의 가장 높은 교회 타워인 Strasbourg와 같은 높은 건축물들은 그 광경을 회상만 해도 경이롭기까지 하다.

뉴욕의 Empire State Building과 Chrysler Building, 시카고의 John Hancock과 Sears Tower, 말레이시아의 Petronas Tower, 중국 상해의 World Financial Tower같은 동시대의 고층 건축물은 새로운 건축 재료의 사용과 놀라운 기술공학의 도전정신을 보여줄 뿐만 아니라 산업사회의 강한 힘을 상징화시켜 준다. 그러므로 높은 특별한 구조물을 짓는다는 것은 위대한 기술력과 조직적인 자원과 사회, 문화적인 특성이 존재하고 있음을 뜻한다고 할 수 있다. 이처럼 초고층 건축물은 사회, 문화적으로도 상당히 복합적인 의미를 띠게 되는데 Eiffel Tower와 Sears Tower같은 초고층 건축물은 하늘로 끊임없이 치솟는 구조물로서의 가능성을 보여주는 공학적인 경이로움이라면, 미국 보스턴의 John Hancock Tower 같은 건축물은 초고층 건축물이 인지되는 모습에 대한 근본적인 질문을 던져주는 하나의 예라고 할 수 있다.

1.2 초고층 건축물의 정의

초고층 위원회(CTBUH, Council on Tall Building and Urban Habitat)에 따르면 고층 건축물(Tall Building)은 건축물의 높이 혹은 층수에 의하여 정의되지 않으며, 오히려 고층 건축물이란 건축계획 즉 디자인 그리고 용도상에 직접적으로 영향을 주는 고층성(Tallness)를 가진 건축물이며, 그 고층성으로 인하여 어떠한 지역이나 시대에 존재하는 일반적인 건축물의 디자인 및 시공 그리고 사용 및 유지관리 측면에서의 보편적인 조건과는 다른 특별한 조건을 유발하는 건축물로서 정의되고 있다.

이것은 일반적인 층수 혹은 높이 개념으로서 다루는 외형적인 의미보다는 고층 건축물이 내재하고 있는 사회, 문화적인 건축적 복합성을 언급하고 있음을 알 수 있다.

그리고 구조 공학적인 관점에서는 바람, 지진 등 횡 하중이 구조계획에 주된 영향을 끼치는 건축물 또는 세장비(Aspect Ratio)가 최소 5 : 1 이상인 건축물을 초고층 건축물이라고 정의하고 있다. 하지만 세장비만을 가지고 초고층건물을 정의하기에는 무리가 뒤따르므로 CTBUH(국제고층건물학회, Council on Tall Building and Urban Habitat)에서 일정한 간격으로 발표하고 있는 세계 100대 빌딩(약 50층 정도, 220m 이상에 해당)이라고 할 수도 있다. 이와 관련하여 구조엔지니어인 Mark Fintel은 구조적인 의미에서 초고층 건물을 "횡하중에 저항하기 위해 특별한 구조형식을 도입할 필요가 있는 건물"이라고 정의한 바가 있다. 초고층의 기준은 건축적 의미에 있어서는 단순히 수치적으로 정의되기보다는 어떠한 시기에 있어서 비교 판단될 수가 있는 기준이 중요한 요소이며, 여기에는 어떠한 지역, 사회 그리고 문화적인 기준이 상호 연관되어 작용됨을 알 수가 있다.

또한 초고층 건물의 특징은 건축공사의 여러 분야별 기술 즉 계획, 엔지니어링, 설계, 구조, 설비, 시공, 재료 등 모든 요소 분야의 최고 기술이 집합되고 상호 복합 연관되는 Interdisciplinary한 과제로서 여러 요소기술 중 한 개라도 결여되거나 미흡할 경우 초고층 건물의 건립은 물론 운영 사용이 불가능하거나 사용성, 쾌적성, 경제성이 크게 나빠지게 된다.

그러므로 고층건축물은 사회 심리학적인 요소 및 여러 연관된 전문 분야 등을 고려하여 총괄적으로 계획 및 설계되어야 함을 의미하고 있다.

〈부산 온천동 00현장〉

〈해운대 00현장〉

1.3 초고층 건축물의 의의

초고층 건축물은 자체의 기능적 특성상 구조시스템 및 제반 기술의 뒷받침 없이는 실현될 수 없는 공학기술의 결정체로써 공학기술 부분의 연구가 주된 관심사가 되어 왔다.

그러나 사회 환경의 변화와 도시 생활에서의 효율성에 따른 복합 용도로서의 초고층 건축물이 계획 발전되면서 공학 기술적인 부분뿐만 아니라, 복합 용도 건물의 건축 및 도시 계획적인 측면에 있어서 기능과 환경적으로 보다 용이하게 사용 및 유지 관리 될 수 있는가 하는 점들이 중요한 요소로 나타나게 되었다.

이와 더불어 계속적으로 발전되는 도시 속의 거주자들에게 환경 및 생태학적인 영향을 미쳤다. 이와 함께 초고층 건축물은 기존 도시의 스카이라인과 랜드마크 등의 도시 형태를 형성하는 도구로써 특별한 영향력을 발휘하여 왔다.

이것은 상징적인 의미로서 사회적 문화와 역사성을 가진 초고층 건축물이 도시환경에 있어서 시각적 정체성(Visual Identity)을 부여하였고, 이는 초고층 건축물이 가지는 중요한 도시적이며 건축적인 의미라고 할 수가 있다.

이러한 도시 및 건축적 의미에 의하여 현대의 도시는 각기 특징적인 도시 스카이라인을 형성하며 각 도시의 이미지를 이루고 있음을 뉴욕 혹은 시카고 등의 구미의 도시들을 통하여 알 수가 있다. 복합 기능체로서 도시의 형태 및 환경에 영향을 미치는 초고층 건축물은 구조적인 기능, 환경 및 물리적인 기능, 심리학적인 기능 그리고 사회, 문화적인 기능 등의 측면에서, 일반적인 단일 용도의 건축물보다 더욱 긴밀하게 연관되어 있음을 알 수가 있다. 이와 더불어 초고층 건축물은 도시 기능에서 파생되는 기능적 문제 해결의 방안으로서의 역할 뿐만 아니라, 복합 용도에 따르는 기능공간으로써 초고층 건축물 자체가 또 하나의 도시적인 기능을 수행하는 도시 내의 도시를 창조하는 복합성을 보이고 있다.

세계 초고층 도시의 Sky Line

〈Bank of China & Hong Kong Bank〉

〈Sky Line of L.A〉

〈Sky Line of Raffles City, Singapore〉

〈New York〉

〈Sky Line of Philadelphia〉

〈Sunset over the Skyscrapers of Chicago〉

1.4 초고층 건축물의 발생과 발전

현대적 고층 건축물이 생겨나게 된 배경은 시멘트, 유리, 철 등의 새로운 구조 재료의 보급과 엘리베이터의 발명이 중요한 요인이었다. 고층 건축물이 최초로 나타나게 된 시기와 장소에는 여러 가지 주장이 있지만, 근대적 산업 기반으로 경제적 활성화를 꾀하던 미국의 도시들이 중심이 되었다. 특히 시카고는 1871년 대 화재 이후(1870년대의 시카고는 50여 년간 미시간 호의 늪지대에 위치한 미국의 상업, 교통 중심지 1871년 10월 8일 밤 8시, 시카고 외곽 축사에서 소가 램프를 넘어뜨려 일어난 화재로 48시간 만에 도시 중심가를 포함하여 도시의 1/3을 초토화시킨 화재. 도시 재건축 위원회는 과거의 노출 철구조와 나무가 아닌 내구성, 내화력이 강한 재료와 시공법을 구상하였고, 새로운 법규, 공법, 재료 사용) 근대의 고층 건축물의 모태로서 나타나게 되는데 고층건축물의 출현은 근대도시의 밀집성과 경제적 특성뿐만 아니라, 도시의 하부구조를 개방된 네트워크(Network) 혹은 그리드(Grid)로 인식하고 이와 더불어 수직적 규모에 있어서는 높이가 무제한이라는 개방감에 대한 사회, 문화적 인식도 한 요소로 작용하였다.

이것은 고층 건축물의 실현이 기술공학의 발전과 경제적 가능에 의한 것뿐만 아니라, 도시의 기능특성에 따른 사회인식의 변화에 의하여 이루어졌음을 알 수가 있다. 또한 미국과 같은 경우 시 당국의 zoning regulation을 그 요소로 들 수가 있는데 뉴욕 시는 1 : 30의 무제한적인 용적 비율에 의하여 건축된 Eguitable Building 이후, 시의 경제적 성장과 도시 인구의 증가에 따른 많은 다른 의견에도 불구하고 고층 건축물의 높이를 규제할 수 있는 zoning ordinace를 1915년에 처음으로 도입하였다.

이것은 고층 건축물의 건축에 대한 규제의 의미보다는 오히려 무질서하게 형성되는 것이 아니라 도시 내에서의 제도적인 범위 안에서 보다 더 도시의 하부구조와 경제적 상황에 따른 고층 건축물의 계획된 실현을 의미한다고 할 수가 있다.

이러한 가운데에서도 고층 건축물의 디자인에 대한 도덕성과 예술적 관심과 열정은 뉴욕보다는 시카고에서 많은 이론가와 건축가들에 의하여 그 정점에 이르렀다.

1885년 시카고에 세워진 Willian Jenney의 10층 규모의 Home Insurance Building이 근대적 시공 원리와 계획에 의하여 세워진 첫 번째 고층 건축물이라는 것은 잘 알려진 사실이다.

시카고 화재

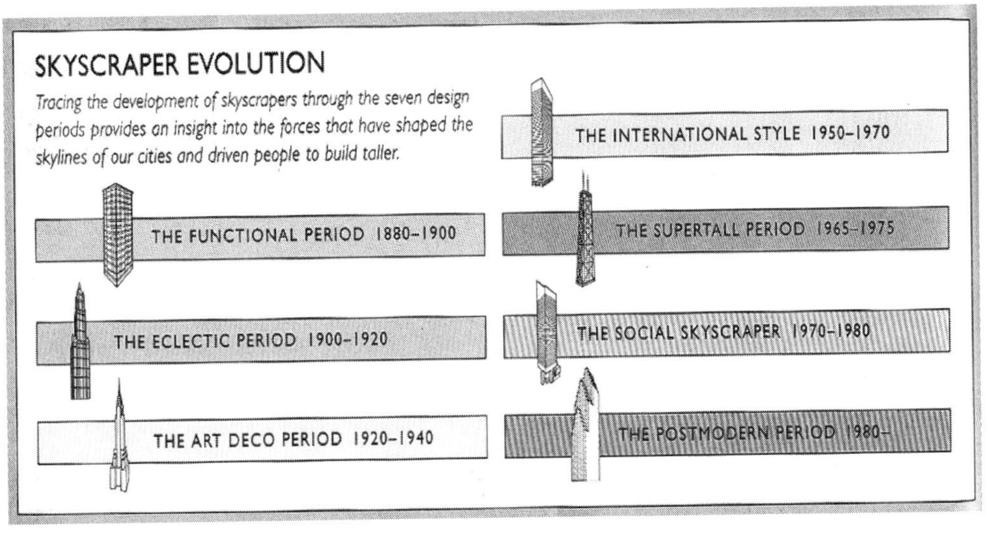

이후 1890년대 중동부 도시를 중심으로 많은 고층 건축물들이 생겨나게 되었다. 1894년에는 Daniel Burham에 의한 15층 규모의 Reliance Building이 국제적 양식의 고층 건축물에는 여전히 고전적 장식을 사용한 13층 규모의 Guaranty Buildings등이 Adler와 Sullivan에 의하여 나타났다. 한편 엄격한 소방법에 의하여 철재 구조의 사용을 가능치 않게 하였던 뉴욕은 1892년에 법규를 바꾸게 되며, 이로써 맨해튼을 중심으로 많은 고층 건축물들이 생겨나게 되었으며, 이러한 시기를 중심으로 현대적 고층 건축물들이 생겨나게 된다. 1910년에는 세계 최초의 초고층이라고 할 수 있는 50층 높이의 Metropolitan Life Tower가 뉴욕에 나타나게 되었다. 이 건물은 Woolworth Building이 나타나기 전까지는 4년간 세계 최고의 높이를 자랑하였다. 1913년 경에는 Cass Gilbert와 Gunvald Aus에 의한 60층 규모의 Woolworth Building이 뉴욕에 실현되었다.

건축가 Gilbert는 건축주에게 세계 최고의 높은 사옥을 짓도록 권유를 하였으며 이로서 71층 높이의 40 Wall Street가 1930년에 실현될 때까지 Woolworth Building은 17년간을 세계 최고의 높이를 자랑하였다. 또한 1922년경에 실시된 시카고의 신문사 사옥 설계경기에 의하여 1925년에는 36층 규모의 Tribune Tower가 실현되었으며, 1929년에는 새로운 도시계획법에 의하여 William Allen과 H.G. Balcom에 의한 77층 높이의 Chrysler Building이 뉴욕 중심가에 세워졌다.

이것은 파리의 에펠 탑보다도 더 높은 초고층 건축물로서 자리매김을 하게 되었다.

그 이후로 1931년에는 Empire State Building이 세워지게 되었으며, 이러한 고층 건축물의 계속된 실현은 1900년대 중반, 건축가 Mies Van der Rhoe 등에 의하여 현대적 초고층 건축물의 출현으로 연결되었다.

2. 고층 건물의 구조

2.1 개요

일반적인 고층건물의 구조 기술은 크게 구조시스템의 결정, 구조해석, 구조설계, 사용성 검토 등으로 나눌 수 있다. 구조시스템은 초고층 건물 전체의 경제성에 영향을 미치는 가장 큰 요소로서 층수와 세장비, 하중 조건에 적합한 최적의 시스템을 결정할 필요가 있다.

특히 건물이 고층화됨에 따라 수평하중(지진, 풍하중)의 중요성은 매우 중요한 요소로서 작용하며 높은 건물에서는 건물 전체가 횡하중에 의하여 탄성적 흔들림(sway)이 커지기 때문에 구조재의 강도보다는 강성이 구조설계에 중요한 요소로 작용한다.

따라서 구조체가 충분히 인성을 발휘하여 수평하중을 제어할 수 있도록 세부계획이 필요하며 그러한 강성은 구조시스템에 의하여 결정된다.

구조시스템의 효율은 사용된 재료의 양과 직접적인 관련을 가지므로 필요한 공간에 맞는 가장 적절한 구조시스템은 최소중량으로 최대 강성을 가져야 한다.

또한 구조해석에서는 일반적인 탄성해석 이외에도 지진이나 강풍 등의 횡하중에 대한 비탄성 해석을 통해 구조물의 안전성 확인이 반드시 요구된다. 또한 하중의 증가에 따라 기둥과 wall 등의 수직부재에 변위차가 발생하므로(shortening) 이에 대한 보정 검토가 필요하다. 구조 해석 시에는 작용하중의 평가가 가장 먼저 이루어져야 하는데 초고층의 경우에는 일반적으로 풍하중이 가장 큰 영향을 미치는 하중이므로 이의 정확한 평가를 위해 모형제작에 의한 풍동시험이 반드시 필요하다. 또한 바람이나 지진에 의한 진동을 평가하고 저감시키기 위한 검토가 이루어져야 한다.

구조설계 시 재료역학, 구조역학, 구조해석, 설계기준 등 건축설계에 대한 정확한 이해와 현장 경험이 필요하다. 특히 설비, 전기, 기타 배선 및 배관의 설치에 따른 검토가 구조설계 시 반드시 반영되어야 하고, 경제적이고도 적정한 구조물이 되도록 설계기준에 따라 구조부재를 설계하도록 하여야 한다. 설계기준이라 함은 최소설계에 관한 기준이므로 기술자의 판단에 따라 달리 설계될 수 있으며, 따라서 적정한 설계를 위해서는 책임기술자의 다양한 설계와 현장경험이 많아야 경제성과 구조물의 적정한 설계를 기대할 수 있다.

건물 준공 후 입주자의 생활에 아무런 불편한 점이 없어야 한다. 건물의 고층화로 구조재료가 고강도화 됨에 따라 동적하중(보행하중)에 의한 진동이 큰 영향을 미치며, 고품질화를 요구하는 사용자의 인식 변화에 따라 건물의 사용성 및 거주성에 대한 검토는 필수적인 사항이다. 여러 가지 검토 방법이 있으나 진동해석 시 슬래브의 고유진동수, 감쇄비, 작용하는 동적하중의 특성 및 크기는 주요 고려사항이다. 특히 지진과 바람에 의한 거주성 평가 중 모드차에 의한 공진가능성, 가속도평가, 횡하중에 의한 건물의 변위 등이 있으며, 온도 변화에 따른 구조부재의 변형, 중력하중에 의한 과도한 처짐, 유해한 진동 소음의 최소화 등 입주 시 안전성과 쾌적성을 확보하도록 설계에 반영하여야 한다.

2.2 초고층 건물의 구조형식

초고층 건물건설의 경제성에 가장 큰 영향을 미치는 요소는 층수에 따른 적절한 재료와 구조 시스템의 결정이라고 할 수 있다. 아래 그림은 각 구조시스템별로 적절한 층수와 실제 지어진 건물의 층수, 단위 면적당 구조물량을 나타낸 것이다.

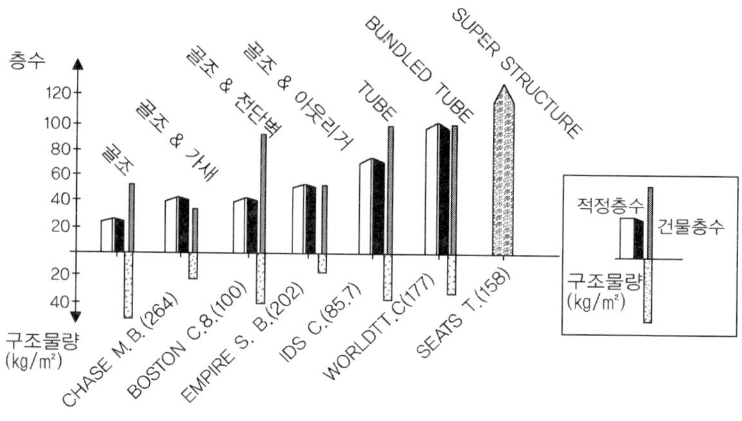

〈구조 시스템별 적정층수 및 구조물량〉

몇 가지 예를 들어보면 40층 정도에 적당한 골조-전단벽 구조 SYSTEM으로 102층의 Empire State 빌딩은 단위면적 당 구조물량이 202kg/m²으로 나타나, 묶음튜브(Bundled Tube) 구조를 사용한 110층의 Sears Tower의 158kg/m²에 비해 과도한 구조물량이 사용된 것으로 나타났다. 또한 60층의 Chase Manhattan Bldg는 30층 정도에 적당한 강성골조형식을 사용하였는데 결과적으로 264kg/m²의 구조물량이 사용되어, 60층 정도에 적당한 Belt Truss 구조를 사용한 57층의 IDS Building의 85.7kg/m²에 비해 큰 차이를 보이고 있다.

상기와 같은 결과는 용도와 건물높이에 가장 적당한 구조 SYSTEM으로 설계하는 것이 초고층 건물 건설에서의 경제성에 매우 중요한 요소라 할 수 있다.

철근 콘크리트구조		철골구조	
층수	구조시스템	층수	구조시스템
20	RAHMEN구조	20	Staggered Truss구조
35	전단벽구조	30	강접골조
50	골조/전단벽구조	40	골조/전단벽구조
55	골조로 된 속 빈 튜브구조	60	Belt Truss구조
65	이중 튜브구조		
75	묶음튜브구조	80	골조튜브구조
90	내부 전단벽/골조듀브구조	100	내부기둥/가세된 듀브 구조
		110	묶음튜브구조
		140	Space Truss/Megastructure

Kahn은 일반적인 형태와 모양을 가진 사무소 건축에서 적용할 수 있는 구조시스템을 다음과 같이 제안하였다.

이것은 매우 단순화 된 것으로 실제 적용할 구조시스템은 여러 가지 구조적 요소를 고려하여 선택해야 한다.

한편, 철골조 건물에서 경제성을 검토하기 위해 철골량의 개략적 산정에 다음과 같은 식을 이용할 수 있다.

$W = 30 + 5N/3$(N : 층수, W = 철골량)

복합구조, 합성구조일 경우 W*(40% ~ 60%)로 하면 된다.

최근 초고층 구조물에 나타나는 경향은 구조체를 하나의 구조체로 사용하지 않고, 구조재료의 복합적 사용, 합성화, 하이브리드화로 나가는 추세이다. 이는 컴퓨터의 발달과 구조재료 등에 대한 연구가 상당한 정도까지 진행되어 해석에 의해 구조물의 거동을 비교적 정확히 예측할 수 있는데 기인한다고 볼 수 있다. 구조해석 및 설계방법이 크게 발전되어 부재 단위의 경제성 및 안전성은 쉽게 확보할 수 있다.

그러나 부재 단위나 재료 자체만으로 구조물이 외력에 대해 충분한 강성을 확보하기는 어려우므로, 초고층건물의 구조형태는 3차원으로 충분한 강성을 가질 수 있는 형태로 하여야 경제적인 구조체로 형성될 수 있다.

또한 초고층 건물의 구조를 결정할 때 엔지니어는 많은 기준을 고려해야 한다.

구조물은 외부에서 작용하는 하중에 저항하도록 충분히 강해야 한다. 예를 들면 강풍시 너무 많이 흔들려서도 안 되고 자중에 의하여 너무 많이 침하해서도 안 된다. 지진이 있는 지역에서는 지진의 충격을 충분히 흡수할 수 있어야 한다. 구조물의 시공비를 줄일 수 있도록 건물을 경량화 하여야 한다.

초고층에 영향을 주는 가장 강력하고 변동이 큰 하중은 바람이다. 초고층 건물은 바람이 불 때 땅에 정착된 대나무처럼 휘고 흔들릴 것이다. 바람에 의한 건물의 변위는 엘리베이터의 원활한 작동, 외부 유리나 내부 마감재의 균열 또는 내부 거주자의 현기증 등을 유발하지 않도록 최소화되어야 한다. 잘 설계된 초고층 건물은 바람에 의한 횡변위를 일반적으로 1/400~1/500을 사용하고 있다. 그리고 풍하중을 정확히 파악하여 건물의 내풍안전성을 확인함과 동시에 건물 사용자 및 이용자의 사용성에 문제가 되지 않도록 계획하여야 한다. 특히 건물 내부 또는 주변의 바람 특성을 측정하여 보행자에 대한 안전성과 쾌적한 풍환경을 추구하여야 한다. 이러한 것을 사전에 예측하고 설계에 반영하기 위해서는 풍압실험(건물작용풍압을 구하여 풍압계수 산출 및, Cladding설계), 풍력실험(공기력계수 산출하여 정적 풍하중, 전단력, 전도 모멘트를 구하는데 사용하며 또한 풍하중 스텍트럼을 구하여 진동변위예측과 거주성 평가에 필요), 풍환경 실험(건물 주변 기류의 흐름을 예측함으로 보행자의 사용성 및 건물의 환기, 통풍에 대한 문제점 파악)을 포함한 풍동실험(Wind Tunnel Test) 반드시 실시하는 것이 건물의 안전성과 시공비를 절감할 수 있는 척도라 판단된다.

2.3 건물의 기본적인 요소와 형태

2.3.1 기둥

고층건물의 기둥은 철골부재를 사용할 경우 일반적으로 부재의 크기는 일정하게 하고 축력에 따라 두께를 조절하는 형태로 기둥을 형성하고 있으며, 철근콘크리트의 경우 부재의 크기를 비교적 자유롭게 할 수 있으나 거푸집의 재사용, 공업화를 위해서는 전 층을 하나의 크기로 하고 콘크리트 강도를 조절하는 방법이 많이 사용되고 있다. 이 경우 저층부 기둥에는 고강도 콘크리트를 사용하고 상부로 갈수록 강도를 줄이는 방법으로 많이 사용하고 있다.

2.3.2 전달보(TRANSFER GIRDER)

전달보는 고층건물에서 자주 사용되는 구조시스템으로 상부기둥의 배치를 하부에서 변경하기 위하여 사용된다. 따라서 전달보는 상부의 기둥하중을 하부기둥으로 전달하는 역할로 보의 춤이 1개층 또는 2개층을 차지할 경우도 있으며 전달보 좌우에 있는 기둥은 전달보에서 오는 하중을 받을 수 있게 충분한 강성을 갖도록 설계되어야 한다.

특히 설계 시 전달보의 변형에 따라 상부기둥 및 WALL 해석 시 충분한 검토가 이루어져야 한다.

2.3.3 내력벽

내력벽은 두께는 얇고 길이는 긴 형태로 압축응력이 낮은 것이 특징이다.

압축응력이 일반적인 기둥 정도이면 이를 벽기둥(WALL COLUMN)이라고 한다.

재료는 철골, 철근콘크리트, 조적 등이 있으나 철근콘크리트가 일반적이다.

2.3.4 평행내력벽(Parallel Bearing Walls)

이 구조형식은 자중에 의해 프리스트레스가 가해진 판형 수직재로 구성되므로 효과적으로 횡력을 흡수한다. 평행내력벽 형식은 넓은 자유공간이 필요하지 않고, 기계설비 관계로 코아구조가 필요하지 않은 아파트건물에 주로 사용된다.

2.3.5 코아와 외곽부의 내력벽(Cores and facade Bearing Walls)

판형수직재가 코아 구조를 중심으로 외곽을 형성한다. 이 형식은 바닥구조의 효율적인 스팬에 의해 넓은 내부 공간을 구성할 수 있다. 코아는 기계 설비와 수직 운반 수단의 공간으로 쓰이며 건물의 강성을 증가시킨다.

2.3.6 캔틸레버 슬래브(Cantilevered Slab)

중앙의 코아에서 지지하는 바닥 구조는 건물 규모에 따라 고강도의 슬래브를 이용해서 기둥이 없는 공간을 만들 수 있다. 다량의 철근이 필요하며 특히 슬래브에 대한 연구가 필요하다. 프리스트레스(Prestress) 방식을 이용하면 슬래브 강성을 높일 수 있다.

2.3.7 플래트 슬래브(Flat Slab)

수평의 평판형식은 일반적으로 기둥에 의해 직접 지지되며 두께가 균등한 콘크리트 바닥 슬래브로 되어 있다. 기둥 상단에 드롭 판넬(Drop Panel)이나 주두가 없으며 이를 플래트 플레이트슬래브(Flat plate slab) 구조로 생각할 수 있다. 따라서 춤이 큰 보가 필요치 않으므로 최소의 층고를 얻을 수 있다.

2.3.8 격간 트러스(Interspatial)

캔틸레버로 된 층의 상단부 구조는 그 골조상부 및 내부에 유용한 공간을 만들기 위하여 격자마다 사용된다. 골조 바닥 내에 있는 공간은 구조체를 고정시키는데 사용될 뿐 아니라, 상부 부분은 임의의 어떤 형태의 활동이라도 수용할 수 있는 자유공간이 될 수 있다

2.3.9 엇갈림 트러스(Staggered Truss)

건물 바닥이 하나는 상현재에, 그 다음은 하현재에 배치시킨 층고가 높은 것에 사용되는 트러스를 말한다. 이것은 연직하중뿐만 아니라 풍하중을 웨브부재 및 바닥슬래브를 통해서 지면에 전달하므로 브레이스를 감소시킬 수 있다.

2.3.10 강성골조(Rigid Frame)

강절점은 연직면과 수평면을 형성하기 위한 선부재의 집합체 사이에 사용된다. 연직면은 기둥과 큰 보로 구성되며 수평면은 큰 보와 작은 보로 구성된다.

2.3.11 강성골조 및 코아(Rigid Frame and Core)

강성골조는 보와 기둥의 휨을 통하여 1차적으로 구력에 저항한다. 즉 이러한 작용으로 어떤 일정한 높이에서 건물에서는 커다란 횡변위(Lateral Drift)가 생긴다. 그러나 코아 구조를 이용하면 코아와 골조의 상호작용으로 건물의 횡력에 대한 저항성은 증가 된다. 이러한 코아 형식에는 기계 설비와 수직 운송 수단이 설치된다.

2.3.12 현수구조(Suspension)

이 시스템은 바닥 하중을 전달하는 기둥 대신에 바닥을 달아매는 방식을 이용함으로써 재료를 효율적으로 사용할 수 있게 한 것이다. 왜냐하면 압축재에서는 좌굴때문에 부재의 강도가 줄어든다. 그러나 인장재에서는 좌굴이 일어나지 않으므로 충분한 용량을 지닐 수 있다. 케이블선은 중앙 코아로부터 캔틸레버로 내밀어진 트러스에 중력을 전달한다.

2.3.13 트러스 구조(Trussed Frame)

강접합(또는 힌지접합)된 골조에 연직, 전단 트러스를 접합하면 구조물의 강도와 강성은 커지며, 이러한 구조물은 강성골조와 코아로 구성된 경우와 마찬가지로 중력 하중은 골조가 풍하중은 트러스가 저항하도록 설계된다.

2.3.14 벨트-트러스 골조와 코아(Belt Trussed Feame and Core)

벨트-트러스는 외부의 기둥을 코아에 결합시켜서 구조체와 코아의 개별 작용을 억제한다. 브레이스를 건물 상부에 설치할 때는 캡 트러스라 하며 아래 부분에 설치할 때는 벨트-트러스라 한다.

2.3.15 이중튜브(Tube in Tube)

외부의 기둥과 보가 촘촘히 위치해서 외곽이 창문 개구부를 갖는 벽체와 같이 보이게 된다. 전체 건물은 마치 지상에서 솟은 속이 빈 튜브 켄틸레버와 같이 작용한다. 내부 코아(튜브)는 외곽튜브와 함께 하중을 분담하므로 건물의 강성이 증가된다.

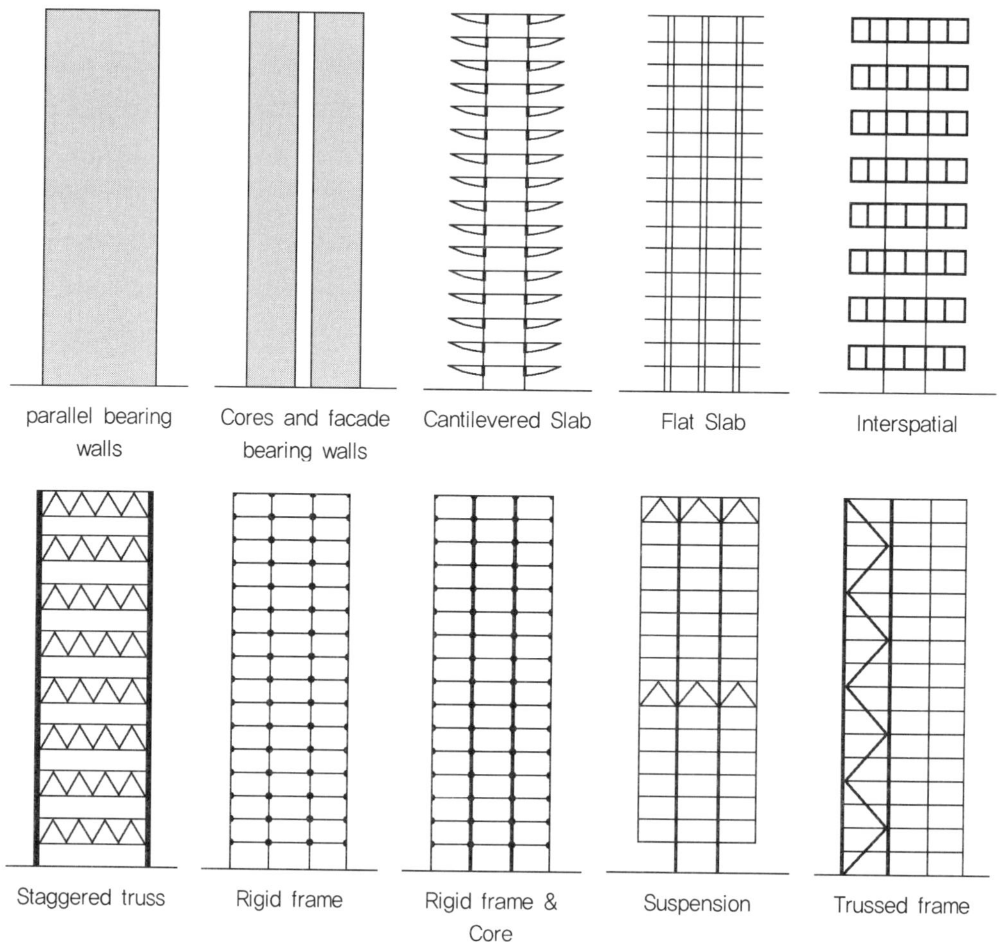

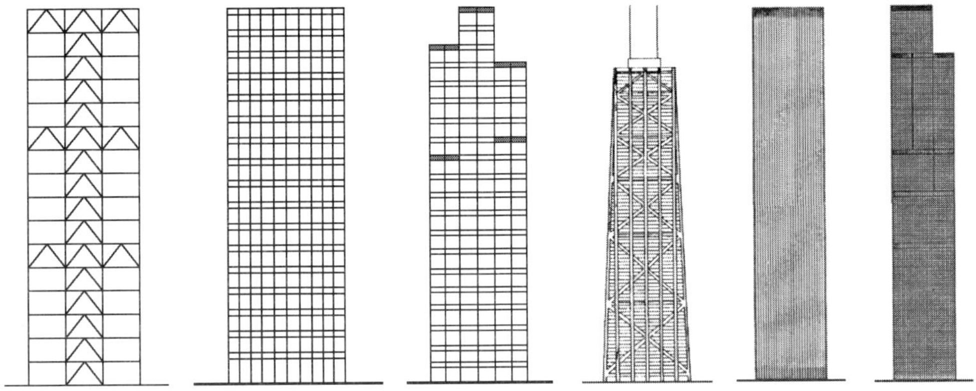

Belt Trussed frame & Core　　Tube in Tube　　Bundled Tube　　Truss Tube　　Vierendeel tube　　Modul tube

2.3.16 묶음튜브(Bundled Tube)

묶음튜브구조는 몇몇 튜브의 조합으로 구성된다. 그러므로 강성이 증가됨은 물론이고, 이 형식에서는 높이 제한과 면적 제한이 거의 없다.

2.4 건물에 작용하는 하중에 의한 구조방식

2.4.1 축하중에 의한 구조방식

a) 보기둥 구조(Beam & Column Structure) : 바닥-보-기둥-기초

가장 일반적인 시스템으로 국내에서 고층, 저층에 널리 이용되고 있다.

바닥슬래브의 적재하중과 고정하중이 보를 통해 모여져서 기둥으로 전달되고, 기둥을 타고 내려가 기초로 전달되어 최종적으로 지반으로 전달되는 일반적이고 전통적인 구조방식으로 철근콘크리트 구조체의 경우 보-기둥의 접합이 강접으로 되어 횡력을 지지하는데 유리하다. 철근콘크리트의 경우 부재의 크기를 비교적 자유롭게 할 수 있으나, 거푸집의 재사용, 공업화를 위해서는 전층을 하나의 크기로 하고 콘크리트 강도를 조절하는 방법이 많이 사용되고 있다. 이 경우 저층부 기둥에는 고강도 콘크리트를 사용하고 상부로 갈수록 강도를 작게 사용하는 방법이다.

적용 : 철근콘크리트조, 철골철근콘크리트조, 철골조, 목구조

b) 벽식구조(Wall Column Structure) : 바닥-콘크리트벽-기초

바닥슬래브의 하중이 하단의 벽체를 타고 내려가 기초판을 거쳐 지반으로 전달되는 방식으로 보가 차지하는 공간이 없기 때문에 그 만큼 건축물의 층고를 줄일 수 있다.

또한 벽체와 슬래브의 마감공사가 단순해지는 경제적인 구조이다. 이러한 이유로 아파트와 같은 공동주택에 많이 채택되는 구조방식이다. 그러나 내력벽과 내력벽 사이의 거리제한으로 넓은 공간을

확보하기 어렵고, 평면상 가변성이 없다는 점, 상부의 충격소음이 내력벽으로 전달되어 차음 성능이 떨어지는 단점이 있다. 적용 : 철근콘크리트조

c) 조적조 : 바닥-테두리보-조적벽-기초

바닥슬래브의 하중이 테두리보에 거쳐 조적 벽체를 경유해 기초로 전달되는 구조로 테두리보와 기초가 주로 철근콘크리트로 되기 때문에 완전한 조적조 구조방식은 거의 없다. 또한 상부 slab에 작용하는 하중을 조적 벽체에 전달할 경우 상재 하중에 저항할 수 있는 강성을 가진 테두리보를 반드시 설치하여 조적벽이 집중하중을 받지 않도록 해야 하고 조적 벽체의 open부위 상부에 균등한 하중이 작용하도록 유도해야 한다.

적용 : 벽돌조, 블록조

d) 철근 콘크리트 바닥 시스템

(1) 무량판구조 : 바닥-기둥-기초

기둥과 슬래브로 구성되는 구조방식으로 벽식구조처럼 보가 없으며 보 바닥 구조처럼 슬래브의 하중이 기둥을 통해 기초로 전달된다. 이 시스템은 횡력에 대한 강성이 약하고 슬래브의 두께가 두꺼워지는 약한 단점이 있으나 전기, 기계 설비 시스템뿐만 아니라 보가 없어 층고를 줄일 수 있는 장점이 있으므로 고층건물에 널리 사용되고 있다.

또한 기둥주위의 슬래브에 펀칭전단응력(Punching Shear Force)이 크게 작용하므로 기둥주변 슬래브의 전단보강에 각별히 주의해야 한다.

이 펀칭전단응력에 저항하는 슬래브의 드롭헤드패널(Drop Head Panel)의 유무에 따라 플랫데크(Flat Deck)와 플랫슬래브(Flat Slab)로 구분된다.

적용 : 철근콘크리트조

(2) 조이스트(JOIST) 시스템 : 바닥-보-기둥-기초

75㎜ 정도의 발판슬래브에 리브를 1방향 혹은 2방향으로 설치한 형태로 1방향의 경우 PAN JOIST라 하고 있으며 2방향의 경우 WAFFLE이라고 통칭하고 있다. 이 구조시스템에서 리브의 크기는 폭 150~250㎜, 춤 300~500㎜로 하고, 리브의 간격은 450~900㎜ 정도로 하여 6.0m~16.0m 스팬을 지지할 수 있다.

사무소, 상업용 건물 등에 널리 사용되고 있다.

적용 : 철근콘크리트조, PC 구조

(3) 일방향 구조시스템 : 바닥-보-기둥-기초

양단부에서 보나 벽체에 의해 지지되며 일반적으로 두께는 75㎜~250㎜ 정도로 장스팬이 필요한 경우 프리스트레스 슬래브를 사용할 수 있다.

이 구조시스템은 주로 호텔, 아파트 등에 사용된다.

적용 : 철근콘크리트조, PC 구조

e) 철골 및 합성 바닥 시스템

(1) 현장타설 콘크리트 슬래브

현장타설 콘크리트 철골부재 위에 거푸집을 설치한 후 콘크리트를 타설한다.

슬래브 두께는 스팬과 하중에 따라 스팬의 1/30~1/15 정도로 하게 된다. 슬래브 두께는 대부분 일정하게 사용하며 보 주변에서 헌치를 주거나 철골보를 콘크리트로 감싸 방청, 내화성능을 높인다.

(2) 프리캐스트 콘크리트 슬래브

프리캐스트 콘크리트 슬래브는 철골보의 간격에 따라 1.2~9.0 m 범위에서 사용할 수 있으며 장스팬의 경우 프리스트레스를 이용하기도 한다. 일반적으로 접합부가 철골보 위에 있도록 하여 단순 지지보 형태가 되도록 하며 횡력에 대해 다이어프램 거동을 할 수 있도록 슬래브 상부에 콘크리트를 타설하기도 한다.

슬래브의 자중을 줄이기 위하여 중앙부를 비운 HOLLOW CORE SLAB를 사용하기도 하며 장스팬을 확보하기 위해 HOLLOW CORE SLAB에 프리스트레스를 가하기도 한다. 고층 철골구조의 효율적인 시공을 위해서는 현장 타설과 같은 습식공법 보다는 프리캐스트와 같은 건식공법을 고려할 필요가 있다.

(3) 메탈데크 위 콘크리트 슬래브

이 방식은 현장타설 콘크리트 슬래브 시공 시 별도의 거푸집을 사용하지 않고 메탈데크를 사용한 것으로 메탈데크는 용도에 따라 구조용과 거푸집용으로 나누어진다. 메탈데크를 사용할 때에도 철골부재 위에 스터드 볼트를 사용하여 합성작용을 하도록 한다.

2.4.2 횡력 저항방식에 의한 구조의 분류

a) 가새(Bracing) : 목재가새/철골가새

건물에 횡력이 작용하면 수직부재와 수평부재는 옆으로 찌그러지려 한다. 이를 방지하기 위해서 수직부재와 수평부재 사이에 대각선 방향의 부재를 추가하여 구조물을 트러스 형태로 만들어 주면 횡력에 저항할 수 있게 된다. 이러한 방식이 일반적인 가구식 구조로서 힌지(Hinge)접합으로도 가능하기 때문에 경량철골구조, 목구조에 적용할 수 있다.

b) 라멘(Rahmen)구조 : 철근콘크리트 라멘조/철골 라멘조/철골철근콘크리트 라멘조

부재간 접합을 강접(Moment Connection)하여 횡력에 저항하게 하는 방식이 라멘(Rahmen) 구조방식이다. 이 구조방식은 철근콘크리트구조나 철골철근콘크리트 구조에서 채택되는 방식으로 보기둥 구조, 무량판 구조가 이 방식에 해당되며 그리 높지 않은 대부분의 구조물에 채택된다. 아파트구조에 주로 채택되는 벽식구조는 벽체와 슬래브가 서로 강하게 결속되어 저항하므로 벽체가 기둥역할을 하고 슬래브가 보의 역할을 하므로 철근콘크리트 벽식구조도 일종의 라멘구조 방식이라고 할 수 있다.

c) 코어(Core)구조 : 철근콘크리트 코어/철골철근콘크리트 코어

라멘구조 방식은 건축물이 그리 높지 않을 때는 큰 문제가 없으나 층수가 많아지고 건축물의 높이

가 높아지면 기둥과 보의 부재단면이 축하중에 저항할 수 있는 단면보다 훨씬 커져야 하는 불합리한 점이 있다.

이러한 문제점을 해결할 수 있는 구조방식이 코어벽체 구조(Core Wall Structure)인데 일반적인 고층 건축물에 적용되는 구조로서 엘리베이터, 계단실, 파이프 샤프트 등 건축물의 상하부를 기능적으로 연결시키는 공간인 코어를 콘크리트 파이프처럼 만들고 여기에 기둥과 보의 라멘구조가 합성되어 라멘과 코어가 서로 힘을 합해서 횡력에 저항하는 방식이다. 이때 코어에 횡력을 전달하는 부재는 건축물의 바닥판 슬래브로서 슬래브는 횡력이 코어에 전달되게 하는 기능뿐만 아니라 보와 거더의 좌굴과 비틀림을 막아주는 역할도 한다. 반대로 지하층에서는 옹벽에 작용하는 토압이나 수압과 같은 횡력으로 인한 슬래브의 판 좌굴을 BEAM와 GIRDER가 저항하는 역할을 한다.

d) 강성골조 및 코아(Rigid Frame and Core)

강성골조는 보와 기둥의 휨을 통하여 1차적으로 구력에 저항한다. 즉 이러한 작용으로 어떤 강성골조는 보와 기둥의 휨을 통하여 1차적으로 구력에 저항한다. 즉 이러한 작용으로 어떤 일정한 높이에서 건물에서는 커다란 횡변위가 생긴다. 그러나 코아구조를 이용하면 코아와 골조의 상호작용으로 건물의 횡력에 대한 저항성은 증가 된다.

이러한 core형식에는 core내부공간에 기계 설비와 수직 운송 수단이 설치된다.

e) 코아와 외곽부의 내력벽(Cores and facade Bearing Walls)

판형수직재가 코아구조를 중심으로 외곽을 형성한다. 이 형식은 바닥구조의 효율적인 span에 의해 넓은 내부 공간을 구성할 수 있다. 코아는 기계 설비와 수직 운반 수단의 공간으로 쓰이며 건물의 강성을 증가시킬 수 있다.

f) 기둥과 격간트러스

캔틸레버로 된 층의 상단부 구조는 그 골조상부 및 내부에 유용한 공간을 만들기 위하여격자마다 트러스가 사용된다. 골조 바닥 내에 있는 sub-beam은 구조체를 고정시키는데 사용될 뿐 아니라, 상부부분은 임의의 어떤 형태의 평면 및 공간을 수용할 수 있는 자유공간을 확보할 수 있다.

g) 코아와 현수구조

이 시스템은 바닥 하중을 전달하는 기둥 대신에 바닥을 달아매는 방식을 이용함으로써 재료를 효율적으로 사용할 수 있게 한 것이다. 왜냐하면 압축재에서는 좌굴 때문에 부재의 강도가 줄어든다. 그러나 인장재에서는 좌굴이 일어나지 않으므로 충분한 강도를 지닐 수 있다. 케이블선은 중앙 코아로부터 캔틸레버로 내밀어진 트러스에 중력을 전달한다.

h) 벨트-트러스 골조와 코아

벨트-트러스는 외부의 기둥을 코아에 결합시켜서 구조체와 코아의 개별 작용을 억제한다. 브레이스를 건물 상부에 설치할 때는 캡 트러스라 하며 아래 부분에 설치할 때는 벨트-트러스라 한다.

i) 튜브(Tube)구조 : 단일튜브/2중튜브/복합튜브

코어구조도 초고층 건물의 경우에는 그 강성이 부족하여 비경제적인 구조가 되므로 초고층 건축물, 예를 들면 60~70층 건축물에서 코어구조의 단점을 극복하기 위해 채택되는 구조방식이 튜브(Tube)구조 방식이다.

튜브구조는 강한 외피로 둘러싸인 피막구조라고 할 수 있다. 이 피막(튜브)이 몇 개냐에 따라 단일튜브(Single Tube)방식, 2중튜브(Double Tube)방식, 복합튜브(Multi-Tube)방식, 코어와 외부튜브가 복합된 Tube in Tube 방식 등으로 구분되며, 튜브의 형태에 따라 골조튜브(Framed Tube), 가새튜브(Braced Tube) 등으로 구분된다.

튜브방식을 적용하면 콘크리트로도 초고층건물을 지을 수 있는데, 축하중을 외벽과 내벽코어벽체가 상당부분 부담하므로 내부기둥의 의존도가 낮아져 넓은 내부공간을 만들 수 있게 된다. 외피, 즉 외벽이 횡력에 저항하는 중요한 역할을 하므로 창과 같은 개구부 계획에 제약이 있다는 점이 튜브구조의 단점이다.

3. 고층 건물의 발달사

3.1 THE FUNCTIONAL PERIOD(기능주의 시대) 1880~1900

18세기의 산업화에 따른 도시 기능은 새로운 거주공간을 요구하였으며 변화와 더불어 건축 형태에 있어서도 특징적인 양식을 띄게 되었다.

초고층빌딩 1세대를 지나면서 고층건축물의 디자인은 구조적 시스템에 의하여 창의적 특성에 많은 한계에 있었으나 사회 문화적 변화와 더불어 발전하였다. 특히 이 시대를 건설기술의 혁명 시대라 부르며 건축물의 재료로서 무거운 석조건축물 대신에 가벼운 철강구조와 돌이나 테라코타로 된 파사드(facade)로 이루어진 건물이 대두되었다. 가벼운 구조재료로 인해 더욱 넓은 면적의 마감과 유리(glass) 적용이 가능해졌으며, 이 기간의 건물들(Reliance Building으로 요약되는)은 비용 효율적이고 잘 설계되었으며 장식은 거의 하지 않았다. 이 시대의 끝에는 장식과 유리 퇴창(glass bay window)이 초고층빌딩의 특징이 되었다. Chicago 대 화재 이후 시카고 재건기간동안에 고층건물 개발에 자극을 주는 많은 변수들이 대두되었다. 철골구조의 사용으로 5~10층 이상의 건물이 실현가능해졌으며 엘리베이터의 사용 등이 필요충분조건이었다.

고층건물은 초기의 시대 상황에서 볼 때에 새로운 기능성을 제공하는 건축물로서의 중요성뿐만 아니라, 기존의 도시적 Context에 상당히 이질적인 건축물로서 갖게 되는 도시와 건축 디자인측면의 중요성에 있어서도 많은 시도들이 건축가들에 의하여 이루어지게 되었다.

그 시대를 주도했던 네 사람들은 홈 인슈어런스(Home Insurance) 건물의 윌리엄 르 바론 제니(William Le Baron Jenny), 릴라이언스 빌딩(Reliance Building) 의 대니얼 번햄(Daniel Burnham), 모네드넉 빌딩(Monadnock Building)의 죤 웰본 룻(John Wellborn Root), 그리고 그들 모두 중에서 가장 영향력이 컸던 오디토리엄 빌딩(Auditorium Building)과 칼슨 피리에 스콧 빌딩(Carson Pirie Scott Building) 의 루이스 헨리 설리반(Louis Henry Sullivan) 이었다. Holabird and Roche의 선도적인 설계 사무소와 함께 한 이들 네 사람은 시카고 학파로 알려진 영향력 있는 건축운동을 일으키는데 도움이 되었다.

건물명	Home Insurance Bldg
준공년도	1885
건물높이	10층
위치	시카고
설계자	William Le Baron Jenny (초고층 구조 개척자)
특징	세계 최초의 Sky Scraper 경량커튼 wall 내화철골 1931년 철거

비고

건물명	Reliance Bldg
준공년도	1895
건물높이	15층
위치	시카고
설계자	Daniel Burn Ham
특징	철골구조, 당시 시카고의 대표적 초고층빌딩, 가장 빨리 지은 건물, 철골을 15일에 완성

비고

건물명	Monad nock Bldg
준공년도	1889
건물높이	17층
위치	시카고
설계자	John Wellborn Root
특징	철골& 벽돌 조, 퇴창, 1층 벽 두께가 2.4m나 되지만 외관은 높고 가볍고 우아하게 보임

비고

건물명	Wainwright Bldg.
준공년도	1891
건물높이	10층
위치	St. Louis
설계자	Louis Henry Sullivan (MIT)
특징	Vertical Line을 강조한 퇴창 아래 장식 패널이 수직라인과 Contrast를 이룸
비고	

건물명	Masonic Temple
준공년도	1892
건물높이	22층 / 92m
위치	시카고
설계자	Daniel Burn Ham & John Wellborn Root
특징	Romanesque Style의 반원형 아치창, 당시 건물 중 드문 고전적 형태의 아치창과 경사지붕과 다락방 구성, 1939년 철거
비고	

건물명	Guaranty Bldg.
준공년도	1895
건물높이	12층
위치	Buffalo
설계자	Louis Henry Sullivan & Dank mar Adler
특징	정교한 조각으로 기둥 벽을 장식한 우아한 건물, 앞으로 열리는 혁신적 시스템 창
비고	

3.2 THE ECLECTIC PERIOD(절충주의 시대) 1900~1920

현대 도시의 문화를 형성하는 초고층 건축물의 역사를 미루어 볼 때 Ada Louis Hextable은 고층건물의 양식적인 측면에서 초기의 기능성에 충실했던 스타일과 절충주의적인 스타일 그리고 이후 모던 스타일과 포스트모던 스타일로 분류하였다.

초기 스타일을 살펴보면 19세기 말의 초기 고층 건축물의 스타일은 기능적이고 절충주의적인 다양한 건축물들이 나타났음을 알 수가 있는데 이것은 네오고딕, 네오 르네상스 그리고 네오 고전주의적인 Revivalist Style로써 출현하게 된 것을 볼 수 있다.

고층건물의 특성은 공학기술 및 구조재료의 발달과 더불어 경제적인 측면이 우선되었다. 당시 건축주는 은행가들과 마차판매상(Wheeler-dealers)들로 부동산, 선박, 철도 등을 통해 부를 축적했다. 이들의 주된 관심사는 최소비용으로 건축적 효율성을 높이고자 하는 것은 당시의 고층건물에 있어서 당연한 과제이며 이에 따른 실용적인 측면에서의 건축적인 고려를 단순하고 분명하였으며 강한 힘을 표출 하였는데 이것이 절제된 기능주의 양식으로 나타나게 되었다.

이러한 양식의 고층건물은 뉴욕과 비교할 때 주로 시카고에서 초기에 실현 되었다. 그러므로 뉴욕에서의 고층건물은 고딕양식과 르네상스 양식을 모티브로 한 디자인이 많았던 것에 비해 시카고의 고층건물은 보다 기능적으로 절제된 양식이었다.

그 대표적인 예로 Daniel Burnham에 의한 1902년의 22층 규모로 높이 95m인 삼각형태의 고층건물인 Flatiron Building이 뉴욕에 세워졌다. 이 건물은 본래의 명칭이 Fuller Building 이었으나 그의 삼각 형태에 의하여 Flatiron Building이란 별명이 생겨났으며 그 후론 이 명칭이 자리를 잡게 되는데 Art Deco 이전의 Style로 분류되었다.

그리고 1909년에는 Pierre Brun에 의하여 50층 규모로 213.5m를 자랑하는 Metropolitan Life Insurance Tower가 실현되었다. 당시의 이 초고층 건축물은 외관이 Marble Face였으나 1964년에 Limestone으로 리모델링되었는데 Woolworth Building이 전까지 4년간 세계 최고의 높이였다.

고층 건축물의 기능 혹은 건축 디자인적인 양식의 중요성 이외에도 고층 건물로서 규모적인 측면의 높이 경쟁이 본격적으로 시작되었다.

건축가 Gilbert와 Aus에 의한 1913년의 Woolworth Building은 네오고딕 스타일의 60층 규모로서 뉴욕에 실현되었다. 이 건축물 높이는 241.5m로서 1930년에 71층 40 Wall Street가 뉴욕에 나타날 때까지 17년간 최고높이가 되었다는 것은 고층 건축물의 높이 경쟁을 보여주는 좋은 예라고 할 수가 있다.

절충주의(eclectic) 시대의 정점인 1920년대에는 가장 기념할만하고 훌륭한 마천루가 만들어졌다. 이후 steel section을 이용한 초고층건물과 호이스트(hoist)와 크레인(crane)의이용은 미국의 건설 산업에 있어서 제2의 본질이 되었다.

건물주와 건축가들은 소유주의 기업이미지나 야망을 반영하는 방식의 장식과 높이가 조합된 새로운 건축양식을 탐구하기 시작했다. 절충주의적 마천루의 정신적 고향인 뉴욕에서는 돈은 문제가 되지 않으며 건물들은 부와 지위의 힘으로 표현되었다.

건물명	Flatiron Bldg.
준공년도	1903
건물높이	20층
위치	뉴욕
설계자	Daniel Burnham
특징	뉴욕 Madison Square의 명물로 등장한 3각형 타워, 모서리는 1.8m 반경, 정교하게 조각한 석회석으로 장식된 프랑스 Renaissance Style의 매우 인상적 건물 Flatiron Bldg.

비고

건물명	Singer Bldg.
준공년도	1908
건물높이	47층 / 187m
위치	뉴욕
설계자	Ernest Flagg
특징	철골조, 주위의 15~20층 건물들을 내려다보고 있는 세계 최고 빌딩, 당시의 건물 높이를 단숨에 73m나 돌파한 프랑스 Florence 지방에서나 볼 수 있었던 Beaux-Art Fashion과 Mansard 지붕 Style의 건물

비고

건물명	Metropolitan Life Tower
준공년도	1909
건물높이	50층 / 213m
위치	뉴욕
설계자	Pierre Le Brun
특징	최초로 200m를 돌파한 경이적 Sky Scraper, 3층 크기의 벽시계를 Tower 4면에 장식한 시계탑은 뉴욕의 Sky Line을 더욱 멋있고 친근감 주는 명물로 등장, 보험 회사인 건축주가 추구한 기업 이미지가 성공한 작품

비고

건물명	Municipal Bldg.		비고
준공년도	1913		
건물높이	170m		
위치	뉴욕		
설계자	Municipal Bldg.		
특징	뉴욕 관공서 건물의 시초, 새로운 건축양식은 아니지만 고전적 주제를 건물에 자유롭게 부여하는 동기가 됨, 정교한 조각으로 장식		

건물명	Equitable Bldg.		비고
준공년도	1915		
건물높이	39층		
위치	뉴욕		
설계자	Ernest Graham		
특징	준공과 동시에 공공의 안전과 건강을 해치는, 사람을 담아놓은 거대한 상자라는 비난을 받음, 115,000㎡로 세계 최대 건물의 그림자는 4블록을 채움, 시건축위원회는 새 법령을 제정, 건축선 후퇴와 연면적을 1층 면적의 12배 이하로 규제(이 건물은 36배)		

3.3 THE ART DECO PERIOD(혼합양식 시대) 1920~1940

1920년대와 30년대에는 Art Deco 스타일의 고층건물이 나타나게 되는데 절충주의의 연장선상에 있는 Art Deco 스타일은 1920년대와 30년대에 있어서 국제주의 모던과 동시에 나타난 유행적인 재즈시대의 양식이며 이 명칭은 1925년 파리에서 개최된 Exposition Internationale des Arts Decoratifs et Industriels Modernes에서 유래되었다. 이것의 특징은 비기능적 모던과 유선형의 모티브로 나타났으며, 고층 건축물에서는 수직성과 건축물의 Set back을 유지하면서 세속적 고딕이라는 새로운 양식 속에서 발전되었으며 절충주의보다 더욱 화려하고, 장식적으로 나타났다.

Art Deco는 다양한 양식의 훌륭한 혼합이었는데, 이는 마야(Mayan), 아즈텍(Aztec), 중국 건축 등의 과거 유럽의 유행과 현대에 있어서 큐비즘(Cubism), 미래주의(Futurism), 표현주의(Expressionism) 등의 영향들을 포함한다.

1920년대는 재즈시대(Jazz age)의 출현뿐만 아니라 금주법과 이와 연관된 범죄 그리고 알 카포네(Al Capone)의 시대였다. 또한 이 시대는 미국의 재정적 수도였던 뉴욕과 육류와 곡물 시장의 중심지였던 시카고간의 격렬한 경쟁의 시대였다.

Art Deco가 시대의 건축양식이었던 동안, 건축가 사이에서는(특히 시카고 Tribune Tower의 설계 공모가 있은 이후) 절충주의의 파생적 디자인을 거부하고 순수건축을 동경하는 분위기가 고조되었다.

시카고의 Tribune Tower뿐만 아니라, 뉴욕의 New York Telephone Building과 American Radiator(현재의 American Standard) Building 등을 포함하는 그 시대의 랜드마크 건물들은 1924년에 완공되었으며, 후자의 경우는 트리뷴 타워와 비슷한 모양을 하고 있었지만 꼭대기로 갈수록 점점 좁아지는 형태였다. 황금 장식을 한 검정 색의 매끈한 이 건물은 매우 우아해 보였으며, 실제 높이인 21층보다 더 높아 보였다.

건물높이에 있어서, Woolworth Building이 최고를 고수하고 있었으며, 단지 207m 높이의 Chanin Building만이 거의 비슷한 수준이었다.

몇 십 년에 걸쳐 고층건물 건축기술은 전단 코어(shear-core), 전단 트러스(shear-truss) 그리고 프레임 튜브 구조(framed-tube structure)등은 엔지니어와 건축가들이 건물에 작용하는 힘을 보다 잘 이해할 수 있게 됨으로서 개발되었다. 그리고 higher-grade steel, thicker-plate girders, better-riveted connections, machine-excavated pile과 caisson foundations 등은 보다 높은 강도의 실현을 가능케 했다. 새로운 엘리베이터 설계는 건물에서 필요한 샤프트(shaft)가 더욱 적어졌다는 것을 의미했으며, 유효 바닥 면적이 더욱 늘었고 따라서 고층건물의 경제적 생존능력이 증대되었다.

강제 환기(forced ventilation), 형광등(fluorescent lighting), 가압 온수시스템(pressurized hot-water system)등과 같은 개선사항들 이 고층건물에 도입되었다.

건축가들은 이 시대를 풍미했던 건물 양식에 관해 의견이 분분했다. 이 시대 최후의 기념물인 Chrysler와 Empire State Building은 도시경관의 잊히지 않는 표식으로 남게 되었다. 오늘날 Empire State Building은 15000명의 사람들을 수용하고 있고, 73개의 엘리베이터가 7mile(11㎞) 길이의 엘리베이터와 이 건물에는 70mile(113㎞) 길이의 송수관과 2.5백만 피트(762,000m)의 전기배선을 포함하고 있다.

건물명	Wrigley Bldg.
준공년도	1921
건물높이	28층
위치	시카고
설계자	Ernest Graham & White
특징	chewing Gum(5Cent) 재벌 Wrigley의 사옥, 17층 기단과 11층 Renaissance식 시계탑으로 구성, 반 강접합 구조, 인력굴착으로 시공한 Caisson 기초, 테라코타 외벽

비고

건물명	Chicago Tribune Tower
준공년도	1925
건물높이	34층 / 141m
위치	시카고
설계자	Raymond Hood, John Howells
특징	세계 250팀 Competition 당선작 건축 주(신문사)는 신문의 힘과 권위를 상징하는 작품을 요구, 성당의 고딕형식 을 모방한, 8개의 버팀 기둥과 장식으로 구성된 왕관 모양으로 결정, 철골조, Caisson 기초

비고

건물명	Rockefeller Center
준공년도	1932~1940
건물높이	70층
위치	뉴욕
설계자	Raymond Hood
특징	뉴욕 도시개발 Project, 1920~1930년대의 건축가들은 뉴욕 중심가에 세워지는 거대한 1블록 규모의 이 설계에 참여를 원함. 사무실, 극장, 광장, 상가 등이 복합된 도시 안의 도시로 군림, 중앙에 우뚝 솟은 타워는 RCA Bldg.이며 Rockefeller의 힘을 상징

비고

건물명	Chrysler Bldg		비고
준공년도	1930		
건물높이	77층 / 319m		
위치	뉴욕		
설계자	William Van Allen		
특징	60년간 뉴욕의 상징으로 사랑을 받아온 낭만적, 환상적 건물, 건축주의 자동차에 대한 주제를 반영, Stainless Arch와 3각형 창, 전체적으로 안정된 균형의 외관은 자동차 시대의 넘치는 에너지와 화려함을 구체화한 Art Deco 시대의 대표작(282m에 37m첨탑 추가), 1년 뒤 Empire State에 뉴욕의 사랑과 최고건물의 타이틀을 빼앗김		

건물명	Empire State Bldg.		비고
준공년도	1931		
건물높이	102층 / 381m		
위치	뉴욕		
설계자	Shreve, Lamb & Harmon		
특징	뉴욕 전성기에 투기자본으로 건설, 로켓같이 솟아오른 세계최고의 기념비적 건물, 102층 전망대는 130㎞까지 조망되는 세계적 관광명소, 1930. 3. 17 착공, 4.5층/Week 속도로 410일 만에 준공, 사상 최고 시공기록 수립, 5천만$ 예산 18% 절감, GM 창립자 J.J. Raskob이 5명의 투자자 대표로 발주, 화려하지 않으나 저층, 중간층, 타워가 안정된 비례를 보여줌, 그림자 감소 위해 타워를 과감히 Set Back, 850개 회사 15000천 명 수용, 승강기 73대		

3.4 THE INTERNATIONAL STYLE(국제주의 양식시대) 1950~1970

1900년대 초반에 유럽에서 태동한 국제주의 양식(International Style)은 세계 제2차 대전을 피해 미국으로 이민을 온 Mies van der Rohe와 같은 사람들에 의해 확산되었다.

1950년대와 1960년대에는 미국의 고층건물에서의 건축양식은 새로운 전환점을 맞게 되는데 이것은 국제주의 양식 혹은 근대적 양식으로 나타났다.

이 시기에는 건축물의 외관을 유리로 만드는 커튼월이 채용되었으며 건축물의 상부는 평지붕으로 된 박스형태의 단순한 외관 디자인이 나타나게 되었다.

새로운 상업건물들은 경제적이고 기능적이어야만 했다. 또한 건축 재료로서 유리와 강철 그리고 콘크리트로 구성되었고, 모든 장식을 배제했다. 형태의 순수성은 단지 몇몇의 건물에서만 실현되었으며, 이중 최고는 Seagram Building이였다.

1952년 Skidmore, Owings and Merrill사의 디자인 파트너 Gordon Bunshaft에 의하여 설계된 Lever House는 대지의 1/4만 점유하면 Set Back없이 수직으로 올라갈 수 있는 뉴욕시의 Zoning Requlation을 이용한 최초의 고층 건물로서 비록 24층 규모의 낮은 건축물이지만 1950년대의 사무소 빌딩양식을 주도하게 되었다. 또한 낮게 깔린 저층부와 스테인리스 스틸로 된 창틀에 유리를 붙인 커튼월의 System으로 이루어진 고층부의 건축적 스타일은 이후 사무소용 건축의 기본 형태가 되었다.

1958년 뉴욕에 세워진 Seagram Building은 Seagram 회장의 건축을 전공한 딸이 아버지를 설득하여 아이디어를 가진 세계적인 건축가 Mies van der Rohe(1886~1969)를 고용하기를 원하여 실현된 고층 건물이다.

1951년 Mies에 의한 시카고의 Lake Shore Drive 아파트에서 더욱 발전된 39층 규모의 높이 160m로서 Miesian 스타일을 분명하게 표현되어 그의 단순한 외관미와 함께 현대적 고층건물의 prototype을 제시한 건물이다.

그의 유산은 아직도 많은 건축가와 실습의 산물에 반영되고 있다. 여기에는 Skidmore, Owings & Merrill, I.M.Pei, Roche and Dinkeloo, Seagram Building 설계 시 조수와 제자로서 일했던 Philip Johnson, 그리고 그가 시카고의 Illinois Institute of Technology에서 교수로 재직했던 시절, 그의 천재성을 접해 보았던 많은 사람들 등이 포함된다.

건물명	Lever House		비고
준공년도	1952		
건물높이	42층		
위치	뉴욕		
설계자	Gordon Bunshaft(SOM)		
특징	건물의 모양을 Box 같은 유리 커튼 월로 바꾼 최초의 혁신적 초고층 건축, 저층부는 기둥으로 받쳐진 수평의 Open Plaza, 고층부는 커튼월의 철골 구조 오피스 빌딩		

건물명	Seagram Bldg.		비고
준공년도	1958		
건물높이	40층		
위치	뉴욕		
설계자	Mies Van Der Rohe		
특징	2층 높이의 Open Lobby 위에 38층 오피스, Mies의 국제주의 철학이 담긴 첫 번째 작품, 지금까지 세워진 초고층 건물 중 가장 훌륭한 Glass Tower로 평가		

3.5 THE SUPERTALL PERIOD(초고층 시대) 1965~1975

1960년대의 이미지를 경제적 능력과 힘의 한 부분으로서 재등장하게 되었다. 틀에 박힌 유리 상자 모양에 대한 불만족의 증가에 대한 것뿐만 아니라 고층건물 시공기술에 대한 혁신에도 많은 기여를 하게 되었다. high-grade steel, fusion-welded sections 그리고 새로운 타입의 커넥션(connection) 등은 거대구조물에 대한 새로운 디자인이 결합됨으로서 건물의 무게와 공기, 공사비 등을 줄이는데 무한히 많은 잠재력을 제공하였고, 힘의 표출을 절제된 기능주의 양식으로 나타나게 되었다.

국제주의 양식의 평가절하는 평범한 건축과 양식의 단조로움을 탄생시켰다. 1960년대와 1970년대는 건축양식에 대한 논쟁의 기간이 되었다. 한쪽은 Mies van der Rohe의 미니멀리즘 건축철학을 추종하는 모더니스트였다. 시카고에서 C. F. Murphy는 1965년에 Richard Daley Center를 완성했으며, 거의 같은 때에 Mies 자신은 Federal Center를 완성시켰다.

또 다른 한쪽은 초기 포스트모더니스트와 로맨틱 모더니스트로서, 상징주의 그리고 절충적 건축과 더욱 어우러진 장식의 부활을 꿈꾸었다.

건축가들이 건축의 미래에 대하여 논쟁을 하는 동안, 건물 개발업자와 소유주는 다시 고층건물들에 관심을 가지게 되었다.

1973년 Minoru Yamansaki와 Emery roht에 의한 단순한 형태의 국제주의 양식으로 분류되는 World Trade Center를 뉴욕의 맨해튼에 실현되었다.

몇 년의 기간을 두고 2개의 타워로 이루어진 이 초고층 건물은 스텐리스 스틸과 알루미늄 패널로 마감된 110층의 규모로 타워 I 이 417m의 높이이며 타워 II가 415.5m의 높이로 설계되었다. 초기에는 100여 개의 계획안이 제안되었으며 150층 규모의 단일 타워도 계획되었다. 그러나 당시에는 수용할 수 없는 지나친 스케일에 의하여 두 개의 타워로 바뀌게 되었으며 1974년 시어즈 타워까지는 세계 최고 높이를 자랑하였다.

그러나 현대적 초고층 건축물의 구조 시스템과 건축디자인에 있어서 새로운 전기를 마련한 것은 Skidmore, Owings and Merill사의 구조기술자 Fazlur Khan과 건축가 Bruce Graham에 의한 John Hancock Center와 Sears Tower였다.

그들은 1969년에 X-bracing과 튜브구조를 혼합한 구조 시스템을 제안하여 100층 규모의 높이 344m인 JOHN Hancock Center를 시카고에 실현하였다.

이와 더불어 1974년에는 Bundled Tube방식의 구조 시스템에 의한 110층 규모의 높이 442m의 세계 최고층 건축물인 Sears Tower도 시카고에 실현하였다.

이 두 초고층 건축물은 구조 시스템이 건축 디자인으로 변환된 놀라운 건축적 가치를 표출하였다.

건물명	John Hancock Center		비고
준공년도	1969		
건물높이	100층 / 344m		
위치	시카고		
설계자	Fazlur Khan		
특징	건물 외벽에 5개의 거대한 가세를 설치, 100층 건물을 가장 안정적이고 경제적으로 건설, 기존 공법보다 15백만$를 절감, Big John 이란 애칭, 호텔, 오피스, 상가, 아파트, Fitness Center 의 복합건물, 40 층에 큰 수영장이 있음		

건물명	IDS Center		비고
준공년도	1972		
건물높이	52층 / 236m		
위치	Minneapolis		
설계자	John Burgee, Philip Johnson		
특징	투자자를 위한 다양한 서비스 센터(Investors Diversified Service Center) 라는 이름에 걸맞게 오피스, 호텔, 백화점, 쇼핑센터, 은행, 주차장, 정원을 구비한 이 지역의 최고 건물, 8각형 평면, 8개의 Zig-zag로 Set Back된 코너의 Glass 타워		

건물명	World Trade Center
준공년도	1972~73
건물높이	110층 / 417~415m
위치	뉴욕(Neo-Gothic Revival Style)
설계자	Minoru Yamasaki
특징	Tube 구조, 104m의 TV 안테나, 23대의 고속용, 72대 일반 승강기, 건설비 5억$, 진동 감쇄기 설치, 1,208천m²(365천 평), 철골192천톤(160kg/m²)소요, 5만 명 수용 1993.2.26. 지하주차장 폭탄폭발, 700여명 부상, 보안시스템 파손되었으나 건물 구조는 안전, 20일만에 보수완료, Open, 2001.9.11. 항공기 테러로 붕괴

비고

건물명	Sears Tower
준공년도	1974
건물높이	110층 / 443m
위치	뉴욕
설계자	S.O.M.(Bruce Graham & Fazlur Khan)
특징	실질적 세계최고 건물(Pinnacle 제외) 9개 Tube로 구성, 50층부터 7개, 66층 5개, 90층 2개로 Set-back, 104천 평 1일 관람객 5천명, 주간 상주 10,000명 승강기 104대, Escalator 18대, 청소 Robot 6대, 77m 안테나, 철골 76천 톤 100km/h 바람에 상층부 30cm 이하로 진동하는 진동 감쇄기 설치, 높고 가볍고 강한 구조(223천 톤, 62m낮은 Empire State Bldg은 365천 톤)

비고

3.6 THE SOCIAL SKYSCRAPER(사회적 고층건물 시대) 1975~1980

건축가들이 고층건물의 이미지, 양식(style) 그리고 사회적 특성 등에 대하여 조사하고 개량함에 따라, 실험의 기간이 연장된 것은 1970년대에 시작되었다.

초고층건물은 더 이상 그들이 속한 거리와 커뮤니티로부터 고립된 탑으로 존재할 수 없었다. 이러한 건물들이 단지 스카이라인만을 아름답게 하기 위해서 건축되는 것은 더 이상 있을 수 없었다. ; 이 건물들은 인간 척도와 인간다운 모습을 포함하고 있어야만 했다. 이러한 디자인은 20세기 후반의 포스트모던하고 로맨틱 모던한 초고층건물의 선구자들에 의해 대두되었다.

시카고 John Hancock Center는 성공적인 혼합용도의 고층건물임에도 불구하고, 결코 주변 환경과 상호교류하지는 못하였다. 최초의 진정한 사회적 고층건물(social skyscraper)은 Citicorp Center와 Pennzoil Place이다.

고층건물의 새로운 양식에 대한 연구는 유리 상자 형태의 고층건물에 대한 거부를 야기했다. 높이는 문제가 되지 않았으며, 아주 높은 몇몇의 건물들이 완공되었다.

그러나 진정 필요한 것은, 그들 기업의 아이덴티티를 희생하지 않으면서도 보다 매력적이고, 도시경관과 잘 어울리면서, 건물을 커뮤니티의 일부분으로 만들어 줄 수 있는 양식(style)이었다. 건축가들은 여러 가지 방법을 동원하여 이 일에 착수했다. 어떤 것은 유리 입면을 개조해서 주변 환경을 반사하는 날씬한 건물을 만들었고, 또 어떤 것은 Xerox Center의 'falling paper' 모양처럼 고급스럽고 드라마틱한 효과를 내는 것도 있었다.

또 다른 건물들은 사무실과 아파트가 혼합된 혼합용도 건물로 설계되어졌으며, 여기에는 광장, 아트리움, 쇼핑센터, 문화센터 등이 포함되어 있었다.

게다가 건축가들은 사회적 편의시설과 공공공간을 그들의 건물 내에 제공하는 것을 약속함으로서 몇몇 계획관련 법규로부터 자유로워질 수 있었다.

Minneapolis에 있는 IDS Center는 Philip Johnson John Burgee에 의해 설계되어 1972년에 완공되었는데, 호텔과 쇼핑 콤플렉스를 포함하고 있었으며 편평한 모서리를 가진 납작한 팔각형 모양을 하고 있었다. 4년 후에는 같은 팀이 Houston에 소재한 Pennzoil Place를 완성시켰다. 이 건물은 두 개의 사다리꼴 타워를 비스듬히 깎아 세워놓은 것처럼 보이며 Greenhouse-type의 로비에 의해 연결되어 있다. 그러나 이 기간 최고의 건물은 아마도 뉴욕에서 1977년에 완공된 Hugh Stubbins의 Citicorp Center일 것이다.

건물명	Pennzoil Place		비고
준공년도	1976		
건물높이	36층		
위치	Houston		
설계자	Philip Johnson & Burgee		
특징	2개의 사다리꼴, 순수기하학적 추상의 입면, 2 Shaft가 서로 다른 건물을 비추는 거울 역할, 두 건물 사이에 크고 경사진 지붕의 비스듬한 삼각형 유리 Canopy(Green House) Lobby로 연결, 철골조		

건물명	Citicorp center
준공년도	1977
건물높이	59층 / 279m
위치	뉴욕
설계자	Hugh Stubbins
특징	4개의 거대한 기둥과 코어가 건물 전체를 10층(35m) 높이로 떠받침 횡변위 감소 위해 상부에 동조질량감쇄기(Tuned Mass Damper) 설치, 지붕 경사면에 Solar Collector 설치

비고

건물명	Xerox Center
준공년도	1980
건물높이	
위치	시카고
설계자	Helmut Jahn
특징	특색 있는 곡면코너는 복사기에서 연속 복사되어 나오는 종이를 상징, RC 구조, 백색 알루미늄 반사 창유리

비고

3.7 THE POSTMODERN PERIOD(고전적 현대주의시대) 1980~1990

1980년대 이후 들어, 모더니즘에 바탕을 둔 기능적 형태의 단순한 박스와 커튼월에서 벗어나 복고적 표현을 나타내는 포스트모더니즘 경향이 나타났다.

이러한 경향에서 가장 주목받는 건축가는 Philip Johnson이라고 할 수가 있다.

대부분 포스트모던이나 로맨틱 모던으로 지칭되는 것들로서, 혼란스럽게 많은 양식들은 대략 1980년 이래로 건물계획에 혼합되었다. 이러한 양식들의 카탈로그는 고전적 포스트모던, 하이테크(High Tech), 현대 표현주의, 다양한 색채의 미래주의, 현대 미니멀리즘 등을 포함할 것이다. 이 모든 것을 통합하는 것은 현재의 기업문화와 부합되는 상징주의에 대한 연구를 하는 것이다.

Philip Johnson에 의한 많은 고층건축물들이 1980년대 포스트모더니즘 스타일로 설계되었으나 그

중에서도 AT&T Headquarter Building은 이러한 시도가 이루어진 건물의 대표적 사례이다. 이 건축물은 37층 규모의 197m로서 초고층 건축물은 아니지만 그의 건축 미학적인 측면에서 찬사와 비난을 같이 받게 되는데 Robert A. M Stern은 Glass Box의 Nihilism을 파괴한 획기적인 작품으로 평가되는 반면에 Louis Hextable은 예술작품이기보다는 돈키호테적 미학이라고 표현하는 등 논쟁이 가열되었던 고층건물의 한 예로서 20세기 후반에 일어나는 다양한 건축적 미학과 그에 따르는 초고층 건축물의 양식적 변화를 암시하게 되었다. 다양한 구조적 시스템은 합리주의에서 크게 벗어나지 않으나, 건축물 전체에 포함되는 역사적 어휘를 통한 감성적 표현이 강하게 나타난다.

이러한 감성적 경향은 일정한 양식적 전형의 추구와 다른 다양성이 형태구성의 근거로서 외관 뿐만 아니라 내부의 장식화에도 중요하게 대두되었다. 이처럼 복고적 경향을 갖는 건축물로서 Philip Johnson에 의하여 1984년 미국 텍사스 휴스턴에 완공된 56층 규모의 235미터 높이의 Republic Bank Center가 있다. 이 로맨틱 표현주의적인 건축물이 완성되고 난 후 Philip Johnson은 스스로 이 건축물에 대하여 "지금까지 설계한 작품 중에서 가장 뛰어난 조각품이다"라고 평가하였다.

KPF에 의하여 시카고에 1990년 당시에 건축 되었을 때에 세계에서 최고 높은 철근콘크리트 초고층 건축물로서 유명한 65층 규모의 높이 293미터인 311 South Wacker Drive와 53층 규모 높이 241미터로 필라델피아에 세워진 Mellon Bank Center 등이 포스트모더니즘 스타일의 초고층 건축물로서 대변된다. 그리고 1989년 SOM에 의하여 세워진 60층 규모의 높이 270미터인 AT&T사옥 등이 대표적인 포스트모더니즘 스타일의 초고층 건축물이라 할 수가 있다. 이러한 1980년대의 포스트 모더니즘적인 경향을 드러내어 주는 것이 있었는데 1982년에 실시된 휴스턴의 Bank of Southwest Tower가 좋은 사례라 할 수 있다.

여기에는 Helmut Jahn, KPF 그리고 SOM의 3개 회사가 참여하였는데 각 회사의 제출된 계획안은 당시의 경향을 잘 보여 준다고 할 수가 있다.

고층건물의 건설이 전 세계적인 현상으로 번짐에 따라, 고층건물의 건축양식들은 다양한 문화와 기후에 적응되게 되었다. 그러나 어느 나라든 간에 고층건물은 공공의 관심과 경제적 힘을 표출하는 주요한 방법으로 남아 있다.

건물명	Trump Tower
준공년도	1983
건물높이	52층
위치	뉴욕
설계자	Swank, Hayden &Connell
특징	상가, 아파트, 오피스 복합건물 Setback 되는 지붕에 옥상정원을 꾸며 관목, 넝쿨나무를 심어 특히 야경을 아름답게 함

비고

건물명	National Bank Center
준공년도	1984
건물높이	56층 / 238m
위치	Houston
설계자	Philip Johnson
특징	Post Modern의 대표작 당당하고 환상적인 성당 형식의 건물 화강석 외벽, 커튼 월, 매끄럽고 상쾌한 마감과 상세 역동적 Setback

비고

건물명	Olympia Center
준공년도	1986
건물높이	63층 / 222m
위치	시카고
설계자	S.O.M.
특징	오피스, 콘도미니엄, 상가, 주차장 복합건물 높지 않으나 독특한 외관의 주상복합 Concrete Exterior Tube, Flat Slab 구조 스웨덴 핑크 색 화강석 외벽, 연청 색 보온 유리

비고

건물명	AT&T Corporate Center		비고
준공년도	1989		
건물높이	60층/307m		
위치	시카고		
설계자	S.O.M.		
특징	미국 초고층 건축의 낙천적이고 강한 모습을 보여주는 Modernism을 개척한 작품 붉은 화강석 외벽은 위로 가면서 엷어짐 30, 45, 49층에서 Setback 효율적 에너지 관리, Computer 제어 냉난방, 급배기 시스템		

건물명	Hotel Olympia		비고
준공년도	1990		
건물높이	44층		
위치	Barcelona, Spain		
설계자	S.O.M.		
특징	1992년 올림픽을 대비한 호텔 Spain 최고 건물, 453Room 호텔, 33Apt, 6개 층 오피스 Cross Braced Exterior Frame은 외벽과 1.5m 떨어져 설치한 특색 있는 건축		

3.8 The Pacific Rim Challenge Period(환태평양 변화 시대) 1990~2000

1990년대에 들어서면서 건축적 상황은 최첨단의 공학 기술 발전에 의하여 하이테크적 요소가 나타나게 되었다. 이것은 하이테크 건축이 양식적인 면을 고려하기보다 투명성, 동적인 것과 밝은 채색을 통해 구조와 설비적인 표현을 도모하는 디자인적 접근을 함으로써 건축물의 서비스 기능과 구조를 부각시키는 것으로 나타나게 되었다.

이러한 것의 대표적인 예로는 1994년 중국에 계획하여 설계에 당선된 SOM의 Xiamen post & Telecommunications Building을 들 수가 있다.

이 초고층건물은 규모로는 전체 63층이며 전자파의 파동을 상징적으로 고려함과 동시에 엘리베이터의 외부 노출과 외부 Atrium을 도입하여 하이테크적인 요소를 표출하였다. 또한 축적된 첨단의 공학적 기술과 시스템은 건축적 디자인에 있어서의 융통성 즉 자유로움을 부여하였으며 여기에는 구조적 기술과 재료뿐만 아니라 환경 설비에 따른 에너지, 사무 자동화, 승강기 시스템 등의 총체적 기술로써 미래 지향적 상징성의 추구로써 나타났다. 이와 더불어 어떠한 국가 혹은 기업의 이미지를 부각시키려는 노력들이 건축적 상징성에서 나타나게 되었으며 이것은 초고층 건축물이 공학 기술의 완성도를 의미할 뿐만 아니라 한 시대 혹은 사회의 상징으로서 더욱 관심을 끌게 되는 것을 의미하게 되었다.

아시아 태평양지역에서는 많은 수의 새롭고 매우 높은 고층건물들이 계획되었고 이에 따라 시공되었다. 특히 홍콩에서 시작된 초고층행진은 동남아시아를 거처 중국에 이어져 태평양 연안의 도시로 급속히 전파되었다. 서구인들은 동남아 국가들이 고층건물 건설이 국가를 후진국에서 단숨에 선진국으로 뛰어오르게 할 수 있다고 생각하고 있다. 실제로 동남아에 세워진 고층건물은 시각적으로 매우 강한 동양적 문화의 인상을 보여 주고 있다.

홍콩은 많은 주택건물, 호화 아파트, 호텔 그리고 상업건물들이 1평방mile 안에 다 같이 들어가 있는 거대한 고층건물 개발이 되어 있는 곳으로서, 이는 뉴욕이나 시카고에서 보여지는 것보다 더욱 심하게 밀집되어 있다. 홍콩의 경제적 심장인 Central district waterfront를 어렴풋이 들여다보면, 전 세계에서 가장 높은 건물들 중의 하나인 몇몇 건물들이 들어서 있다. 동쪽으로 Central Plaza의 황금빛과 은빛의 입면은 Kowloon 언덕과 중국본토를 유유히 바라보고 있으며, I. M. Pei의 Bank of China 타워는 멀리 빅토리아항을 바라보고 있다. 이들 두 건물은 세계에서 4번째, 5번째로 높은 건물이다.

또한 1227feet(374m) 높이의 Central Plaza 건물은 세계에서 가장 높은 철근 콘크리트 건물(reinforced concrete building)이다. 그러나 세계적으로 남동아시아와 중국의 빠른 경제성장의 영향으로 위의 건물들이 이러한 랭킹을 그리 오랫동안 지니고 있지는 못했다.

또한 이 지역들은 초고층건물의 새로운 세대의 탄생지이기도 하다. 중국, 말레이시아, 대만 이외의 야심 찬 나라들은 국제사회에서의 그들의 등장과 홍콩, 싱가포르, 일본보다도 큰 그들의 경제시장을 표현하기 위한 거대구조물을 계획했다. 이러한 결과로 인해, 태평양 연안지역의 도시들은 머지않아 뉴욕과 시카고를 따라잡고 고층건물분야의 새로운 리더로 떠오를 것이다.

건물명	Central Plaza		비고
준공년도	1992		
건물높이	78층 / 374m		
위치	Hong Kong		
설계자	Ng Chun Man(홍콩)		
특징	금색, 은색의 유리로 입힌 Empire State Bldg.과 비슷한, Pyramid 형 지붕의 건물 홍콩 최고, RC조로는 세계 최고의 건물 Cut off된 3각 평면 모서리 3 Legged Mast에 설치된 Neon Sign 불빛에 밤에는 더욱 빛남 2,230㎡(765평)/층, 무주 평면, 입주자 호평 당초 SRC조를 RC 조로 변경, 높이 줄었으나 층 당 면적 170평 증가, 3천만$ 절감(17.6%), 공사비 141백만$(2,700$=3.3백만 원/평)의 경제적 건설비		

건물명	Land Mark Tower		비고
준공년도	1993		
건물높이	70층 / 296m		
위치	Yokohama		
설계자	Stubbins & Associates		
특징	도시 재개발에 따른 일본 최고의 건물, 힘찬 근육질의 우아한 화강석 외벽, 동양의 단순함과 서양 건축기술의 합작품 4 Super Column, Tube in Tube구조, 67층에 2방향 Tuned Damper 설치 기네스북에 오른 세계 최고속 승강기(12.5m/sec, Otis 제)		

건물명	Bank of China
준공년도	1989
건물높이	70층/369m
위치	Hong Kong
설계자	I.M. Pei & Partners
특징	삼각형의 나선형으로 Setback되며 올라가는 청회색 유리의 철골조 Al.커튼 월 건물 우아한 외부 Bracing의 유연한 구성은 보는 사람들을 외경과 경이로 숨이 막히게 함 현대건축 감각과 구조 기술의 완벽한 최고걸작으로 평가됨

비고

건물명	Petronas Tower
준공년도	1998
건물높이	88층/452m(B6)
위치	Kuala Lumpur
설계자	Cesar Pelli
특징	회교사원의 탑 모양, 회교 상징인 8각형, 88층의 쌍둥이 타워, 379m의 건물에 73m 첨탑 추가 

비고

건물명	Jin Mao Bldg
준공년도	1999
건물높이	88층 / 421m / 지하 3층
위치	Shanghai
설계자	S.O.M.
특징	중국 전통의 탑 모양으로 리드미컬하게 솟아오르는 건물, 행운의 숫자 8을 많이 사용(8각형 평면, 8각형 Mat 기초, 8개 Mega Column, 88층, 외관 비 8:1, 98년 8월 8일 준공) 기둥과 Core가 Outrigger Truss를 형성, 수직, 수평하중에 저항 65m, 914d, 20m/m 강관파일 429개위에 62m, 각 4m, 510kg/㎠ Conc. Mat 기초 타설, Conc. 수직압송 395m 신기록(연약한 지반, 태풍, 지진)

비고

건물명	Chongqing Tower	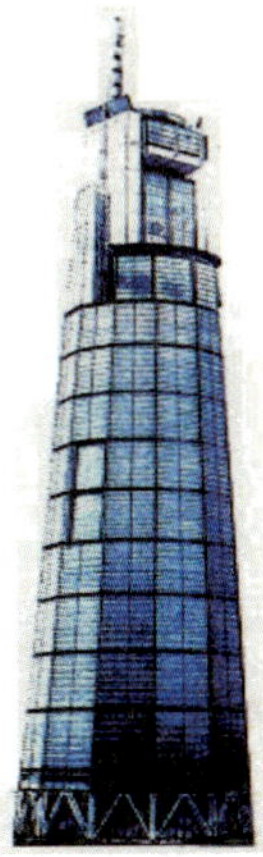	비고
준공년도	2005		
건물높이	114층 / 457m		
위치	중경(중국)		
설계자	Haines, Lundberg, Waehler		
특징	중국 서부 신창의 수도에 건설 Frame Tube 구조, 417m에 40m 첨탑 추가		

3.9 초고층의 미래(2000~)

도시환경, 건축 및 사회, 문화적인 측면에서의 중요성을 더욱 고려하게 되는 것이 오늘날 초고층건물의 현황이다. 초고층 건축물은 현대 도시에 있어서 사회적 형태의 표현으로서 높은 상징성과 그에 따른 현대도시의 랜드마크적인 요소로서 특정 국가나 특정 장소의 지역 및 사회, 문화적인 정체성으로 나타나게 되는 것은 당연하다고 사료된다.

고층건축물 용도와 기능에 따르는 역할은 사회 및 문화적인 기능성의 확보로 이어지며 이것은 현대 도시와 국가의 미래 지향적인 상징성을 더욱 뚜렷하게 부각시킬 것이다.

21세기 꿈은 도시 밀집과 인구과밀 해소 및 건축 재료의 효율적 사용으로 500년 이상의 내구연한을 갖는 구조물을 건설하는 것이다

초고층건축물의 건설은 자원 활용과 환경공조, 고밀도 사회문화의 창조, 도시 공간의 재생이라는 개념을 바탕으로 인간의 꿈을 실현하기 위한 조건으로는

▲ 공간 활용을 극대화한 합리적인 도시기능

▲ 도시의 블록화 및 도시환경

▲ 사람 화물의 효율적 이동 가능한 수직교통 시스템

▲ 유효 자원을 이용한 에너지 절약 및 자급 시스템

▲ 자연을 이용한 생태학적 에너지 시스템의 개발

▲ 구조 주요부재의 경량화

▲ 구조의 적정한 구조 System 선정

▲ 구조 주요부재의 고강도화

▲ 시공성을 고려한 계획 및 요소기술 개발

4. 고층건물의 구조 SYSTEM

4.1 골조 구조시스템

초기 초고층건물에서 널리 사용된 방식으로 요즈음도 시공의 편의성으로 인해 재래식 시공방법을 이용하여 널리 시공되고 있다. 부재의 접합부 형식에 따라 부재 접합을 강접합으로 처리하여 보와 기둥으로 횡력을 부담할 수 있도록 하는 강성골조방식과 횡력을 부담하는 부재를 별도로 두고 기둥-보의 접합부를 힌지로 하는 힌지 골조방식이 있다.

골조시스템은 건축계획에 있어서 평면 제약이 비교적 적고 시공성이 용이한 장점이 있다. 특히 콘크리트 구조인 경우 재료의 일체성으로 비탄성 영역에서도 구조 내력을 발휘 할 수 있으며 한개 이상의 부재가 부분적으로 파괴되더라도 어느 정도 구조적 거동을 유지할 수 있으며, 적정높이 이상의 건물에서는 비경제적인 구조시스템이 된다.

일반적으로 라멘구조에서는 수평하중으로 인한 변형량은 골조의 전단변형에 의하여 주로발생하고 기타부분은 기둥축소 등의 부수적인 영향에 의해 발생한다. 따라서, 수평하중에 저항하는 모멘트저항골조가 기본적으로 부재의 휨에만 의존하기 때문에 이러한 수평력에 비례하여 부재의 크기와 강성을 증가시키는 방법으로만 대응하기 때문이다.

이러한 이유로 모멘트저항 골조시스템을 적정높이(20~30층) 이상의 고층건물에 적용할 경우에는 가새골조 시스템, 전단벽 시스템, CORE SYSTEM 등 다른 시스템과 병용하는 구조시스템이 바람직하다.

4.1.1 강접합 골조(Rigid Frame)

철골조나 현장타설 콘크리트조의 경우, 보와 기둥을 강접합으로 연결하는 방식으로 보와 기둥이 연직력과 횡력을 동시에 지지하도록 한다. 이 때 횡력에 대한 효율은 스팬과 부재의 춤에 따라 달라진다. 즉, 스팬이 작고 춤이 클수록 횡력에 대한 효율은 증가한다.(보 간격이 작고 보의 춤이 클수록 증가한다)

강성골조방식은 횡력에 대하여 강성이 적으므로 해석 시 횡변위 검토에 유의하여야 한다. 또한 슬래브는 횡력을 분배하는 역할을 하므로 개구부의 위치와 크기에 유의해야 하며 슬래브 두께는 횡변위 강성에 영향이 없다. 이 방식은 20층 내외 규모에서 사용되고 있다.(lever house-new york, 1952)

4.1.2 힌지접합 골조(Hinge Frame)

힌지골조는 연직력을 지지하게 하고 수평력에 대해서는 강성골조로 지지하게 하는 방식으로 힌지골조, 강성골조, 가새, 벽체와 같은 수평하중 저항시스템을 혼합 사용하는 방식이다.

횡력을 지지하는 구조체와 혼합될 경우 가새된 골조 형태가 되어 횡력은 수평하중 저항시스템이 부담하게 된다. 이 방식은 철근콘크리트조보다는 철골이나 목조의 경우에 종종 사용되는 방식이다.

4.1.3 반 강접합 골조(Semi-rigid Frame)

주로 철골조 구조에서 사용되는 system으로서 초기의 고층건물에서 많이 사용되었으며, 철골조의 바닥과 골조를 리벳이나 볼트로 접합된 구조로서 이러한 형태의 반 강접 조인트는 건물을 유연하게 하기 때문에 고층건물일 경우에는 건물의 변위와 비틀림서 매우 불리한 system으로 19세기 말에 시카고에서 지어진 초기의 구조물에 많이 이용되었다.

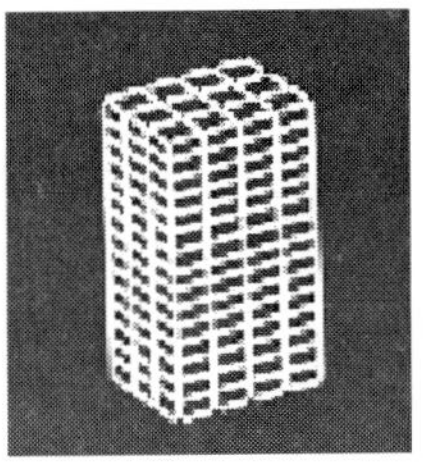

그림 C-4-1 reliance building-chicago, 1895

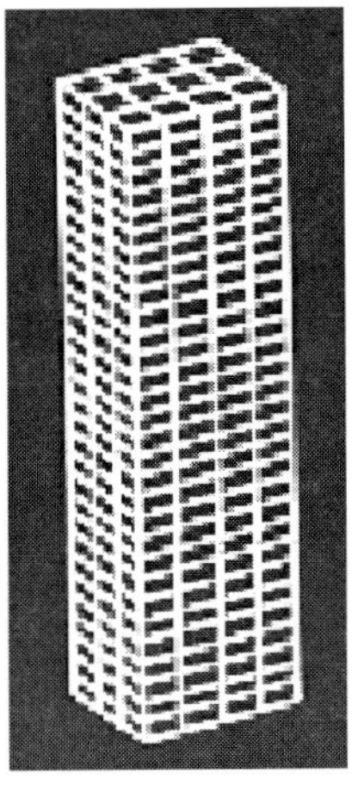

그림 C-4-2 lever house-new york, 1952

4.1.4 골조 시스템 특징

강성골조는 연속성 때문에 횡력을 받게 되면 보와 기둥이 휘게 된다. 이러한 강성골조가 갖는 연속성의 특징은 강접합된 구조물이 외력을 받아서 변형하더라도 접합점에서 각 부재가 이루는 각도는 변함이 없다.

골조의 하중지지능력은 보와 기둥의 강도에 의해 결정되는데 층이 높아지고 기둥 간격이 커짐에 따라 감소한다. 강성 골조의 수평 변형은 두 가지 요인에 의해 생긴다.

a) 켄틸레버식 휨에 의한 변형

이 현상은 보통 현재의 변형 현상으로 알려져 있다. 구조물이 전도모멘트를 받게 되면 수직 켄틸레버와 같이 작용하며 부재들의 축방향 변형에 의해서 변형을 한다. 기둥 길이의 증가 및 감소로 횡변위가 생긴다. 이 변위는 구조물의 전체변위의 20%에 해당된다.

b) 보와 기둥의 휨에 의한 변형(그림 C-4-3)

이 현상은 전단변형 현상으로 알려져 있다. 보와 기둥에 수평 및 수직의 작용함에 따라 이들 부재에는 휨모멘트가 생기며 구조물은 변형된다. 이 변형은 보에 의한 변형 65%와 기둥에 의한 변형 15%로 건물전체 변형의 80%에 해당된다. 처짐 곡선을 전단력도 일치한다. 변형은 최대 전단력이 생기는 구조물의 기초에서 가장 크다.

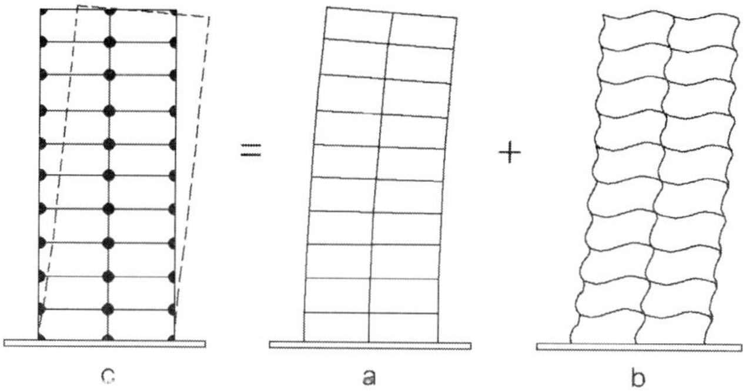

그림 C-4-3

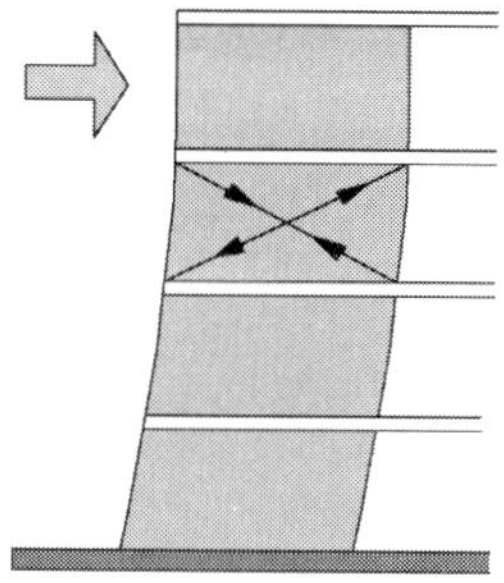

그림 C-4-4

4.2 내력벽 구조시스템

역사적으로 볼 때, 내력벽 구조는 대규모의 조립식 구조물에 사용되어 왔으나 그 거대한 무게와 평면계획상의 불변성 때문에 고층건물에는 부적합 하게 되었다.

그러나, 최근 보강 조적식 공법 및 조립식 콘크리트 판넬 공법, 철근콘크리트의 발전으로 10~20층의 건물에서는 경제적인 구조법으로 받아들여지게 되었다. 이 구조는 아파트나 호텔같이 고정된 공간 분할 형태를 갖는 건물에 적당하다. 내력벽의 원리는 다양한 건물평면이나 형태에 적용할 수 있다. 평면 형태는 단순한 직사각형의 형태에서 원형, 그리고 사절형의 삼각형 모양까지 다양하다. 내력벽 구조는 일반적으로 선형벽으로 구성되어 있다.

건물 내에서 선형벽의 배열에 따라 다음 3가지 군으로 구분한다.

- 대린벽 구조(cross w變all)는 건물 장변 방향에 수직으로 평행인 내력벽으로 구성되므로 전면의 외관과는 상관이 없다.
- 장벽 구조(Long Wall System)는 건물 장방향과 평행인 선형 내력벽으로 구성되므로 전면의 외관벽으로 사용된다.
- 2방향 구조(Two-way System)에서는 선형 내력벽들이 2방향으로 소개된다.

또, 어떤 건물은 구조적인 면에서 독자적인 내력벽 구조를 사용하는 여러 가지 부분으로 나누어질 수도 있다. 위에 열거된 분류는 직사각형 평면의 건물에 작용되지만 복잡한 평면을 갖는 건물을 분할하는 것은 어렵다.

하중에 대한 내력벽 구조의 응답은 사용 재료와 수평 바닥면과 수직 벽면의 상호작용에 의해 변화한다. 즉 이러한 거동은 벽면의 연속성과 바닥슬래브와 벽의 접합 상태의 함수로 표시된다. 조적조 구조물과 조립식 콘크리트 구조물에서는 바닥 구조가 연속벽에 힌지로 접합(다른 특별한 접합 시스템이 작용되지 않는 다고 가정)되어 있는 반면에 현장콘크리트 건물에서는 바닥과 벽이 일체식으로 되어 있다. 입체적으로 상호 작용하는 현장 콘크리트 건물은 힌지로 접합된 조적조나 조립식 건물보다 강하므로 고층건물에 유리하다.

수직하중은 휨의 형태로 바닥구조 를 통하여 벽에 직접 전달된다. 바닥 스펜은 바닥구조의 하중 지지능력과 횡력에 대한 강도에 따라 3.5m~5.5m 정도로 한다. 벽은 얇고 넓은 기둥과 같이 하중에 대한 저항하므로 좌굴에 대한 검토를 하여야 한다.

벽체의 압축응력은 벽체의 간격, 건물의 높이와 형태 그리고 벽체 개구부의 크기 및 배치방법에 따라 달라진다. 벽의 개구부는 교차로 배치함으로써 발생하는 지압응력(Bearing Strees)을 피하기 위해 같은 수직선상에 배치하여야 한다. 또한 벽은 벽체에 편심을 가지고 접합되어 있는 바닥에 의한 휨모멘트를 지지하여야 한다. 수평력은 다이아프램(Diaphragm)으로 작용하는 바닥구조에 의해 전단벽에 전달되는데, 전단벽은 높은 강성을 가지므로 전단과 전도에 대한 휨을 지지할 수 있다.

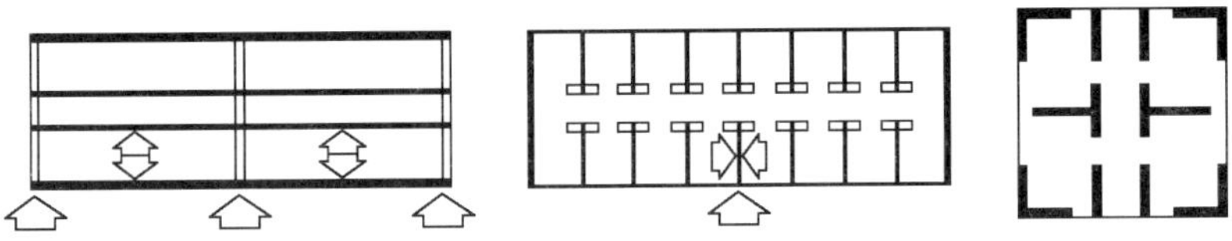

a. 장벽 b. 대린벽 c. 2방향

그림 C-4-5

위 그림은 건물의 단변 방향에 평행하게 작용하는 바람에 대해 대린벽 구조의 벽은 연직하중을 지지할 뿐만 아니라 바람을 전단으로 저항하는 것을 나타내고 있다.

반면에 장벽구조에서 벽의 구조적 기능은 2가지로 분류된다. 장변방향 벽체는 연직하중을 받으면서 풍하중을 국부적인 휨작용으로 바닥 다이어프램에 전달하거나 또는 건물의 양끝과 중앙에 있는 전단벽에 직접 전달한다. 장벽구조의 내력벽은 건물의 장변 방향으로 작용하는 보다 작은 풍하중에 대해서는 전단벽으로 작용한다. 대린벽구조에서 전단벽은 중앙 복도를 따라 설치되고(그림 C-4-5b) 현장 콘크리트 건물에서는 휨에 대해 상자형의 유니트(Cage Unit)로 작용하는 일체식인 벽-바닥구조의 포탈작용에 의해 안정성이 주어진다. 대린벽은 대칭으로 배치되어 있으면 바닥이 무한히 강한 다이어프램 작용을 한다고 가정하면 벽체는 상대적인 강성에 따라 풍하중을 직접적으로 받게 된다.

그러나 만약 벽체가 전 풍압력이 그 지지벽의 중심에 작용하지 않게 배열되었다면 비틀림이 일어나며 벽체에는 전단력이 증가한다.

횡하중에 대한 전단벽의 응답은 평면형태 즉, 평면에 생기는 휨으로 인한 특성에 의하여 가정된다.

일반적인 선형 전단벽의 형태는 그림 C-4-7과 같다. 전단벽에는 대부분 개구부가 있기 때문에 강성이 약해지는데, 이러한 개구부의 수, 크기 및 위치는 벽의 거동에 영향을 미친다.

개구부를 갖는 대표적인 전단벽은(그림 C-4-8)에 표시되어 있다. 전단벽에 조그마한 개구부가 있다면, 우력에 대해서는 개구부

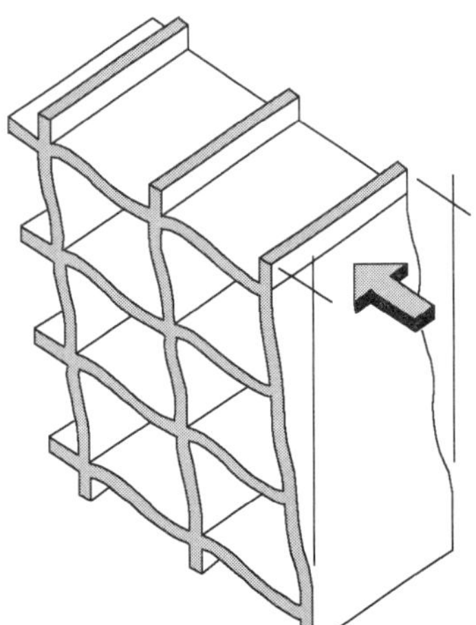

그림 C-4-6

가 없는 전단벽과 같이 거동한다.(그림 C-4-8a) 큰 연직 하중으로 벽에는 큰 압축력이 생기므로 바람에 의해서 생기는 회전력이 벽을 전도시키는 것을 막아준다.

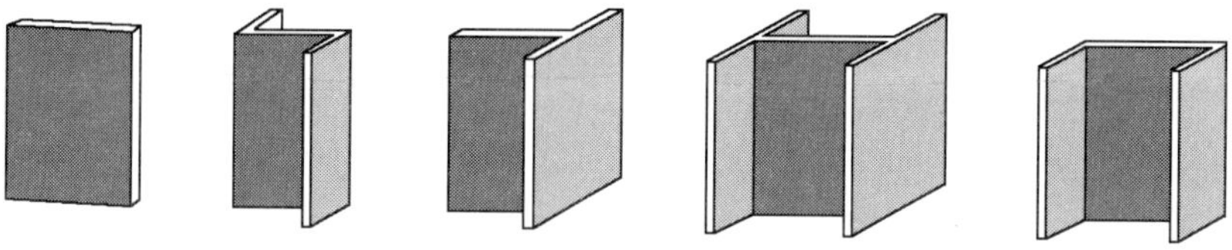

그림 C-4-7 전단벽의 형태

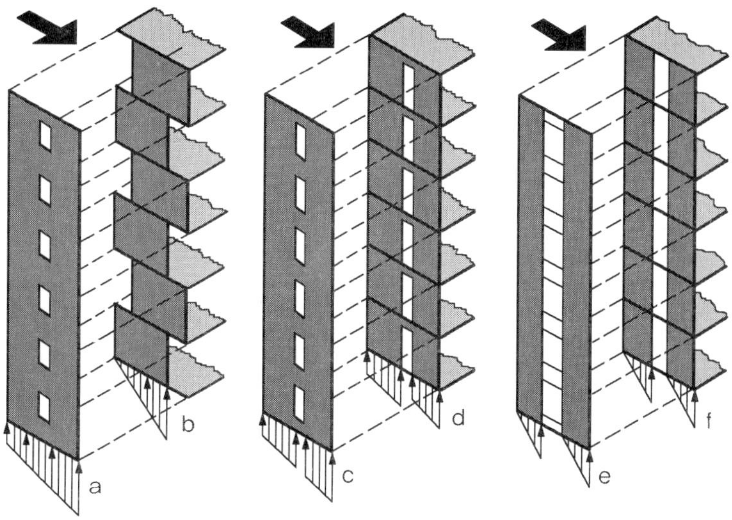

그림 C-4-8 전단벽 개구부에 따른 응력분포

하나의 유니트로 작용하는 내부 전 전단벽 구조에서는 개구부가 엇갈리게 배열된 경우에도 비슷한 결과가 나타난다. 그러나 긴 개구부가 전단벽을 두 부분으로 구분해 놓는 극단적인 경우(그림 C-4-8e)에서 두 부분의 전단벽은 각각 하중의 반을 지지한다. 이러한 경우 수직하중이 비교적 적기 때문에 풍하중에 의해 벽에는 인장력이 발생한다. 복도를 가로지르는 바닥구조 슬래브에 의해서 연결되어있는 내부 전단벽(그림 C-4-8f)에서도 두개의 독립적인 전단벽의 작용으로 가정한다. 그러나 고정하중이 매우 크기 때문에 인장력이 발생하지 않는다.

여기서 두 벽체는 어느 정도 상호작용을 하면서 횡하중을 지지하는 별도의 두 부분으로 되어 있다고 생각할 수 있다. 이것은(그림 C-4-8c, d)의 하부에 작용하는 응력도를 보면 알 수가 있다.

* 전단벽 구조시스템 적용사례

Metropolitan Tower(1985, 미국, 68층, 218m)

Singapore Treasury Building(1986, 싱가포르, 52층, 234m)

Embassy Suites Hotel(1990, 미국, 46층, 146.3m)

West Wacker Drive(1992, 미국, 50층, 203.6m)

Majestic Building(1991, 뉴질랜드, 29층, 116m)

Casselden Place(1992, 호주, 43층, 160m)

4.3 전단 코아 구조시스템

선형 내력벽 구조는 기능과 용도가 고정된 아파트와 같은 건물에 적합하다. 그러나 이동 칸막이 벽에 의해서 재분할 될 수 있을 정도로 넓은 오픈 스페이스를 요구되는 설계에서는 최대한의 유동성을 필요로 한다. 여기에 대한 해결책은 건물의 크기와 기능에 따라 수직교통시스템과 에너지 공급시스템(엘리베이터, 계단, 화장실, 기계실)을 집중시켜 한 개 또는 여러 개의 코아를 형성하여야 한다.

이러한 코아는 건물의 수평 안정을 위한 전단벽 구조로도 이용된다.

코아 시스템의 특징은 다음과 같다.

코아의 모양에 따라 - 오픈코아, 폐쇄코아, 단순코아, 선형벽과 결합된 코아

코아의 수에 따라 - 단독코아, 복합코아

코아의 위치에 따라 - 건물내부, 건물주변, 건물외부

코아의 배열에 따라 - 대칭형, 비대칭형

코아는 철골이나 철근콘크리트 또는 철골 철근콘크리트로 이루어진다. 철골구조로 된 코아는 비렌디일 트러스(Vierendeel Truss)의 원리를 이용하여 수평 안정을 얻을 수 있다. 비렌디일 철골구조는 다소 휘는 성질이 있기 때문에 비교적 저층에 사용된다.

고층건물에서 필요한 코아의 강성을 얻기 위하여 비렌디일 철골구조에 대각선 브레이스를 보강한 즉, 수직트러스를 사용한다. 철골구조로 된 코아의 장점으로 조립식 부재를 사용하여 신속하게 조립할 수 있다. 반면에 철근콘크리트로 된 코아는 하중을 지지할 뿐만 아니라, 내화면에서도 유리하나 지진하중에 대한 연성은 부족하다. 횡하중을 받는 전단벽-코아는 마치 지상으로부터 솟은 거대한 켄틸레버 보와 같이 생각할 수 있다.

그러므로 코아에 생기는 휨응력과 전단응력은 구형단면의 보에 생기는 휨응력이나 전단응력과 비슷하다. 코아는 또한 연직하중도 받기 때문에 그로 인한 압축력에 의해 미리 응력이 가해지는 이점이 있다. 그러므로 수평하중에 의한 휨을 지지하기 위한 인장응력을 고려할 필요는 없다.

이것은 특히 육중한 철근콘크리트 코어에는 잘 적용될 뿐만 아니라, 동시에 전단 응력을 견디기 위한 응력도 증가한다. 켄틸레버 구조(그림 C-4-9a)는 켄틸레버형 바닥 구조에 처짐이 생기며, 또한 이것을 방지하기 위해 철근량이 많이 들어가기 때문에 잘 사용하지 않는다. 만약 바닥 구조가 건물 가장자리에서 트러스 구조의 윗부분에 매달려 있는 달대(Hanger)에 의해 지지되어진다면 건물의 전반적인 강성은 증가한다.(그림 C-4-9b). 즉, 건축적으로 표현해서 개방적이고 경쾌하게 된다.

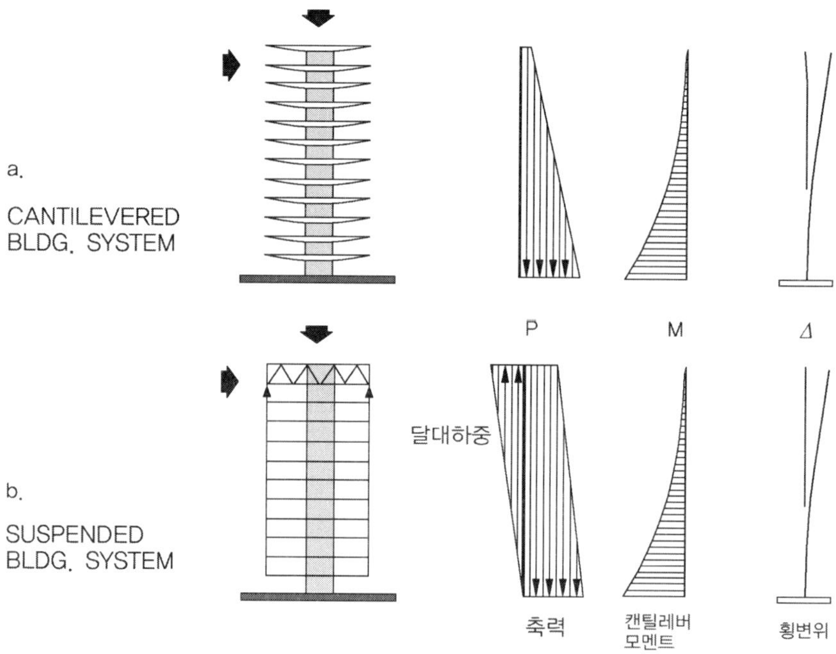

그림 C-4-9

건물에 작용하는 모든 하중은 상대적으로 작은 코아에 집중하기 때문에 높은 지내력을 갖는 특별한 지반상태가 절대적으로 필요한다.

그림 C-4-9는 2개의 중앙코아 구조가 연직하중과 풍하중에 대해 각각 어떻게 작용하는가를 보여준다.

켄틸레버형 구조에서 연직하중은 건물 최상단의 영에서 지반의 최대치까지 변화한다.

반면에 현수구조에서는 달대하중이 코아상부에 작용하므로 코아 상부에는 매우 강한 프리스트레스힘이 생긴다. 구조시스템에서 연직력에 의해 생기는 압축력의 차이를 무시하면 횡력에 대해서는 휨으로 비슷하게 거동한다. 모멘트의 형태는 등분포하중이 켄틸레버보에 작용할 때 고정단에 최대 모멘트가 생기는 형태와 같다.

횡하중에 대한 코아의 응답은 코아의 모양, 동질성(Degree of Homogeneity), 강도와 하중의 작용방향에 따라 달라진다.

코아의 개구부는 각 층 바닥면에 있으며, 스팬드럴에 의한 연속성이 코아의 거동을 결정한다. 이 코아는 중공단면(Open Section)과 같이 거동하며 구속력이 없는 코아 상부에는 편하중에 의하여 비틀림(Twisting)이 발생한다.(그림 C-4-10) 그러므로, 코아상부에서는 추가 비틀림 전단 응력은 플랜지에서의 부가적인 측면변형과 측면전단에 의해 생긴다.

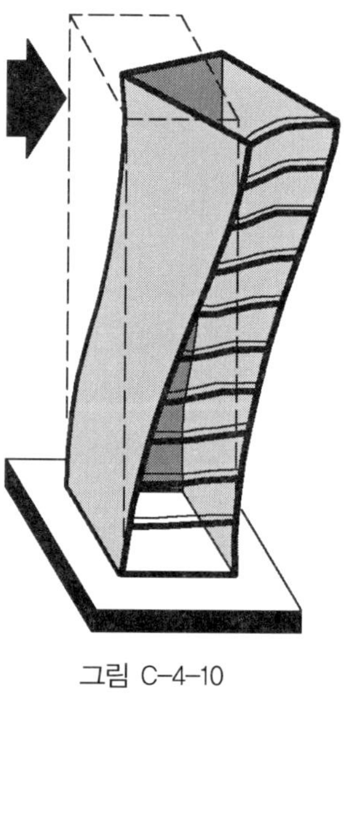

그림 C-4-10

4.4 골조 & 가세 구조시스템

모멘트저항골조 시스템과 함께 가장 대표적인 구조시스템으로서 수평하중은 주로 수직 방향의 켄틸레버형 트러스에 골조부재의 축 강성으로 지지시키는 방식으로 주로 40-50층 규모의 건물에 골조구조시스템과 함께 사용된다.

가새골조는 중심가세골조와 편심 가세골조로 구분하기도 한다.

중심가세골조(중심축일치가세구조)는 모든 부재의 중심축이 축방향력의 작용점에 X, Pratt, Diagonal, K, V, Knee형 등으로 한 점으로 교차하므로 부재력은 축력으로 쉽게 변환된다. 구조형태상 연성이 낮으나 큰 강성을 갖는 시스템으로 지진력이 낮은 지역에서 횡하중에 대한 저항구조로 많이 사용된다.

편심가세골조는 부재의 중심축이 일치하지 않으므로 골조에 전단력과 휨 응력이 발생하게 된다. 이러한 축편심을 이용하여 골조에 휨과 전단을 유발시키는 형태의 브레싱을 배치함으로써 구조물의 강성은 낮으나, 연성이 높아지게 되므로 상대적으로 높은 내진 성능을 갖게 된다.

가새골조시스템은 주로 골조구조시스템의 구조적 안정성을 높여주는 보조적인 시스템으로 많이 이용되고 있다. 이러한 가새골조시스템을 적용한 설계는 유명한 Woolworth, Chrysler 그리고 Empire State Building과 같은 초고층건물에 이용되었으며, 그 당시에는 현재의 설계보다 30% 많은 물량을 사용하였다.

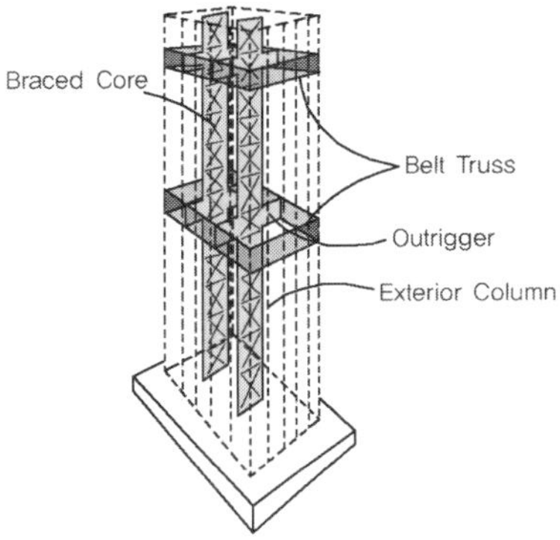

그림 C-4-11 Chicago Civic Center(Chicago, 1965)

* 모멘트저항골조 시스템과 가새골조 시스템의 적용사례

Kobe Commerce Industry & Trade Center(1969. 일본, 26층, 110.06m)

Sanwa Bank(1973, 일본, 25층, 99.7m)

Kobe Portopia Hotel(1981, 일본, 31층, 112m)

Marriot Marquis Hotel(1985, 미국, 50층, 175m)

Tokyo Marine Buildings(1990, 일본, 27층, 118m)

World Trade Center(1994, 일본, 55층, 252m)

4.5 골조-전단벽 구조시스템

횡력을 전단벽과 골조가 동시에 저항하는 방식으로 골조의 변형형태인 전단모드와 전단벽의 변형형태인 휨모드가 적절히 조합된 구조방식으로 저층건물에서 초고층건물까지 가장 널리 사용되는 구조시스템이다. 전단벽이 구조체의 강성을 크게 하여 풍하중이나 지진하중을 효율적으로 지지하지만, 전단벽의 강성이 클수록 연성이 감소되므로 적절한 강성의 확보가 중요하다. 전단벽은 콘크리트나 철골트러스로 한다.

철근콘크리트 벽체의 연성거동을 확보하기 위해서는 응력흐름을 diagonal strut로 상호작용하도록 유도해야 한다.

즉, 벽체의 중앙부를 적절한 보로 연결시킨 병렬 전단벽을 사용함으로써 에너지 소산능력을 증가시킬 수 있다. 전단벽은 엘리베이터 통로나 계단실 주위에 있는 폐쇄 내부 코아일 수도 있고, 건물내의 평행벽일 수도 있으며 또는 수직외곽 트러스 일 수도 있다.

골조-전단벽 구조는 횡하중에 대한 작용에 따라 다음 3가지로 구분된다.

4.5.1 힌지 골조-전단벽 구조

골조의 보는 힌지로 접합되어 있기 때문에 골조는 연직하중만을 지지하며, 수평하중은 전단벽이 받는다.(그림 C-4-12 a)

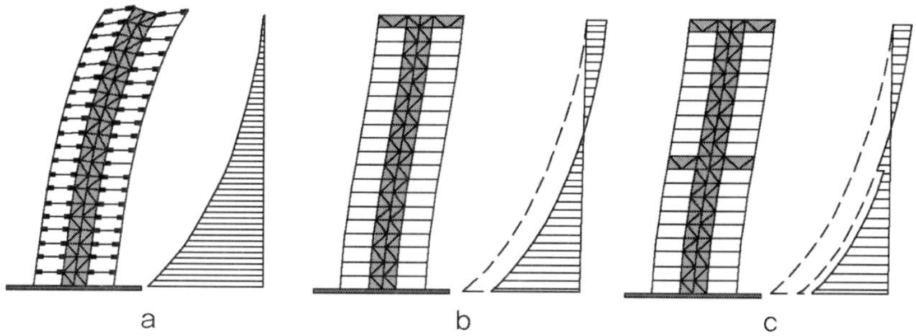

그림 C-4-12

4.5.2 힌지 골조-비렌딜-전단벽 구조

수평력은 전단벽과 강성골조(즉, 비렌디일)에 의해서 지지된다.

(그림 C-4-13)에서 건물 단변방향을 지나는 2개의 외부 wall이 전체 풍하중의 반을 저항하고 나머지는 코아가 저항한다.

내부 기둥과 장변방향 외부 골조는 수직하중만 저항한다.

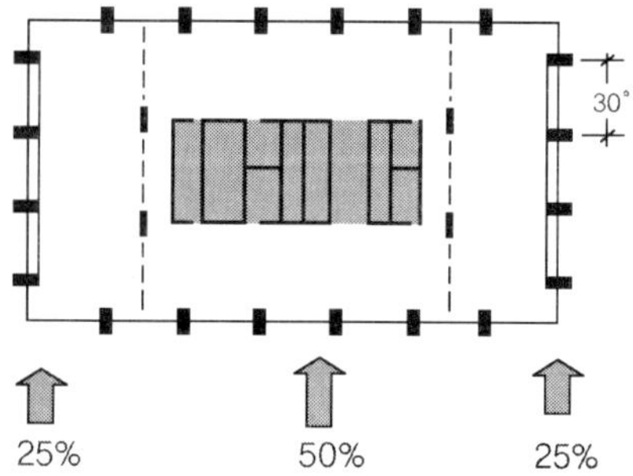

그림 C-4-13

4.5.3 강성골조-전단벽의 상호작용

고층 건물에서 전단벽만으로 횡하중을 지지하는 것은 무리이다.

강한 구조가 되게 하기 위해서는 코아가 너무 커지고 수직 교통과 에너지 공급면에서 불리하다. 더욱이 지나친 횡변위로 창이나 칸막이에 균열을 생기며, 건물 내에 있는 사람에게 심리적 불안감을 주게 된다. 그러므로 전단벽 구조뿐만 아니라 강성골조를 이용하면 횡력에 효과적으로 저항한다.

상호작용하는 전단벽과 강성골조를 사용한 건물의 전체 변위는 각각의 변형 모드의 중첩으로 구할 수 있다.

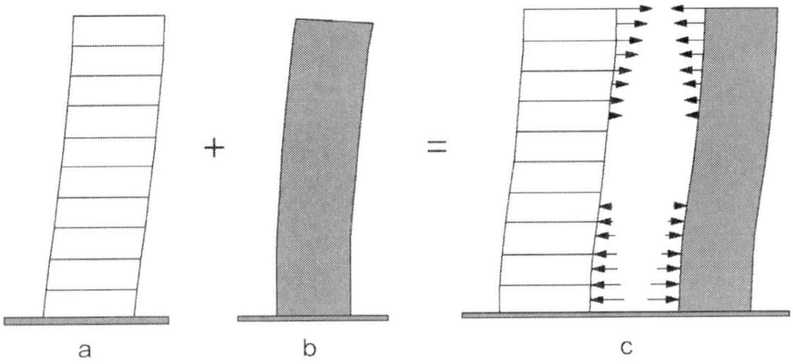

그림 C-4-14

▶ 강성골조의 전단 변형

변형모드는(그림 C-4-14a)와 같으며, 최대 전단력이 작용하는 구조물의 하부에서 변형은 최대가 된다.

▶ 전단벽의 휨 변형

(그림 C-4-14b)에서 전단벽은 콘크리트벽이나 수직 철골 트러스로 되어 있으며, 또 전단벽은 내부 코아이거나 평행한 내벽 혹은 외곽 벽으로 사용된다.

이 구조는 수직 켄틸레버 보와 같이 휨작용을 한다. 건물의 상단부에서 처짐은 최대가 되나, 전단벽의 강성은 가장 작다.

▶ 골조와 전단코아의 상호작용

골조와 전단벽의 상호작용(그림 C-4-14c)은 각각의 변위모드를 중첩하면 변곡된 S자형곡선임을 알 수 있다. 전단벽과 골조의 각기 다른 변형 특성으로 인해서 건물의 상부에서는 골조가 전단벽을 밀고 하부에서는 전단벽이 골조를 민다. 따라서 횡력에 대한 반응은 전단벽에 대한 골조의 상대강성에 따라 달라지는데 일반적으로 대부분의 횡력은 전단벽이 부담하며, 높이가 높아질수록 상부에서 골조가 횡력을 부담하게 된다.

보통 저층건물 설계 시 전단벽이 전 횡력을 부담하는 것으로 하여도 큰 무리는 없다.

철근콘크리트조의 경우 한 층에서 전단벽의 강성이 총 기둥 강성의 6배 이상일 경우, 전단벽이 횡력을 전부 저항하는(braced) 것으로 규정한다.

이것은 철근콘크리트 기둥의 설계에 매우 중요한 개념으로 기둥에 대한 벽체의 상대강성을 나타내므로 전단벽의 길이, 두께를 결정할 때 유의해야 한다.

실제 20~30층 정도의 건물은 한층 내 벽체의 총강성이 기둥 총강성의 6배 이상이면 거의 모든 횡력을 전단벽이 부담하는 것으로 설계하여도 큰 오차는 없다. 또한 플랫슬래브 구조는 횡력에 대해서는 강성이 약하므로 전단벽이 횡력에 지지하는 것으로 설계하고 있다.

이 구조방식은 40~50층 정도까지 경제성이 있는 것으로 판단되고 있으며 경제성 여부에 따라 70~80층 정도까지 이용되고 있다.

* 골조-전단벽 구조의 적용사례

Natwest Bank Tower(London, 1980)

311 South Wacker Drive Tower(1990 ,미국 시카고 , 75층)

L.A First Interstate World Center(미국 LA,73층)

4.6 격간 트러스 구조와 엇갈림 트러스 구조

외벽을 따라서 있는 기둥열에 의해 지지되어 있는 보(그림 C-4-15)는 철골 또는 철근 콘크리트로 된 트러스일 수도 있고 철근콘크리트 벽일 수도 있다. 가장 보편적인 벽-보 구조는 격간 트러스 구조와 엇갈림 트러스 구조이다.

전형적인 격간 트러스 건물은 그림 C-4-15a와 같다. 격층마다 트러스가 쓰이는데 트러스 상현재와 하현재 위에서 바닥 슬래브를 지지한다.

트러스가 없는 각 층마다 생기는 넓은 공간은 평면 계획상 공간의 유연성을 요하는 건물에 유리하다.

엇갈림 트러스 건물은 격간 트러스 건물보다 훨씬 강하다. 엇갈림 트러스에서는 트러스 각 층마다 엇갈리는 형태로 쓰인다. 층 높이의 벽-보가 각 층마다 엇갈림에 따라 비교적 넓은 공간이 생기는데 바닥 슬래브는 트러스 간격의 중간 지점에 연결하면 된다.

이러한 바닥 슬래브의 한쪽은 트러스의 상현재에 지지되며 다른 한쪽은 다음 층의 트러스 하현재에 매달리게 된다.

트러스 배열형식의 입면은 벽돌의 연속쌓기와 비슷하게 보인다. 엇갈림 트러스는 수직 및 수평 하중을 지

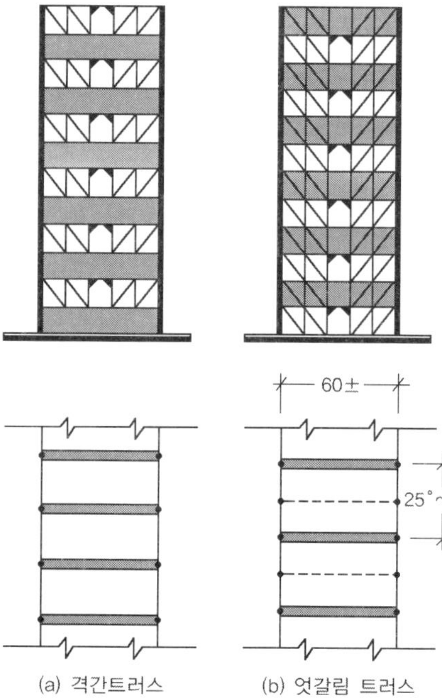

(a) 격간트러스 (b) 엇갈림 트러스

그림 C-4-15

지하는데 유효하다. 이러한 구조를 고층건물에서 사용하면 브레이스로 보강된 골조(Braced-Frame)보다 약 40% 정도의 철골이 절감되며, 현장접합도 훨씬 적게 할 수 있다. 이 구조는 30층 정도의 건물에 알맞다.

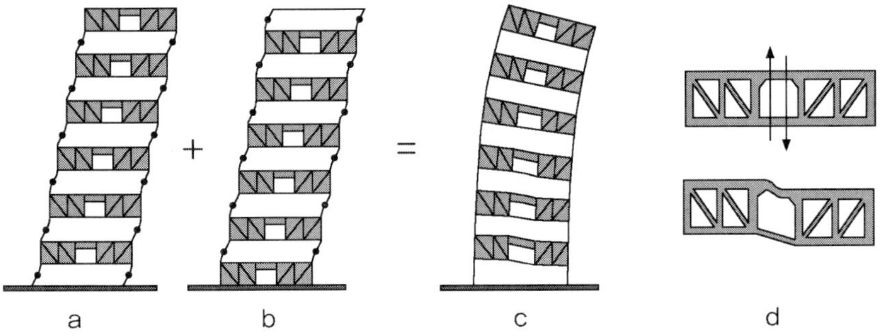

그림 C-4-16

격간-벽-보 구조의 거동(그림 C-4-16a)은 트러스가 있는 층이 강하기 때문에 거의 변형하지 않는 것을 나타낸다. 그러나 트러스가 없는 층에서 기둥은 횡하중에 저항하기 때문에 이 기둥의 변형모드는 강성 골조의 기둥과 비슷하게 변형한다.

엇갈림 트러스 구조에서 바닥 슬래브는 매우 강한 다이어프램으로 작용하기 때문에 바닥판에 있는 모든 절점의 수평변위는 같다.

그러므로 인접한 트러스 골조(그림 C-4-15a, b)는 일체로 작용한다.

즉 트러스 각각의 변형모드의 중첩으로 구조물 전체의 변형상태를 알 수 있다.(그림 C-4-15c)

건물의 변형은 강접합 켄틸레버 보의 변형과 같다. 위의 변형 곡선으로 기둥은 건물 단변 방향의 휨모멘트를 고려할 필요가 없음을 알 수 있다. 다이어프램 작용을 하는 바닥슬래브는 풍하중을 트러스에 전달하고 트러스는 다시 기둥에 전달하여 축방향으로 작용하도록 한다. 트러스는 수직, 전단력을 받기 때문에 변형을 일으키는 벽-보의 개구부는(그림 C-4-16d) 보의 강도를 감소시킨다.

외주의 웨브(Web)를 트러스에 수직 되게 결합시킴으로써 장변방향의 풍하중을 저항하도록 할 수 있다. 장변방향의 횡강성은 스팬드럴 판넬(Spandrel Panel)을 골조로 작용하도록 하여 증가시킬 수 있다.

4.7 무량판 구조

무량판 구조는 기둥에 의해서 직접 지지되는 콘크리트 슬래브(Flat Slab/Flat Flate Slab) 또는 워플 슬래브로 구성되므로 바닥 Frame이 필요 없다. 이 구조 시스템을 사용하면 층고를 최소로 할 수 있어 경제적이다. 기둥 주위에 전단력이 집중되기 때문에 주두판 또는 주두가 사용되며, 주두가 없는 슬래브를 보통 평판(Flat Flate Slab)이라 한다.

이 구조는 지지하중이 불규칙적인 경우 유리하다.

평판구조의 단점은 다음과 같다.

▲ 기초 상태가 좋지 못할 때에는 큰 고정하중을 지지할 수 없다.

▲ 스팬에 대한 두께의 비(Depth-to-Span Ratio)가 작기 때문에 슬래브가 지나치게 변형될 수 있다.

▲ 비교적 짧은 스팬 길이(4.5m~7.5m, 보강되면 10m까지)때문에 많은 분할 평면을 갖는 건물에는 부적합하다.

건물의 높이/폭의 비에 따라 무량판 구조는 내력 요소로 기둥만을 사용할 수 있고, 횡강성을 증대시키기 위해 기둥과 전단벽을 동시에 사용할 수도 있다.

일체식으로 된 콘크리트 구조의 특성은 수평력에 대해 건물이 하나의 단일체로서 작용하는 것이다. 코아나 전단벽이 모든 수평력에 저항하며 슬래브나 기둥은 전혀 강성을 갖지 않는다고 생각해서는 안 된다.

무량판 그 자체는 비교적 유연성 있다 할지라도 전단벽 또는 기둥과 연속됨으로써 구조물의 강성을 증가시키는 것이다. 슬래브의 일부분은 기둥과 연결되어 있는 얇은 보로 작용하여 강성 골조구조와 같이 작용한다.

따라서 전체 구조의 거동은 코아-골조 구조와 비슷하다. 횡력저항은 구조물의 상부에서는 골조에 의해 하부에서는 전단벽 또는 코아 구조에 의해 저항된다.

4.8 코어구조 및 OUTRIGGER시스템

브레이스로 보강한 골조(또는 전단벽 골조)는 40층 이상에서는 브레이스에 충분한 강성을 주기 위해 많은 재료를 사용해야 하고, 건물의 높이에 비하여 횡력을 지지하는 전단벽의 길이가 짧은 경우 벽체가 세장하여 횡변위가 과도하게 발생하게 되므로 골조-전단벽 구조형식은 비경제적이 된다. 이런 경우 횡변위를 감소시키고 구조체의 경제성을 확보하기 위하여 전단벽으로부터(그림 C-4-17) 외부기둥 연결을 Outrigger와 Belt Truss를 설치하여 전단벽과 외곽기둥과 연결시킨 구조를 말한다. Belt truss는 건물의 외곽을 따라 설치되어 있는 트러스층을 말하고 Outrigger란 내부코어와 Belt Truss를 연결시켜 주는 벽 혹은 트러스층을 말하는데 주로 Belt Truss와 Outrigger는 같이 사용된다.

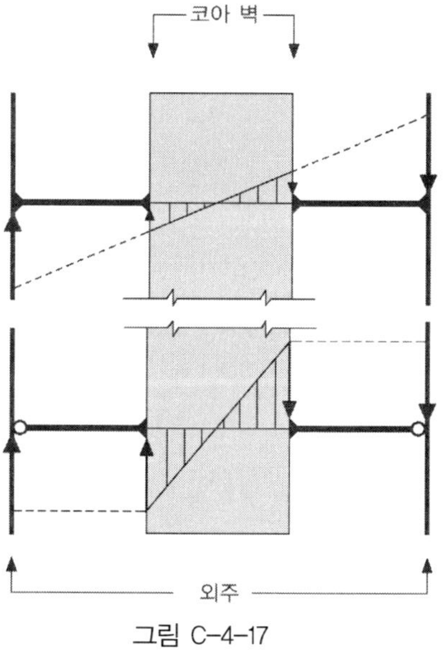

그림 C-4-17

Outrigger는 코아로부터 캔틸레버 형태로 나와 외곽부의 기둥을 strut나 tie처럼 거동하게 함으로써 응력 및 하중을 재분배시키게 된다.

즉, 코아는 수평전단력을 지지하는데 사용하고 Outrigger는 수직 전단력을 코아로부터 외주부의 기둥에 전달시키는데 이용된다.

대개 Outrigger에 의한 효율 증가는 약 30% 수준으로 알려지고 있다.

Outrigger는 코아에 강접으로 연결되고, 외주에는 단순하게 연결된다.

전단 코아가 휘어지려고 할 때 Outrigger는 지렛대 작용을 하여 축방향 응력을 직접 외부기둥에 전단하므로 이 기둥들은 코아의 변형을 억제하는 지주역할을 한다.

코아는 수평 전단력을 받고 Outrigger는 수직 전단력을 코아로부터 외곽 골조로 전달한다.

따라서 건물은 켄틸레버 튜브와 같이 단일체로서 작용한다.

건물은 한 개 이상의 Outrigge를 가질 수 있는 데 많이 있을수록 코아와 외곽기둥의 연결이 확실해진다.

Outrigge의 대각선 브레이스가 건물의 기능에 해가 되지 않는 곳에 위치해야 한다. 그러므로 Outrigger는 주로 기계실 층에 위치하게 하여 사용상의 문제점을 최소화하여야 한다. 60층 이상의 경우에는 건물의 상부와 중간에 벨트트러스를 설치하는 것이 유리하다.

그림(C-5-17) 응력도는 Outrigger를 외주에 연결할 때 강접합 보다는 힌지 접합이 효율적임을 나타내고 있다.

Outrigger가 연속적으로 외부기둥에 연결되어 있으면 전체 구조는 단일체로 작용하며, 건물의 중립축에 비교적 근접해 있는 코아벽의 모멘트 지지력은 작아도 된다.

이것은 강접합된 구조에서 나타난 연속적인 응력 분포를 보면 알 수 있다.(그림 C-4-17,rigid)

또한 코아로부터 캔틸레버식으로 튀어나와서 외곽 기둥에 힌지로 접합된 부재는 코아의 Outrigger는 강접되어 있기 때문에 구조물 상부의 회전은 억제된다. 모멘트 지지 능력을 증대시키며 강접합으로 된 구조와 같이 외부기둥에 연결되어 작용한다.(그림 C-4-17, hinged)

그러나 힌지의 전단접합은 기둥에 휨모멘트를 일으키지 않기 때문에 기둥의 축방향 지지력은 증대된다. Outrigger를 갖는 코아 골조 구조의 횡하중에 대한 응력은 그림 5.18과 같다. 골조와 코아의 접합이 힌지 접합일 경우(그림 C-4-18a), 코아는 켄틸레버와 같이 작용하며 상부는 자유로이 회전한다. 골조는 회전에 거의 저항하지 못한다. 골조가 Outrigger에 의해 코아에 연결되어 있으면(그림 C-4-18b) 외곽 기둥, 즉 기둥에는 휨모멘트가 생기지 않는다. 이 구조는 하부뿐만 아니라 상부도 제한되어 있기 때문에 단순 켄틸레버와 같이 작용하지는 않는다. 결국 변형은 변곡점에서 모멘트가 제로가 되는 S자형으로 된다. 저면에서의 휨모멘트 그림 C-4-18a보다 작다. 구조물의 강성과 강도는 건물 내의 중간 부분에 Outrigger를 추가함으로써 훨씬 커질 수 있다.

(그림 C-4-18c)트러스가 있는 층에서 구조물은 회전하지 못하며, 이곳에서 모멘트는 감소된다. 건물 저면에서의 휨모멘트는 대부분의 횡력이 축방향력으로 변하기 때문에 작아지며, 건물의 횡변위도 감소된다.

Outrigger를 적절한 층에 설치하였을 경우, 전도력에 저항하는 구조내력을 키울 수 있을 뿐 아니라 수평변위를 줄일 수 있는 효과를 얻을 수 있다.

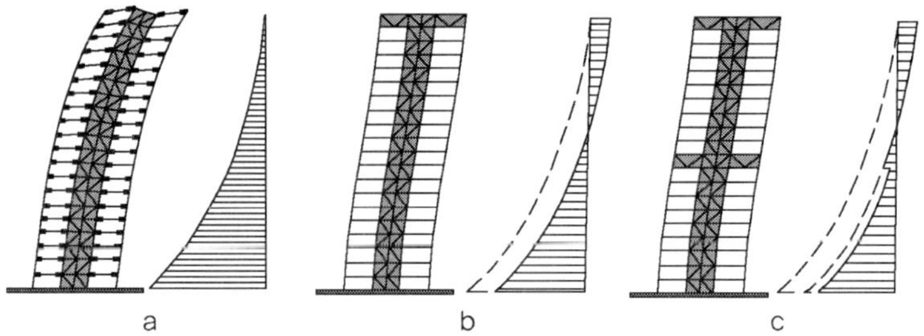

그림 C-4-18

* 코어구조 및 OUTRIGGER시스템 적용사례

Trump Tower(1982, 미국, 58층, 202m)

Four Allen Center(1984, 미국, 50층, 210.5m)

One Liberty Place(1988, 미국, 61층, 288m)

Chifley Tower(1992, 호주, 50층, 215m)

City Bank Plaza(1992, 홍콩, 41층, 220m)

4.9 튜브구조시스템

4.9.1 개요

튜브구조는 최근 Fazlur Khan에 의해 제안된 것으로 기본 개념은 건물의 외부 벽체에 개구부를 둠으로써, 횡하중에 대하여 튜브와 같은 거동을 하도록 하여 휨강성을 최대화하여 건물의 높이를 최대화 할 수 있도록 하는 방식이다.

즉, 튜브구조의 기본 개념은 횡력에 대하여 건물 전체가 캔틸레버 보와 같은 거동을 하고 건물 외부에 위치한 기둥간격을 짧게 하여 수평하중이 작용할 경우 기둥은 큰 스팬드럴 보(Spandrel Beam)로 연결되어, 건물 전체관성이 3차원적으로 저항하도록 한 구조형태를 튜브구조시스템이라고 한다. 외곽부를 대각선 브레이스로 보강되면 외부가 트러스 작용을 하여 강성이 더 증가되며, 단일부재가 수평력에 저항하지 않고 박스 형태의 전체 구조물이 저항하므로 다른 구조시스템보다 수평 저항응력이 탁월하다고 할 수 있다.

수평하중 저항시스템이 건물 외주부에 위치하므로 건물의 전체 폭이 모멘트에 저항하게 되며, 내부 구조체는 대각선 브레이스나 전단벽은 필요 없이 연직하중만 지지하면 되므로 기둥이나 보의 배치가 자유롭다. 튜브구조는 튜브를 형성하는 전 층의 바닥구조를 동일하게 할 수 있어 시공 측면에서도 유리하다.

튜브구조는 단위면적당 사용되는 구조재료의 양은 골조 건물의 비해 반 정도밖에 되지 않을 정도로 경제적이다.

4.9.2 튜브구조의 장점

수평하중 저항시스템이 건물 외주부에 위치하므로 건물의 전체 폭이 모멘트에 저항한다. 수평하중 저항시스템이 건물 외주부에 위치하므로 내부 구조체는 연직하중만 지지하면 되므로 설계가 단순해진다. 결과적으로 기둥이나 보의 배치가 자유롭다.

튜브구조는 전층의 바닥구조를 동일하게 할 수 있다.

튜브구조는 튜브를 이루는 구조체를 전층 동일하게 함으로써 시공성이 뛰어나다.

4.9.3 튜브구조 종류

a) 속이 빈 튜브(Hollow Tube)

: 골조튜브(Framed Tube)

: 트러스튜브(Trussed Tube)-기둥과 대각선 브레이스로 된 래티스튜브

b) 내부에 브레이스가 있는 튜브(Interion Braced Tube)

: 전단벽이 있는 튜브(Tube with Parallel Shear Walls)

: 이중 튜브(Tube in Tube)

: 수정 튜브(Modified Tube)

: 강성골조를 가진 골조튜브(Framed Tube with Rigid Frames)

: 반 이중튜브(Tubein Semitube)

: 모듈 튜브(Modular Tube)

c) 묶음튜브(Bundled Tube)

4.9.4 속이 빈 튜브(Hollow Tube)

a) 골조튜브(Framed Tube)

튜브형식 중 가장 먼저 도입된 구조방식으로 건물의 전체 외부의 기둥들과 춤이 큰 스팬드럴 보를 서로 강접시켜 장방형 격자로 구성되어 있으며, 이 외벽은 내부의 브레이스와 관계없이 켄틸레버 튜브의 작용으로 횡력에 저항하고 외부기둥은 구조물의 횡하중과 연직하중을 동시에 지지하도록 하는 구조SYSTEM이다.(그림 C-4-19)

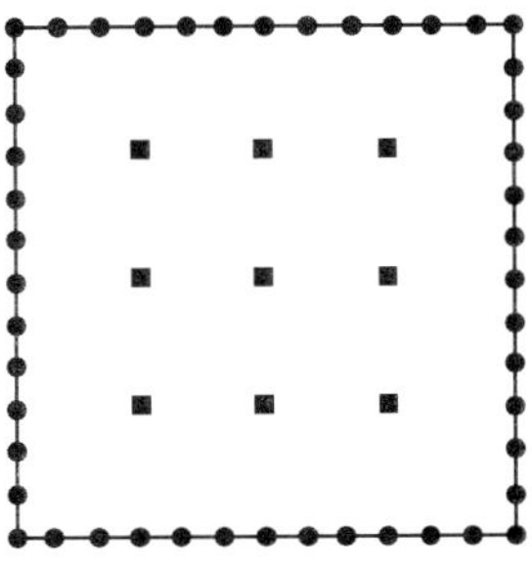

그림 C-4-19 골조 튜브

바닥은 다이아프램으로 작용하여 횡력을 외벽에 전달하는 구조로서 이 구조가 최초로 사용된 건물은 1961년에 시카고에 세워진 Dewitt Chestnut Apartment이다.

비렌딜 튜브는 모멘트저항 골조시스템을 모태로 한 구조방식으로 순

스팬의 길이를 줄이고 부재춤을 크게 함으로써 보와 기둥의 강성을 대폭 증가시킨 효과를 가지며 수평력에 대한 강성과 비틀림에 대한 지지능력을 향상시켜 내부공간의 가변성도 유지할 수 있다.

그리고 건물의 평면에 대한 단면 2차 모멘트를 최대화할 수 있도록 계획하는 것이 건물의 휨강성을 증가시키는데 중요하다.

일반적으로 스팬드럴보의 춤은 0.6~1.5M 정도, 기둥간격은 1.5~4.5M 정도가 보통이며, 튜브벽의 기둥은 좁은 간격으로 되어 있기 때문에 문설주대용으로 쓸 수 있다.

횡력방향에 평행한 기둥이 웨브 역할을 하고 수직인 방향의 기둥이 플랜지 역할을 하여 횡력에 반응한다. 골조튜브는 박스 형태이므로 건물모서리 부분과 중앙부분의 기둥은 같은 기둥간격이라도 전단변형에 따라 응력의 분포가 비선형으로 작용하고 이에 따라 다른 축하중 분포를 가질 수 있다.

이상적인 평균값을 벗어난 축하중 분포상태를 전단 지연효과라고 하는데, 주로 건물의 모서리 부분 기둥근처에서 나타난다. 이러한 현상은 시스템의 유효강성을 감소시킬 수 있으므로 전단지연을 억제시키는 골조형태를 구성하는 것이 중요하다.

속이 빈 튜브구조로 된 건물은 시카고에 있는 83층의 Standard Oil Building과 뉴욕에 있는 110층의 World Trade Center등이 있다.

이들 건물 내부에는 코아가 있지만 코아는 횡력을 지지하지 않도록 설계되었기 때문에 속이 빈 튜브와 같은 작용을 한다.

횡력에 대하여 외벽이 단순 켄틸레버같이 단일체로 작용한다면 골조튜브 구조의 설계는 아주 이상적으로 할 수 있다. 위와 같은 경우에 보를 구성하는 섬유와 같은 형태로 튜브를 구성하는 모든 기둥은 축방향 인장력이나 압축력을 직접 받는다.

결과적인 선형의 응력분포는 파선으로 나타내져 있다. 그러나 튜브의 실제 거동은 순수 켄틸레버와 순수 골조 중간 형태를 취한다.

바람의 방향에 평행한 면은 여러 스팬으로 구성된 독립의 강성 골조처럼 작용하여 스팬드럴 보에 유연성이 생긴다.

이러한 유연성으로 인한 전단변형으로 기둥과 보에는 휨이 생긴다. 강성골조의 특성인 이러한 작용에 대해서는 이미 설명되어 있다.

전단변형의 결과로 기둥열에 따라 생기는 응력의 분포는 비선형(그림 C-4-20)으로 모서리의 기둥은 가운데 있는 기둥들보다 더 높은 강성을 가져야 한다.

그러므로 건물의 전체변위는 전단력에 의한 변형이 중요하므로 더 이상 켄틸레버와 같은 작용을 하지는 않는다.

전단력은 튜브구조의 효율성에 커다란 영향을 미치며, 이후의 모든 튜브구조 설계의 연구에서는 이러한 전단력에 관한 문제를 다루고 있다.

골조튜브를 철골건물에서는 80층까지 철근콘크리트 건물은 60층까지 사용한다면 경제적이다.

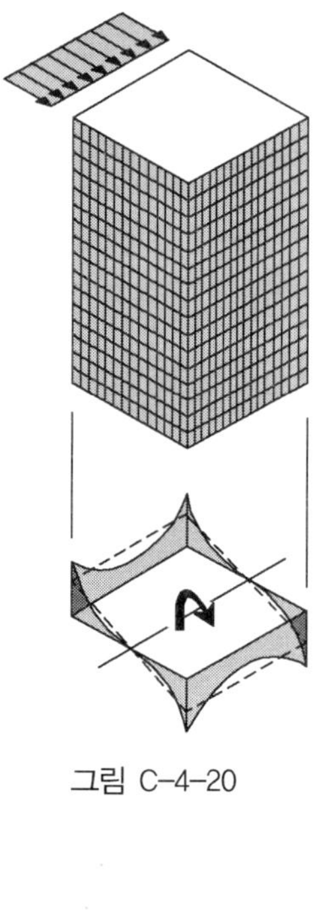

그림 C-4-20

* 골조튜브 적용사례

Amoco Building(1973, 미국, 82층, 342m)

Sumitomo Life Insurance Building(1977, 일본, 21층, 75.3m)

Hopewell Center(1980, 홍콩, 64층, 216m)

Geogia Pacific(1982, 미국, 52층, 230m)

At&T Corporate Center(1989, 미국, 270m)

450 Lexington Avenu(1992, 미국, 40층, 168m)

Central Plaza(1992, 홍콩, 78층, 314m)

b) 트러스튜브(Trussed Tube)

스팬드럴 보의 휘는 성질 때문에 골조튜브의 강성은 약화되는데, 대각선 부재를 사용함으로써 보강시킬 수 있으며,이때 전단력은 스팬드럴 보에 의해 지지되는 것이 아니라 대각선 부재에 의해 지지된다.

대각선부재(가세)는 건물외부 면에 설치하고 모서리 기둥의 동일한 지점에서 가세가 교차하며 각 면에 있는 모서리 기둥들 사이에서 X자형을 형성하게 한다.

이에 따라 모서리 기둥이 켄틸레버 트러스의 상, 하현재 역할을 하므로 매우 큰 하중을 부담할 수 있고 대각선 부재는 횡력을 거의 축방향으로 직접 받는다. 이러한 쉬어래그의 감소로 거의 순수한 캔틸레버의 작용으로 생각할 수 있게 된다.(그림 C-4-21)

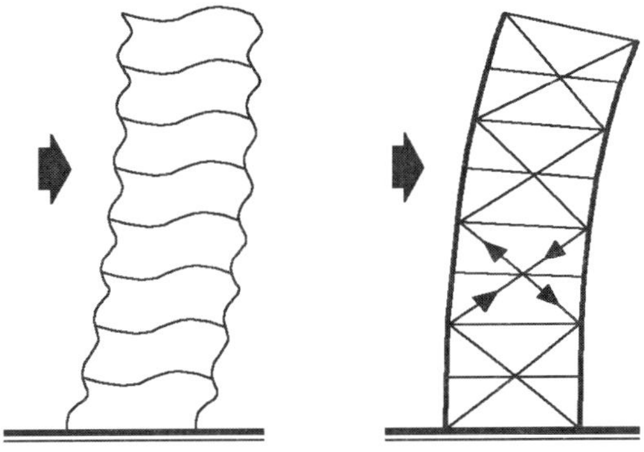

그림 C-4-21 기둥과 대각선 가새로 된 트러스 튜브

또한 대각선 부재는 스팬드럴 보와 함께 횡력에 대해 벽과 같은 크기의 강성을 지니게 된다. 대각선 부재는 풍하중의 대부분을 지지할 뿐 아니라 연직하중 하에서 부등변위를 재분배하는 역할도 하며, 벽체 응력을 균등화 시키고 가세가 기울어진 경사기둥 역할도 한다.

보통 연직하중으로 인한 압축력은 횡력으로 인한 인장력보다 크기 때문에 인장력이 발생하지 않으며 경사부재의 각도는 45도 정도가 가장 바람직하다.

트러스튜브 구조방식은 수평전단력을 휨보다는 자체부재의 축력으로 저항할 수 있는 강성이 큰 상자형 구조를 형성하기 위하여 모든 외부 기둥들이 서로 결합되어 있는 시스템으로 골조 튜브시스템에 비하여 상대적으로 넓은 간격으로 기둥을 배치할 수 있으므로 철골구조의 특징인 넓은 무주공

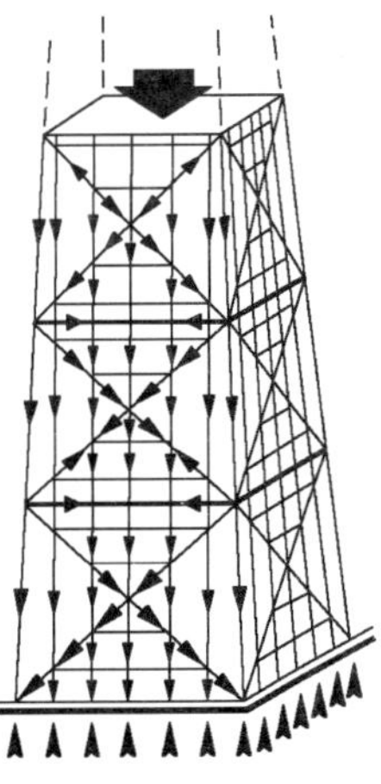

그림 C-4-22

간을 만들어 낼 수 있다는 장점이 있다. 또한 기둥과 보에 트러스 형태의 가새를 배치하는 방법에 따라 다양한 형태의 구조골조를 구성할 수 있다. 이러한 복합적인 기능은 고층건물(철골조일 경우 100층까지)의 효율성과 경제적인 구조 방식으로 알려져 있다.

그리고 이 구조의 기둥 간격은 골조튜브보다 훨씬 넓다.

이 구조의 중요한 특징은 그림 C-4-22에 나와 있는 56층의 John Hancock Building과 같이 집중하중을 고르게 분산할 수 있다는 것이다. 스팬드럴 보는 기둥 사이의 연직하중을 지지하며 바닥판으로 확장 되어나가는 것을 막는 작용을 한다. 이러한 방법으로 스팬드럴 보가 하중을 분산시키게 되므로 대각선 브레이스의 효율성은 높아진다.

콘크리트 외벽에 대각선 브레이스를 부가하는, 흥미로운 방법은 I.I.T의 프로젝트에서 제안되었는데, 이 방법은 대각선 형태에 창문 개구부를 두어 대각선 브레이스를 만드는 것이다.

* 트러스 튜브구조 적용사례

John Hancock Center(1969, 미국, 100층 344m)

Onterie Center(1985년, 미국, 57층, 344m)

Hotel de las Artes(1992년, 스페인, 43층, 137m)

c) 레티스 트러스 튜브

레티스 트러스 튜브는 수직 기둥이 없이 좁은 간격의 대각선 부재들로만 되어 있는 튜브구조이다. (그림 C-4-23)

대각선 브레이스는 경사기둥과 같은 작용을 하여 모든 연직하중을 지지하며 풍하중에 대해서도 견디도록 되어 있다. 대각선 브레이스는 수평보에 의해 연결되어 있다.

대각선 브레이스는 수평력을 아주 효율적으로 지지한다.

그러나 연직하중을 지반에 전달하는 데는 수직기둥보다 덜 효율적이다. 그리고 대각선 브레이스 사이의 수많은 접합부와 창문 상세에 관한 문제 등으로 실용적이 못된다.

보가 있는
래티스 트러스

그림 C-4-23

4.9.5 내부가 보강된 튜브(Interior Braced Tube)

a) 평행한 전단벽을 가진 튜브

튜브의 외부벽을 평면에 내부 전단벽을 추가하여 강성은 증가되며, 한 개의 거대한 조립보 구조라고 가정하면 전단벽은 웨브로 외부 튜브벽은 플렌지라고 생각할 수 있다.

전단변형(Shear Lag)이 아주 적기 때문에 외부 튜브벽에 생기는 응력은 주로 축력만이 작용한다. 그림 C-4-24a, b에서 두 가지 방법을 각각 보여 준다.

모든 기둥마다 전단벽을 필요로 하는 넓은 간격의 외각 기둥의 형태와 그리고 두개의 전단벽을 가진 좁은 간격의 외곽 기둥 형태이다.

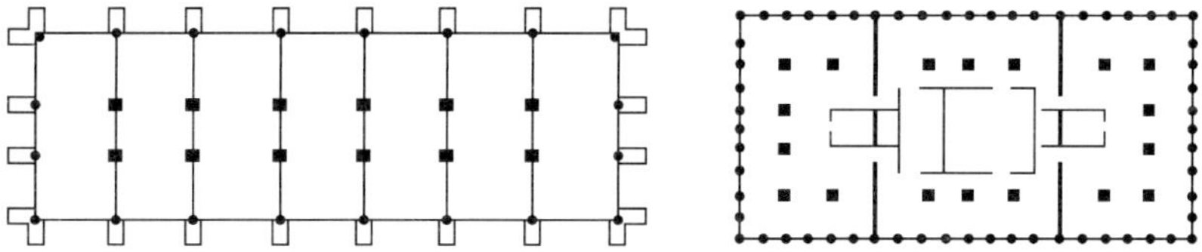

(a) (b)

그림 C-4-24

b) 이중튜브(Tube in Tube)

속이 빈 튜브의 구조는 코아를 이용하여 연직하중뿐 아니라 횡력을 지지할 수 있는 매우 높은 강성을 가질 수 있다. 바닥판구조는 내부 튜브와 외부 튜브를 연결시키며 횡력에 대해서 단일체로서 작용한다.

바람에 대한 이중튜브의 작용은 골조-전단벽 구조물의 작용과 비슷하나, 외부 골조튜브(Framed Extenor Tube)는 강성골조보다 강하다. 그림 C-4-25에서 외부튜브는 건물 윗부분에서 대부분의 풍하중을 지지하는 반면, 코아는 건물 밑 부분에서 지지한다.

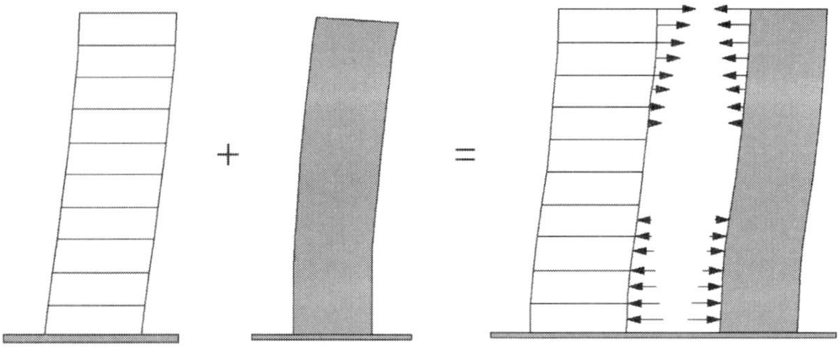

a b c

그림 C-4-25

이중튜브는 시카고에 있는 38층의 Brunswick Building과 휴스턴에 있는 52층의 One Shell Plaza Building에 사용되었다.

이중튜브 개념에서 한 걸음 더 나아가 동경에 있는 60층 사무실 건물은 3중 튜브를 사용하였다.

이 튜브구조에서 외부 튜브만이 풍하중을 지지하며, 바닥에 의해 연결된 3개의 튜브는 일본에서 중요한 설계요인인 지진하중을 견디도록 되어 있다.

c) 수정튜브(Modified Tube)

튜브의 작용은 원형과 장방형 건물에서 보다 효과적인데 이러한 형태에서 벗어난 건물들은 튜브의 작용에 대해 구조적으로 특별한 고려를 하여야 한다.

다음의 2가지 예는 이러한 것을 만족하고 있다.

- 강성골조를 가진 골조튜브

  Charlotte, N, C 에 있는 6각형 모양을 갖는 40층의 사무실 건물(그림 C-4-26)에서 설계자는 튜브구조의 원칙을 변경해야만 했다. 이 6각형 건물의 뾰족한 부분에는 커다란 전단변형이 일어나므로 튜브구조의 강성이 감소하게 된다.

  그래서 가로 방향으로 강성골조를 부가함으로써 모든 외벽을 강하게 연결했다.

  그러므로 삼각 형태의 단부 벽을 강성골조로 보강함으로써 주변 벽들과 함께 연출하여 튜브 구조의 효율성을 높일 수 있었다.

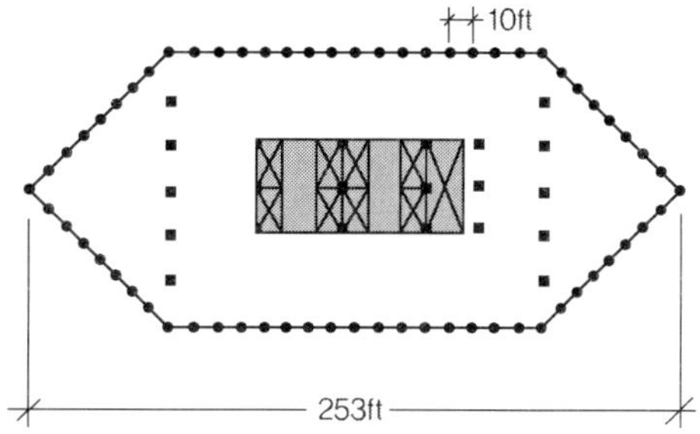

그림 C-4-26

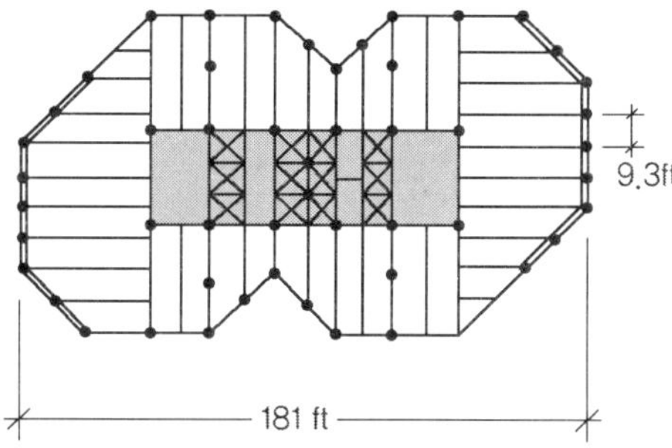

그림 C-4-27

- 반 이중튜브(Tube in Semitube)

  피츠버그에 있는 32층의 Western Pennsylvaria national Bank(그림 C-4-27)의 불규칙한 평면형태에서는 튜브구조의 또 다른 해결책이 고려되었다. 대개의 튜브구조 건물들에서 튜브의 효율성은 외벽에 생기는데, 두개의 8각형이 교차하는 형태에서는 건물의 중앙부가 구조적으로 튜브 역할을 한다. 건물의 양단부는 ㄷ자형벽 골조구조로 보강될 수 있는데, 내부튜브와 양단의 ㄷ 자형 벽은 수평력을 지지한다.

d) 모듈 튜브(Modular Tube)

모듈튜브 원리나 묶음튜브 원리는 최근에 개발된 튜브 개념이다. 이러한 구조는 현재 가장 높은 건물인 시카고의 Sears Building에 적용되었다.

각각 독립적인 강성을 가진 튜브들로 내부의 십자형 다이어프램으로 연결하여 외부골조 튜브를 보강한 구조이다. 이러한 개개의 튜브들은 독립적으로 강성을 가지며, 전체 외곽적으로는 묶어져 있으나 어떤 층에서는 연결되지 않았다.

묶음튜브로 매우 넓은 내부 공간을 얻을 수 있다. 내부 다이아프램은 거대한 켄틸레버 보의 웨브처럼 작용하여 전단력을 저항하기 때문에 쉬어래그는 최소화되나, 휨에 대한 강성은 크다. 이

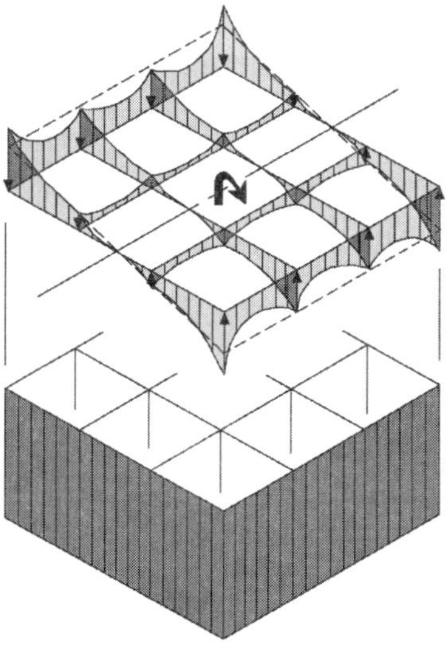
그림 C-4-28

구조의 거동은 그림 C-4-28의 응력분포도에서 알 수 있다. 바람에 평행한 다이아프램(즉, 웨브)은 전단력을 흡수하므로 다이아프램과 수직한 벽(즉, 플랜지)과 만나는 곳에서 최대응력이 나타난다. 내부 스티프너가 없는 단일튜브(그림 C-4-20)와 이 튜브구조의 축응력 분포의 차이를 유의하여야 한다.

쉬어래그가 어느 정도 생긴다 하더라도 수직 다이아프램은 축응력을 균일하게 분배한다.

그러나 파선으로 나타나 있는 이상적인 튜브 곡선과의 차이는 그리 크지 않다.

John Hancock Center, Sears Tower, Standard Oil Building, World Trade Center가 이 구조방식으로 되어 있다.

4.9.6 묶음튜브(Bundled Tube)

골조튜브나 트러스튜브 등을 한 평면상에 2개 이상 사용하는 구조형태로서 몇 개의 튜브를 서로 연결하여 개별 튜브 간의 상호작용을 통해 전단지연작용(Shear lag effect)을 줄임으로서 큰 횡강성을 얻도록 한 구조형식이다.

골조튜브 방식은 건물높이가 높아질수록 전단지현 현상이 심각하게 되는데, 이를 최소화하기위해 평면 중간 부분에 횡력과 평행한 방향으로 튜브 구조체를 넣어 횡력을 지지하도록 한 시스템으로 이 경우 중간에 삽입된 튜브도 웨브 골조이 경우 하게 하여 하나의 건물에 몇 개의 튜브가 있는 형태가 된다. 묶음 튜브 구조는 외부골조 튜브구조보다 튜브 벽에서 더 넓은 기둥간격이 허용되며, 전단 지연 효과를 줄이는데도 도움이 될 수 있다.

묶음튜브 구조는 건물내부에 기둥을 두게 되므로 평면활용상의 제약을 받을 수 있다.

그러나, 셀을 수직적으로 모듈화 하는 능력은 다양한 동적 형태에 대한 강력한 표현 수단으로 이용될 수 있다. 즉 건물의 형태가 높이에 따라 단위 큐브 크기로 변하는 형태를 갖는 고층건물에게는 대단히 유용한 구조방식이다. 가장 효율적인 형태는 장방형이며, 삼각형튜브는 효율이 가장 낮다.

전단지연작용(Shear lag effect)란, 그림 C-4-29와 같이 튜브구조에서 횡하중에 저항하는 각 부분의 응력이 이상적인 경우와 같이 일정하지 않고 코너부에서는 크고 중앙부에서는 작아지면서 곡선과 같은 응력분포를 나타내면서 전체적인 횡변위가 증가하는 현상을 말한다.

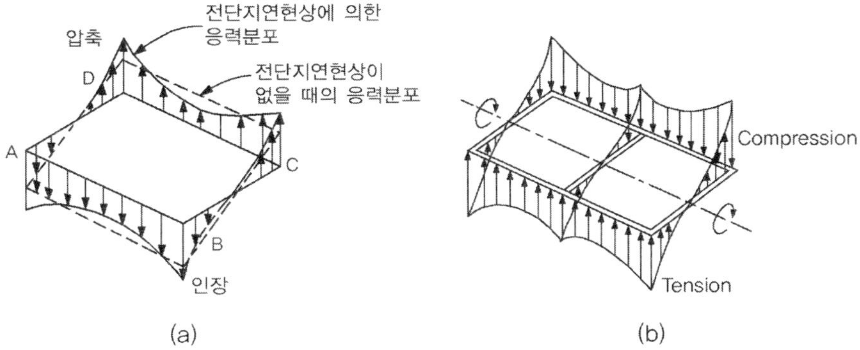

그림 C-4-29

전단지연작용의 원인은 튜브를 구성하는 기둥과 보의 전단강성의 부족에서 기인하는데, 그림 (C-4-29a)과 같이 여러 개의 튜브를 연결하여 Bundled Tube로 할 경우 평면 내부에서 전단력이 전달될 수 있는 통로가 생기므로 전단지연현상을 크게 개선할 수 있다.

* 묶음튜브구조 적용사례

Sears Tower(1973, 미국, 110층, 443m)

Camegie Hall Tower(1989, 미국, 62층, 230.7m)

N6E Building(1996, 일본, 46층, 189.6m)

4.10 철골조 철근 콘크리트 건물

최근 설계방법의 발전에 따라 고층 골조건물의 수평면 강성을 증가시킬 수 있게 되었다. 철골 철근콘크리트 구조의 철골과 철근콘크리트는 하나의 구조 유니트로 작용한다는 개념에 의해 바닥판이나 기둥과 같은 구조 부재에 수 년 동안 적용되어 왔다. 그러나 최근에는 전체 건물을 철골 철근콘크리트 구조로 하는 설계로 발전하였다.

4.10.1 철골 철근콘크리트의 튜브건물

S.O.M.이 개발해낸 구조형식에서 외부의 철골구조는 구멍이 뚫린 벽과 현장 콘크리트를 사용하여 횡변형에 대한 강성을 크게 하였다. 건물의 변형은 지상으로부터 솟은 강성 튜브 켄틸레버의 변형과 유사하다. 이 방법은 철골의 신속한 조립성과 고강도 그리고 콘크리트의 커튼 월의 방화성 및 횡강성 등을 조합한 것이다. 이 이론은 시카고에 세워진 36층 GatewayIII와 뉴올리언스의 50층 건물인 One Shell Square Tower그리고 휴스턴의 콘크리트 24층 건물인 CDC Building에 적용하였는데, 여기서 프리캐스트 콘크리트 판은 현장 콘크리트의 거푸집으로 이용되었다.

외부기둥들은 시공하중만을 지지하므로 내부 기둥보다 경량이고, 외부 골조는 횡강성을 증가시키기 위해 일시적으로 케이블을 사용하였다. 데크플레이트가 놓이고 콘크리트를 부어 개구부가 있는 연속벽을 만들고 이 과정을 8층~10층씩을 높이면서 똑같이 반복하였다.

외부의 철골-철근콘크리트 기둥과 내부의 철골 기둥과의 변형의 차이로 문제가 생긴다. 보는 탄성거동, 수축, 크리이프에 의한 기둥의 불균일한 단축(Shortening)을 이겨내도록 배열되어야 한다.(그림 C-4-30)

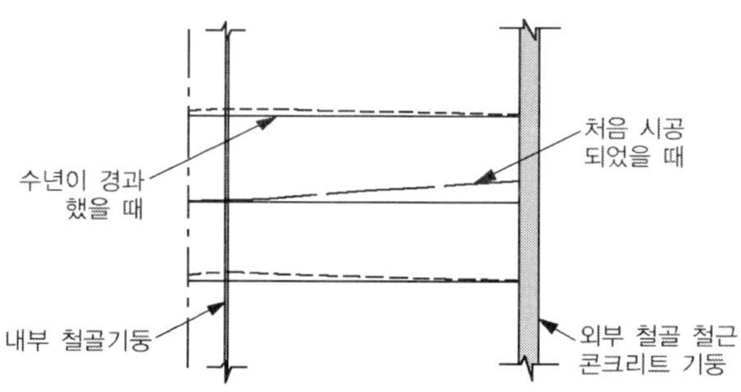

그림 C-4-30

이 구조에서 튜브표면은 모든 횡력을 저항

하기 때문에 코아를 구성하는 기둥과 보는 연직하중만을 지지하도록 경량으로 할 수 있다.

또한 위층으로 갈수록 코아 면적이 감소하므로 이용할 수 있는 바닥면적은 증가한다.

샌프란시스코의 Reid and Tarics Associates는 새로운 철골철근콘크리트 튜브구조를 개발하였다.

외곽부 구조로 철골의 스팬드럴 보와 콘크리트로 채운 철골의 튜브 기둥을 사용하였다.(그림 C-4-31) 이것은 횡하중에 저항할 강성을 충분히 가지고 있다.

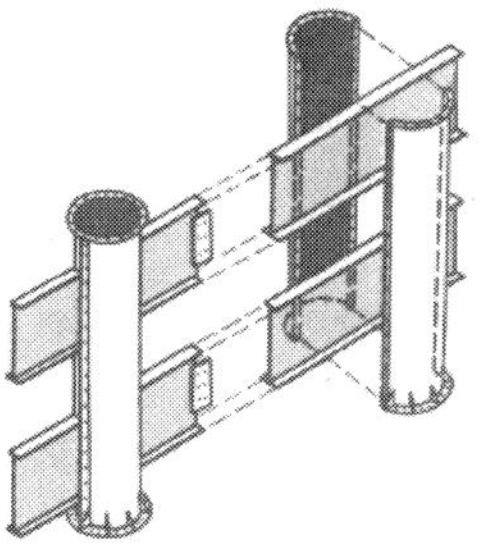

그림 C-4-31

나무형의 조립재는 2개층 높이인 하나의 튜브 기둥과 두개의 철골 켄틸레버 보로 구성된다. 이 나무형 조립식 부재는 보의 중앙과 기둥의 중간에서 볼트로 접합되어, 이 접합부의 횡력에 대한 응력은 최소가 된다.

자연적인 보의 연결성은 응력이 최대인 기둥과의 교점에서 절단되지 않는다. 즉 보들은 웨브만이 연결되어 기둥을 관통한다. 따라서 높은 응력이 가중되는 접합부의 수를 줄일 수 있다.

4.10.2 합성구조 시스템

현대건축의 추세는 다른 분야와 마찬가지로 다양한 요구조건을 동시에 충족시켜 줄 수 있는 주어야 한다. 즉 구조적인 필요조건을 만족시키면서 미적이고 기능적인 요구 조건도 충족시켜야 한다.

이러한 시대적 요구조건을 충족시키기 위해서 여러 구조방식을 합성한 구조방식이 자연스럽게 사용되기 시작했다.

* 합성구조 시스템 적용사례

Citicorp Center(1978, 미국, 60층, 279m)
Hongkong Bank Headquarters(1985, 홍콩, 45층, 180m)
Columbia Seafirst Center(1985, 미국, 76층, 288m)
First Bank Place(1992, 미국, 56층, 236.5m)
Jin Mao Building(1999, 중국, 88층, 420.6m)
Petronas Tower(1998, 말레시아, 88층, 452m)

4.11 슈퍼프레임구조 시스템

Super Structure는 아직까지 연구가 이루어지고 있는 구조형식으로서 Mega-structure, High-efficiency structure 또는 Hybrid structure 등의 이름으로 불리고 있다.

Super Structure 정확한 개념이 정의되지는 않았으나, 막대한 크기의 Super Column과 Transfer Truss Floor를 사용하며, 횡하중과 연직하중에 모두 저항하는 3차원 트러스 형태로 모듈화된 구조체를 반복적으로 사용하는 형식을 가지고 있다.

Super Structure를 사용한 설계 예로서 Le Messurier의 Southeast Tower 설계가 있다.

참고 자료

- 이영호, 「국내의 초고층 건축의 추세」
- 박칠림, 「초고층 건물의 발달사」
- High-Rise Building Structures : Wolfgang Schueller 원저
- Wind and earthquake resistant buildings : John A. Martin & Assocates
- Seismic and Wind Design of Concrete Buildings
- Bungale S. Taranath, steel, Concrete and Composite Design of Tall Buildings, Second Edition, Mc Graw Hill 1998
- Bryan Stafford Smith, Alex Coull, Tall Building Structures : Analysis and Design, John Wiley & Sons, Inc, 1991
- CTBUH, Structural Systems for Tall Buildings, Mc Graw Hill 1995
- Fintel, M, Ghosh.S.K. and lyengar, H, Column Shortening in Tall Structures-Prediction and Compensation, Portland Cement Association,1986
- 타워팰리스 II 건설지

타워 팰리스 Ⅱ

2010년 04월 20일 초판 인쇄
2010년 04월 25일 초판 발행

저 자 진언식, 곽평두

발행인 정헌준
발행처 태림문화사
서울시 영등포구 문래동 1가 39번지
센터플러스 1022호
TEL 714-2478 / 716-2473
FAX 718-4580
E-mail taerim79@hanmail.net
등 록 1979. 3.27 (2-679)

ISBN 978-89-8205-230-9 정가 20,000 원

한국과학기술출판협회 회원사